中国野菜野果的识别与利用
野菜卷

林 云 吴 轩 张贵平 林 祁 主编

河南科学技术出版社
·郑州·

内容提要

《中国野菜野果的识别与利用》（野菜卷　野果卷）涉及 10 000 余种可食用野菜野果，对其中常见的 1 000 余种重点进行了图解说明和文字描述。

本书为野菜卷，概述部分介绍了野菜野果的含义、野菜野果的特点、野菜野果采食的注意事项、野菜野果形态识别的名词与术语（野菜卷用）、野菜野果的分类、野菜野果资源的利用、野菜野果的食用方法等内容。野菜类群部分重点介绍了 576 种野菜，包括它们的中文名、拉丁学名、识别要点、分布与生境、食用部位与食用方法、食疗保健与药用功能、注意事项等内容，并通过相关科、属类群形态识别要点的介绍，能举一反三地识别 7 500 余种野菜。每种重点介绍的野菜配有原藻类、菌物、植物采摘季节的形态彩色照片，或形态线描图，或标本照片，以便于普通大众的野外识别与采集。

本书内容丰富，语言通俗易懂，图文并茂，不仅可作为部队人员、户外爱好者、大中专院校学生野外生存训练的参考教材，还可作为农副产品开发利用、增加农民收入、促进农业结构多样性的参考书，亦适合于野菜野果爱好者、野菜野果开发部门、医药保健、食品烹饪、宾馆饭店，以及藻类、菌物、植物教学和科研人员阅读收藏。

图书在版编目（CIP）数据

中国野菜野果的识别与利用·野菜卷 / 林云等主编 .—郑州：

河南科学技术出版社，2019.4

ISBN 978-7-5349-9378-7

Ⅰ. ①中…　Ⅱ. ①林…　Ⅲ. ①野生植物 – 蔬菜 – 中国 – 图解

Ⅳ. ① Q949-64

中国版本图书馆 CIP 数据核字 (2018) 第 280020 号

出版发行：河南科学技术出版社
　　　　　地址：郑州市郑东新区祥盛街 27 号　　　邮编：450016
　　　　　电话：（0371）65737028　　　65788631
　　　　　网址：www.hnstp.cn

策划编辑：周本庆　杨秀芳

责任编辑：杨秀芳　申卫娟

责任校对：吴华亭　尹凤娟

封面设计：张　伟

版式设计：张　伟

责任印制：朱　飞

印　　刷：河南瑞之光印刷股份有限公司

经　　销：全国新华书店

幅面尺寸：890mm × 1240mm　　　　印张：28.25　　字数：650 千字

版　　次：2019 年 4 月第 1 版　　　　印次：2019 年 4 月第 1 次印刷

印　　数：1–10 000

定　　价：398.00 元

本书编写人员名单

主　编　林　云　吴　轩　张贵平　林　祁
编　者（按姓氏拼音排序）
　　　　安明态　毕海燕　陈玉秀　陈作红　段林东
　　　　黄程前　雷　涛　李林岚　李明红　李雨嫣
　　　　林　祁　林　云　孙忠民　吴　轩　杨成华
　　　　杨志荣　姚一建　尤立辉　张贵平　赵　阳
　　　　郑慧芝　周重建　周晓艳

图片提供者

名词与术语形态图

仿《食用蘑菇》（应建浙，赵继鼎，卯晓岚，1982）和《中国高等植物图鉴》（中国科学院植物研究所，1972）

植物形态线描图

仿《中国高等植物》（傅立国，陈潭清，郎楷永，洪涛，林祁，李勇，1999~2009）

彩色照片

安明态　邓　红　段林东　傅连中　黄程前　李明红　李鹏伟

李晓娟　林　祁　林秦文　林　云　刘彬彬　刘　冰　刘永刚

罗天琳　孙忠民　屠鹏飞　王亮生　王瑞江　吴　轩　严岳鸿

杨成华　姚一建　叶建飞　叶学华　赵　阳　周重建　崔清国

张树仁　张志耘

感谢中国植物图像库（www.plantphoto.cn）提供彩色照片代理授权

序

　　随着人们生活水平的提高和保健意识的增强，人们对食品安全、绿色消费、返璞归真、荒野求生技能等越来越关注，成为当前社会生活生存理念的一部分。这促使人们对野菜野果的接触和关注产生了浓厚的兴趣，野菜野果的许多种类成为了人们的保健食品，还登上了高级饭店的大雅之堂，同时野菜野果及其衍生产品的识别和利用已成为各阶层人士不可或缺的科普知识。

　　野菜野果的营养丰富，风味独特，未受到化肥、农药等污染，食用安全，是重要的可食性植物资源。在我国农村和城镇郊外野菜野果种类多、产量大、再生能力强，许多种类有较高的营养价值、医药功效和保健功能。如何很好地利用这些宝贵的野生植物资源，是植物学工作者的重要任务之一。

　　由中国航天员科研训练中心、中国科学院植物研究所、湖南食品药品职业学院等有关科研单位、大专院校、自然博物馆、国家级自然保护区的20余位专家，在我国航天员"野外常见植物识别"课程前期教案讲义的基础上，通过进一步补充与整理，撰写《中国野菜野果的识别与利用》著作。本书收录中国常见的野菜野果1 000余种，配有彩色照片或图片2 000余幅，对每一种植物均给出了中文名称和拉丁学名，以及形态识别要点描述；并对它们的地理分布与生态环境、采集食用部位与食用方法、食疗保健与药用功能、注意事项等做了简明扼要的介绍；还对与野菜野果形态相似的有毒植物、不可食用植物或伪品植物的形态特征做了比对鉴定区分；同时对误食有毒植物后的简易常规救治或解毒知识做了讲解。另外，书中通过对相关植物科、属类群形态识别要点的介绍，使读者能举一反三地识别全球野菜野果植物10 000余种。

　　本书编写采用植物分类学的分类法（按藻类、大型真菌、地衣、蕨类、种子植物分类），并结合植物器官分类法（按根、茎、叶、花、果实、种子分类），有助于人们对野菜野果有一个准确、清晰的了解，同时也普及了植物学知识，提高了人们识别与鉴定野菜野果的能力。本书采用文字描述与图解相结合的编写手法，使得全书图文并茂，能起到"看图识植物"的作用。因而本书既是一部内容丰富、语言通俗易懂的高级科普作品，又是目前国内外同类著作中实用性与知识性强的一部专著，且兼具工具书的功能，利于提高广大读者野外生存技能和普及植物学知识，对开发利用可食用野菜野果、服务于"三农"、丰富人们的"菜篮子"将起到一定的推动作用。

　　在该书即将付印出版之际，我谨在此向该书的作者表示衷心的祝贺，并欣然作序。

中国科学院植物研究所研究员

中国科学院院士

王文采

2017 年 1 月 5 日

前　言

　　早在近3 000年前的春秋时期《诗经》就记载了："采采芣苢，薄言采之。采采芣苢，薄言有之。采采芣苢，薄言掇之。采采芣苢，薄言捋之。采采芣苢，薄言袺之。采采芣苢，薄言襭之"，表现了古人采摘野生车前草的快乐。"于以采蘩，于沼于沚"，则是采摘生长在水边沙洲的白蒿。"于以采蘋？南涧之滨；于以采藻？于彼行潦。"蘋和藻都是可食用的野生水草。在《诗经》中，还有许多歌颂野菜野果（野生或人工栽培暂且不论）的诗句："桃之夭夭，灼灼其华……桃之夭夭，有蕡其实……桃之夭夭，其叶蓁蓁。""摽有梅，其实七兮。""何彼襛矣，唐棣之华。""于嗟鸠兮，无食桑葚"等，这些诗句成了我们现代人了解那个时代社会生活状态的重要参考资料。

　　其实，我们的祖先利用野菜野果的历史远早于春秋时期。在4 500多年前的盘古之初，神农氏就尝遍百草，利用野生植物过活，其传说就生动地记载了我们祖先认识并利用野菜野果的过程。人类起初主要以采集和狩猎为生，正是大自然无私恩赐的野菜野果和猎物使我们的祖先得以繁衍和生息。可以说，野菜野果是我们的祖先赖以生存的重要食物来源之一。最初，我们的祖先不会选择和甄别可食用的野菜野果，腹中饥饿时，什么野生菌物、植物都吃，因为误食了有毒菌物、植物而导致中毒甚至死亡的事情时有发生。神农氏看到这种现象十分痛心，他决心亲自尝百草、定药性，为人们选择可食用的野生菌物、植物，同时用中草药为人们消灾祛病。神农氏亲自品尝各种各样的菌物和植物，从根、茎、叶到花、果实、种子，酸、甜、苦、辣、咸均有，发现了16 000多种可以食用的菌物和植物。我们的祖先们又从中选出一些来进行栽培种植，有食茎叶的，有食果实的，从这时开始，人类才逐步进入农耕社会。

　　中国古代历史上，每到社会安定、生活富足的阶段，食用野菜野果成为一种时尚。唐代贺知章有诗云："镜湖莼菜乱如丝，乡曲近来佳此味。"唐代宋之问亦有诗云："家住嵩山下，好采旧山薇。"这里的莼菜、薇都是野菜的名字。可见那时这些野菜野果就已经摆上了人们的餐桌，成为人们的佐餐佳肴。对于那些诗人、士大夫们而言，食用这些野菜野果绝不是为了充饥，而是为了饱口福。

　　及至明代，一个无意于争夺皇位的皇子朱橚，在自己的菜园中广植百草，口尝滋味，历经数年写成了世界上最早的研究救荒食用植物的专著——《救荒本草》。全书记载植物414种，每种都配有精美的木刻插图及形态与生长环境的描述，以及加工处理与烹调方法等。

　　并非只有我国人民对野菜野果情有独钟，国外亦然。纵览全球，在任何一个有人类居住的地方，食用野菜野果的记录都曾出现在众多的历史文献中。直至今日，在世界的许多地方，如非洲一些贫困部落，野菜野果仍然是主要的食物来源之一。野菜野果在食品和营养安全方面发挥着显著作用，而且一些野菜野果甚至比人工种植的蔬菜和水果有更高的营养价值、食疗价值或保健功能。

　　随着社会现代化进程的加快，人们生活水平的提高和保健意识的增强，人们对环境健康、食品安全、绿色消费、返璞归真、野外生存技能等越来越关注，正在形成当前社会一个全新的生活生存理念。人们对野菜野果的接触和关注产生了浓厚的兴趣，野菜野果的食用价值和地位不断上升，野菜野果在许多地方早已进入农贸市场和超市，而且种类在逐步增多，它们不但在许多宾馆、饭店、酒楼、度假村、乡村农家乐中作为特种风味上了餐桌，登上了大雅之堂，还作为保健食品而深受青睐，同时也成为我国重要出口商品之一。野菜野果及其衍生产品的识别与利用方法已成为各阶层人士均不可或缺的科普知识。

野菜野果营养丰富，具有独特风味，无农药污染，食用安全，是重要的可食性菌物、植物资源。野菜野果可以在人们的营养中发挥显著作用，特别是作为碳水化合物的来源，并提供丰富的蛋白质、维生素、各种矿物质和膳食纤维，还有巨大的保健与药用潜力。据估计，通过食用它们可提供人体需要的91%的维生素C、48%的维生素A、30%的叶酸、27%的维生素B_6、17%的硫胺素和15%的烟酸。同时，这些野菜野果还可提供16%的镁、19%的铁和9%的热量。在我国农村和城镇郊外，野菜野果种类多、产量大、再生能力强，而且大多数有较高的营养价值、医药功效和保健功能。指导人们很好地利用身边宝贵的野生菌物和植物资源，是当前我们菌物和植物学工作者的重要任务之一。

在我国，近年来越来越多的人热衷于走出家门，参与登山、徒步穿越、攀岩等户外探险活动。但是，由于发展过于迅猛，相应的野外生存知识普及有限，探险者时有意外发生，如果能够正确认识可食用的野菜野果，就可以大大提高遇险者的生存概率。一些大专院校和中学，除了开展传统的军训以外，还意识到有必要对学生进行野外生存训练，使其掌握在野外识别可食用野菜野果的能力。但大多数人对野菜野果的种类、形态、采集时间、加工方法和医药价值缺乏全面的了解，尤其是部分野菜野果含有有毒成分，若误食或多食，不仅危害人体健康，甚至危及生命。还有不法之人，以假乱真、以伪充真，兜售假品、伪品，甚至是毒品植物，牟取不义之财。因此，我们有必要掌握一些菌物和植物学知识，才能准确识别辨认可食用的野菜野果，从而做到科学、安全及放心地食用。

本书编写组主要成员曾被中国航天员科研训练中心聘请，承担我国航天员的"野外常见植物识别"课程讲授。对野菜野果的识别，一直以来都是作为菌物和植物学科中基础的分类学工作内容，不被重视，而今已成为中国航天员海量学习的内容之一。我们何不对前期航天员培训的教案讲义做进一步补充与整理，编写成一本内容丰富、语言通俗易懂、图文并茂而实用的科普书，以提高普通公众野外生存技能、开发利用可食用野菜野果而服务于"三农"、丰富人们的"菜篮子"以及菌物和植物学知识呢？本着普及菌物和植物分类学科技知识、倡导科学方法、宣传科学思想、弘扬科学精神的宗旨，以提高国民科学文化素质为目的，我们着手编写此书，并希望能将此书尽早呈现给读者。

正是基于此目的，我们在航天员课程教案讲义基础上补充了大量内容，涉及10 000余种可食用野菜野果，对其中常见的1 000余种野菜野果重点进行高清彩色照片、标本扫描照片和形态线描图图解说明，以及形态识别要点描述，并对它们的地理分布与生态环境、采集食用部位与食用方法、食疗保健与药用功能（含药性中的四气、五味、归经等内容）、注意事项等做了详细介绍，还对与野菜野果形态相似的有毒植物、不可食用植物或伪品植物的形态特征进行比对鉴定加以区分。例如：介绍根类可食用植物何首乌时，附带介绍对假何首乌的识别；介绍茎类可食用植物天麻时，附带介绍对假天麻的识别；介绍叶类可食用植物野水芹（水芹）时，比对介绍形态相似而不可食用的有毒植物毒芹（水毒芹）；介绍花类可食用植物黄花菜时，比对介绍形态相似而不可食用的有毒植物萱草；介绍可食用野果八角时，比对介绍莽草等同属的有毒植物或不可食用植物；介绍可食用野果壳斗科植物的坚果时，附带介绍街头行骗假药补肾果（又称龟头果，实为壳斗科植物烟斗柯）；介绍常用于火锅的调味香料草果时，比对介绍不法之人在火锅中使用毒品植物罂粟及其鉴别特征；还有误食有毒植物后的简易常规救治或解毒知识；等等。因此，本书是将菌物和植物分类学知识科普化，并运用到人们日常生活的可食用野生菌物和植物资源开发与利用中。

编 者

2018 年 1 月

目 录

三、蕨类野菜 /85

（三）叶类野菜 /253

第一部分

概　述

一、野菜野果的含义

在本书中，野菜野果是指那些整体或部分可制成菜肴或食品的非人工栽种或培育的（野生的）可供人们食用的藻类、菌物（含地衣）和植物。此为"狭义"的野菜野果。如果食用部位是藻类的叶状体（如紫菜等）、带状体（如海带等）、枝状体（如鹿角菜等），或是菌物的子实体（如蘑菇等）、片状体（如石耳等），或是植物的根（如葛根、人参、麦冬等）、茎（如鱼腥草、竹笋、土茯苓等）、叶（香椿、紫苏、蒲公英等）、花（木棉花、桂花、槐花等），或嫩苗嫩株（如地肤、灰灰菜、荠菜等），则称之为野菜；如果食用部位是植物的果实（如桑葚、悬钩子、毛樱桃等）或种子（如松子、香榧子、梧桐子等），则称之为野果。栽培植物（如蔬菜、水果、农作物等）和外来植物不在本书介绍范围之内，除非它们原本就有大量野生或已经逸为野生。"广义"的野菜还包括可食用的野生动物，亦不在本书的介绍范畴。

二、野菜野果的特点

1. **种类多、分布广**　我国人民历来有采食野菜野果的习惯，在长期的实践中，发现并食用的野菜野果多达数千种，常见的也有近千种。它们分属于菌物和植物的不同科或属，类型广泛，形态各异，风味有别。有些作为大众果菜食用，有些为高档山珍，只有在国宴、家宴、药膳席上才能见到。

野菜野果在我国的分布范围很广，从东南到西北，从平原到山区，从沿海到内陆沙漠，无论是陆地或是水塘溪沟边，还是近到房前屋后，远至深山幽谷、茫茫草原、旷野荒地、浅海礁岩、河畔湖荡，凡是有植被的地方或是有适宜生长的自然环境，均有野菜野果存在。

每种野菜野果都有自己的生态习性和分布范围，不同地区有其特定的种类。在平原区，主要有蒲公英、车前草、马齿苋、荠菜、地肤、灰灰菜等。由于平原地区农业发达，土壤利用率高，荒地较少，野菜野果的种类数量少于山地丘陵区。在山地丘陵区，主要有蕨菜、薄荷、地榆、野大豆、枸杞、玉竹、悬钩子、竹笋等，以及大量浆果类、核果类、坚果类植物。山地丘陵区野菜野果种类与平原区、低平海岸区相比，多年生植物最多，食药兼用性强。在低平海岸区，由于地貌单一，土壤盐渍化程度较高，野菜野果种类最少，主要有盐地碱蓬、猪毛菜、三棱草等。

2. **天然无公害**　野菜野果多自然生长在山野丛林、灌丛、草原、溪岸边，它们采集天地之灵气，汲取日月之精华，是大自然给予人类的礼物，特别是森林、大草原中的野菜野果受大气污染和化肥、农药等人为污染少，为天然的有机食品、真正的绿色食品，备受人们的青睐，亦是人类与自然相互关爱的见证。即使偶有人工栽培，由于长期自然选择的结果，野菜野果的生命力极强，生长旺盛，病虫害很少或根本没有，不用农药、化肥。

3. **营养丰富、价值高**　野菜野果生长在自然状态下，其营养成分大多高于栽培的蔬菜水果，除含水分、蛋白质、脂肪、糖类、粗纤维外，往往还含有大量维生素、无机盐、微量元素、人类必需的氨基酸，以及另外一些特殊成分，有的营养价值较栽培果蔬高出几倍、十几倍，甚至几十倍。例如：每 100 g 鲜重中，猪毛菜维生素 B_2 的含量高达 1.16 mg，堇菜、地榆、桔梗等维生素 C 含量高于 200 mg，蒌蒿中钙的含量高达 730 mg，紫苏中铁的含量高达 23 mg。又如紫苜蓿所含某些氨基酸的量比农作物稻米、小麦都高。另外，有些野菜野果中还含有一般蔬菜水果中所没有的维生素 D、维生素 E、维生素 B_6、维生素 B_{12}、维生素 K 等。如玫瑰果实富含维生素 C、葡萄糖、果糖、蔗糖、苹果酸、胡萝卜素等；又如薏苡果实含碳水化合物 52%~80%、蛋白质 13%~17%、脂肪 4%~7%，油以不饱和脂肪酸为主，亚麻油酸占 34%，并有薏仁酯；再如胡桃（核桃）富含优质脂肪、蛋白质、碳水化合物，以及磷、钙、铁、钾、镁、硒、维生素 A、维生素 B_1、维生素 B_2、维生素 E、肌醇、咖啡酸、亚油酸、核黄酸等。据估计，通过食用野菜野果可提供人体需要的 91%的维生素 C、48%的维生素 A、30%的叶酸、27%的维生素 B_6、17%的硫胺素、15%的烟酸和 9%的热量。野菜野果中含有的各种无机盐，其中特别有益的元素有钙、磷、镁、钾、钠、铁、锌、铜、锰等，这些元素在野菜野果中含量的比例基本一致，正好符合人体需要的比例。

因此，采食野菜野果不至于因某种元素过量而影响人体代谢，而从野菜野果中得到的维生素和无机盐，大都有益于人体生长和身体健康，尤其对缺乏野菜野果的地方更有食用意义和营养价值。

4. 食疗保健与药用效果好　几乎所有的野菜野果都可以入药或有食疗保健功能，我国民间就有很多用野菜野果治疗常见病的配方。如马齿苋用于治疗痢疾；蒲公英用于抗菌消炎、清热解毒；荆芥用于止咳、治感冒；小蓟用于开胃、行气、化食；紫苏治疗慢性气管炎、肝炎；荨麻治疗肾病；发菜用于止血等。近代医学研究表明，有些野菜野果中的特殊成分具有很高的医疗价值，如食用菌类用于防治高血压、癌症，并可用于减肥；蒲公英、松茸等用于防治癌症及心血管病等。因此，野菜野果的保健品开发已经为医学界所重视。

由于野菜野果有丰富、特殊的营养成分，亦菜亦药，人们多食野菜野果除了可以补充特殊营养，还有利于防病、治病、强身、健体、调节人体免疫功能、增强防病能力等。正因为许多野菜野果既可食用又可入药，对于一些疾病具有一定的治疗功效，因此，野菜野果是药食同源的天然保健品。

5. 风味独特、吃法多样　由于野菜野果的生态环境不同于栽培植物，所以食用起来常给人以"野味"之感，其风味独特，能满足人们的猎奇心理。还由于野菜野果种类多，吃法多样，可鲜食、凉拌、炒食、做馅，亦可熘、烩、煮、蒸，还可做汤、做汁、做酱，也能腌制、罐制、干制而利于较长时间保存和食用，使人们的餐桌更丰富多样。特别是一些名贵山珍，其菜谱就有数十种之多，在一些旅游景点的餐桌上，或菜档、果档上，各种野菜野果深受游客欢迎。目前，世界上许多地方开始兴起野菜野果热，出现了一些"野菜餐馆"，将野菜精心烹饪，做成味美可口的佳肴，使顾客盈门，生意兴隆。

6. 独特的商品价值　采集山珍野菜野果方法简单，成本低廉，但其经济效益却可观。由于野菜野果需求量大，货源紧缺，因此价格不断上扬，特别是一些特殊种类和名贵山珍，如薇菜、松茸、香榧子、越橘、茶藨子、麦冬、党参、石斛等。因此，加强这些野菜野果的开发利用，可获得较高的经济效益，不失为增加农民收入和增加农产品结构多样性的一条好途径。

三、野菜野果采食的注意事项

我国野菜野果资源丰富，特点明显，大多数种类有良好的食疗保健作用，对人充满了诱惑力，许多人跃跃欲试，到荒郊野外、崇山峻岭之中去采集。有些野菜野果生长在陡峭的山坡或山崖上，或生长在河流湖泊旁，采集时一定要注意人身安全，有危险的地方不要涉足；同时，注意防止毒虫蛇蝎叮咬，应携带必要的药品应急备用。在无人居住的森林、草甸或荒漠中采集野菜野果时最好结伴而行，可随身携带指南针或卫星导航仪，以防迷失方向，同时也要避免遭遇野兽的伤害。

有的人由于缺少相关知识，往往选错地方、采错物种或食用不当，甚至出现食物中毒等问题。所以采集、食用野菜野果时，还必须注意以下事项：

1. 提高识别能力　我国地域辽阔，菌物和植物种类丰富。有不少野菜野果的外形特征非常相似，但却是两种完全不同的物种，一种可能有剧毒，不能食用，而另一种无毒，可食。没有专业知识，不会辨识，就难以区分。而且，同一种野菜野果在不同地方会有不同的俗名或地方名，不同种类的野菜野果又往往有同一个俗名，若仅凭听说的俗名去采集，也很容易采错。在野菜野果采集过程中，不认识的野菜野果或拿不准的野菜野果不要随意采集或品尝，特别是不认识的蘑菇类更不要吃，以免引起食物中毒。野菜野果的采集部位也很重要，有些部位不能食用，如商陆的嫩茎叶可以食用，但根有毒，不可食用。玉竹的嫩茎叶和根状茎可以食用，而果实有毒，不可食用。最安全的办法是采来野菜野果以后，先请林业、农业部门的蔬菜水果专业技术人员、学校生物教师或有食用经验的人员识别，确认无误后方可食用。这是关系身体健康与生命安全的大事，千万马虎不得。

若一时找不到有经验的人员识别所采植物是否有毒，也可用一些简易方法判断它们是否有毒性。一般情况下，有涩味则表示有单宁、鞣酸等盐类，有苦味则表示含生物碱、配糖体、苷类、萜类等成分，不可直接食用。民间常将煮后的野菜野果汤水加入浓茶，观察汤水是否有沉淀，若产生大量沉淀，则表示其中含有金属盐或生物碱，不可食用；也可将煮过的汤水振摇，观察是否产生大量泡沫，若产生大量泡沫，则表示其内含有皂苷类物质，不可食用。当然，也可用动物做试验，将野菜野果喂养动物，观察动物有无反应，动物如不正常，则说明有毒性，不可食用。

若遇到野外生存或荒野求生问题而需要采摘野菜野果时，一般来说，为了找寻和检验可食用野菜野果（不含菌物），可先观察老鼠、松鼠、兔子、猴子、熊等哺乳动物吃过的植物，或鸟类食用的果实或种子，这些野菜野果一般可以食用。也可先摘下植物的一部分，将其放在手腕或手背上来回揉搓，等候 15 min 左右，观察皮肤（带汗毛的皮肤）的反应；若皮肤没有痒、痛、红肿等不良反应，则将植物的一小部分放于嘴唇外沿，观察有何反应；若嘴唇没有不良反应，则放一小片植物于口中，用舌头舔尝，静候 15 min 左右；若舌头没有不良反应，则将其充分咀嚼，但不吞咽，再等 15 min，观察有何反应；若口腔内没有不良反应，则吞咽一小块；若吞食后，过段时辰或 8~12 h 后仍没有不良反应，就可确定这种植物可以食用；若大量食用后，半天内无不良反应发生，就不会有问题。一旦皮肤、嘴唇、舌头、口腔有过敏反应或疼痛感，则立即中止检验，并用清水洗或漱口；若吞食后有不良反应，则大量饮水，用手指压舌根催吐，并反复进行，直到将所食植物全部呕吐出。

2. 选择采集地点　野菜野果生长在野外环境中，一般来说受污染少，符合绿色食品、有机食品条件，可以放心采集、食用。但是，有些野菜野果既能在森林、草原、湖泊等无人为因素影响的环境中生长，也能在田野、路旁、村庄甚至城市中生长。而且，有些野菜野果如桑树林、果木林本身就分布在村庄、城市、工厂附近。所以，采集野菜野果必须懂得选择适宜的地点。工厂附近有废气、污水、烟尘污染，公路两边有汽车尾气污染，医院周围有病菌污染，垃圾场周围受污水、细菌污染，喷施农药不久的林地和园地受农药污染，采集野菜野果不能选择这些地方，应该到没有工厂、医院、垃圾场、不施农药、远离公路的地方去采集，受污染的野菜野果不要采集。

一方水土，一方植物。除了广泛分布的桑、构树、栎树、榆树、藜、地肤、悬钩子、蕨菜、荠菜、碎米荠、诸葛菜、香椿、马齿苋、水芹、枸杞、紫苏、蒲公英、苣荬菜、苦苣菜、莲、竹子等植物外，许多野菜野果都有自己的地理分布区域或只生长在一定的生态环境中。如红松、辽东楤木、东北羊角芹、白芷、轮叶党参、轮叶沙参、东北百合等植物主产于东北地区或为东北地区特有，欧荨麻、胡杨、糖芥、沙芥、白梨、楸子、野豌豆、沙棘、宁夏枸杞、猪毛菜、蒙古韭等植物主产于西北地区，莲、莼菜、荇菜、芦苇、南荻、野慈姑、香蒲等植物生于池塘、沼泽、河溪、湖泊、江河岸边及低湿地，棕榈科植物生长在热带、亚热带地区，五味子科植物生长在丘陵山地，壳斗科植物生长在阔叶林中，等等。了解或熟悉植物的地理分布区和生长环境，对于专类或专项野菜野果的采集十分必要。

3. 熟悉采集时间　野菜野果的采集季节性很强，每种野菜野果及其食用的部位，都有一个最佳采集期或食用期。农谚"当季是菜，过季是草"，讲的就是这一道理。一般来说，食用嫩茎叶部位的野菜，应在幼苗出土不久或在新叶萌生、茎叶嫩绿的春季采集。食用花的野菜，要在花朵欲开未开或刚张开时的春季、夏季采集。食用野果，多在果实成熟的秋季采集，少数在果实未熟时采集。食用根（块根）或茎（块茎、鳞茎、根状茎等）的野菜，当在秋、冬季采集。例如：榆钱在北方通常在4月上旬嫩绿时采摘食用，中旬变白色成熟老化而不适宜食用；楤木以未展叶嫩芽为食，叶片展开、刺硬化后口感粗糙、坚硬，不能食用；刺槐花应在未开放前采收，过早或过迟都会影响其产量和风味；野慈姑以地上部分枯黄后开始采收为宜，如早收减产而不耐收藏。应在实践中根据野菜野果的种类、特性、生长情况、气候条件等综合因素加以考虑，才能确切地决定适当的野菜野果采摘季节。

总之，适时采集，品质最好，价值最高。采集的野菜野果要当日食用或加工处理，不宜久存，存放过久会使野菜野果老化变质，品质下降，营养流失，味道变差，而且不适口成分、有毒成分会增多。俗语称"春吃叶、夏吃花、秋吃果、冬吃根（含地下茎）"，适时采集适当部位，适时进食，是顺应自然的养生方法。

4. 懂得食用方法　野菜野果虽然好吃，但不是人人可吃。由于各人体质不同，有人吃了平安无事的野菜野果，别人吃了却不舒服。如一些野菜野果味苦性凉，有清热解毒之功效，但不适合阳虚畏寒者，即使是正常人，过量食用也会损伤脾胃；有些野菜野果含有单宁等成分，口味苦涩，要经过一定处理后才可食用；有些野菜野果还含有生物碱、苷类等毒性物质，要经过蒸煮、晒干或反复换清水漂洗等加工处理后才可食用；有的人是过敏体质，食用或接触某些物质后容易产生过敏，食后出现周身发痒、水肿、皮疹或皮下出血等过敏或中毒症状，此时应该停止食用，并到医院治疗，以免引起肝、肾功能的损害，影响身体健康。不懂得食用方法，采来乱吃或过量食用，很容易产生不良反应，甚至中毒，对此要充分注意。

本书对每种野菜野果尽可能介绍多种食用方法（详见本部分野菜野果的食用方法）。为避免发生意外事故，本书在一些种类介绍中列出了注意事项，对与野菜野果形态相似的有毒植物、不可食用植物或伪品植物的形态特征做比对鉴别区分。例如：介绍根类可食用植物何首乌时，附带介绍假何首乌的识别特点；介绍茎类可食用植物天麻时，附带介绍假天麻的识别特点；介绍叶类可食用植物野水芹（水芹）时，比对介绍形态相似而不可食用的有毒植物毒芹（水毒芹）；介绍花类可食用植物黄花菜时，比对介绍形态相似而不可食用的有毒植物萱草；介绍可食用野果八角（大料）时，比对介绍莽草等同属的有毒植物或不可食用植物；介绍可食用野果壳斗科植物的坚果时，附带介绍街头行骗假药补肾果（又称龟头果，实为壳斗科植物烟斗柯）；介绍调味野果草果时，比对介绍形态相似的有毒植物罂粟果实。

5. 误食有毒植物的救治　在众多的野菜野果中（不含菌物），绝大多数无毒，只有少部分野菜野果有小毒、微毒或口味不佳，必须经过处理方可食用。通常是用开水烫煮后，再放入凉水中浸泡一段时间，然后用清水反复冲洗之后基本可以去除毒素，则可安全食用。

一旦误食了有毒的野菜野果，出现发痒、皮疹、水肿、腹泻、腹痛、胃部不适、头痛、头晕、恶心、无力等中毒症状，应立即停止食用。症状初期或中毒轻微者，可用如下方法处理：① 催吐洗胃法：用清水洗及漱口，并大量饮水，用手指压舌根，进行催吐，并反复进行，直到将所食植物全部呕吐出来。② 腹泻法：可用泻剂，如硫酸镁和硫酸钠，用量15~30 g，加水200 mL，口服，使患者将有毒物质排泄出去，也可喝浓茶促进排泄解毒。③ 解毒处理法：经过上述急救处理后，还应及时对症治疗，可服用通用解毒剂（活性炭 4 份、氧化镁 2 份、鞣酸 2 份、水 100 份）。④ 其他方法：在民间也有用吃生鸡蛋、喝牛奶、喝萝卜汁、喝大蒜汁的方法解毒，其目的主要是吸附或中和肠胃中的生物碱、苷类、重金属、酸性等有毒物质。若症状还不能缓解，甚至出现呼吸困难、心力衰竭，意识障碍等重症症状，则应及时送往医院进行抢救，并带上所食植物样品，以利于医生诊断、施救、用药，避免贻误治疗时机。

引起中毒的原因是野菜野果中含有不同的有毒物质，如生物碱、苷类、毒蛋白等，其中毒症状主要有：① 生物碱中毒，主要反应为口渴、喊叫、兴奋、瞳孔放大等。② 吗啡类中毒，主要反应为呕吐、头痛、瞳孔缩小、昏睡、呼吸困难等。③ 乌头碱类中毒，主要反应为恶心、疲乏、口舌发麻、呼吸困难、面色苍白、脉搏不规则等。④ 苷类中毒，如氰苷中毒可出现眩晕、走路摇晃、麻木、瞳孔散大、流涎、鼻黏膜红紫、肌肉痉挛等症状。强心苷类中毒，主要反应为上吐下泻、腹部剧烈疼痛、皮肤冰冷、出汗、脉搏不规律、瞳孔散大、昏迷等。皂苷类中毒，主要反应为腹部肿胀、呕吐、尿血、剧烈腹痛、痉挛、呼吸中枢障碍等。⑤ 毒蛋白中毒，主要反应为呕吐、恶心、腹痛、腹泻、呼吸困难、出现发绀、尿少等。

6. 采集技术与工具　地下根茎类野菜的采收用锹或锄挖刨，也有用犁翻出根茎。总之，挖得要深，否则会伤及地下根茎，如山药、竹笋、魔芋等。除根茎类和一年生野菜外，多数野菜野果的采摘不需要使用工具，通常以手触摸识别老嫩后进行采摘。以嫩茎叶食用的野菜，如歪头菜从弯曲处掐断，楤木芽从嫩芽基部掰断；全菜类的野菜，如碎米荠、诸葛菜等，从基部向上寻找其容易折断处采摘；以嫩叶食用的野菜，如苎麻、东风菜、襄荷等，以叶柄能掐断为标准；以花食用的野菜，如木棉花、刺槐花、野黄花菜等，在含苞待放时采摘；以幼嫩叶柄食用的野菜，如蕨菜等，自下而上从容易折断处采摘，避免断面接触土壤，防止汁液流出而老化；对生长在悬崖高处或高大树上的野菜野果，采摘时可备长竹竿、高枝剪，并将塑料布铺于地面或人工离地拉开，接从高处落下的野菜野果，以避免摔坏；有的野菜野果其植物体上有针刺，如人工采摘悬钩子属植物，如楤木、皂荚等植物时可能会被扎伤或刺伤，采摘荨麻类植物时可能被其茎叶上的螫毛蜇伤皮肤引起皮疹，采摘它们时应注意防护，可戴手套或用工具采摘。

采摘野菜野果的常用工具有镰刀、剪刀、手枝剪、高枝剪、铁铲、锹、锄头等，视需要采摘的植物种类或器官、部位而定。盛装野菜野果的工具，可用竹、木编制的篮、筐、篓，在底下铺一层青草，装满采摘到的野菜野果后，上面再盖一层青草。这样既可防止日晒，又通风透气，野菜野果不易失水老化、萎蔫、变质。若用塑料袋盛装，则容易发热而焐菜焐果，影响野菜野果的质量。

不同种类的野菜野果尽量不要混装在一起，要将同一种类的野菜野果及时归拢，及时扎把。不宜扎把的野菜野果可用纸卷在一起或用纸袋装起，及时入筐。

为保证野菜野果的质量，要选择长势好，株形粗壮、鲜嫩、无病害的野菜野果采集，特别是加工出口的野菜野果应严格按照外贸出口的规格采集，过大或过小都会影响其品质及商品价值。

7. 重视保护资源与环境　采集野菜野果时要注意保护野生资源，掌握采大留小，采梢留根，采多留少（生长数量多的地方多采，生长数量少的地方少采）的原则，不要折断或毁坏树木，不要过度采集野菜野果，禁止毁灭性采集，以利于保护资源的可再生性，达到永续利用之目的。采集根部的野菜，在采集后将土回填，使其能够再生。不采集国家保护的种类和珍稀濒危种类，以免违法犯罪。保护生态环境是我们每个公民的责任。

8. 野菜野果不能代替蔬菜、水果、粮食　在青睐野菜野果的同时，专家也提醒人们要有正确的"野菜野果"观。现代人们生活水平提高了，厌倦家常菜，偶尔吃吃野菜野果、尝尝新鲜、换换口味也无可厚非，但野菜野果不能替代蔬菜、水果、粮食。事实上人们现在所吃的蔬菜、水果、粮食，绝大多数都是野菜野果经过长期的人工选择、栽培、驯化，以及在此基础上刻意培育出来的，营养成分有科学指标，口味适宜，不适宜成分和毒性大大减少。从饮食习惯看，人类是以栽培的蔬菜、水果、粮食为主，从食用安全和营养角度讲，野菜野果也无法替代栽培植物，完全没有必要过于青睐野菜野果。

四、野菜野果形态识别的名词与术语

在野外识别野菜野果的过程中，常涉及一些生物学方面的专业名词和术语。弄懂了它们的概念和含义，就能较准确地分辨野菜。为此，特选本卷书中一些常用的名词和术语进行解释。

在以往的植物系统学中，本卷书所介绍的藻类、菌物属于低等植物，它们没有根、茎、叶的分化；本卷书所介绍的蕨类植物和被子植物属于高等植物，它们有根、茎、叶的分化，其中被子植物还有花、果实和种子。

植物，根据其生长场所，可分为：

1. 陆生植物　生长在陆地的植物。

2. 水生植物　生长在水中的植物。

3. 附生植物　附着在别种植物体上生长，但并不依赖别种植物供给养料的植物。

4. 寄生植物　着生在别种植物体上，以其特殊的器官吸收被寄生植物的养料而生长的植物。

（一）藻类

藻类是无根、茎、叶分化，有光合作用色素，能独立生活的自养植物。

在藻类中，蓝藻（原核藻类）、绿藻（草绿色藻类）、红藻（红色、暗红色和紫色藻类）、褐藻（黄褐色或深褐色藻类）中的部分野生种类可作为野菜食用。

许多藻类的藻体或藻体的一部分呈平面结构，称叶状体；叶状体中央肥厚的部分称中肋；有些水生藻类的藻体固着在水中基质上，其构造称固着器；有些藻体的某部为卵形或纺锤形，而且中空，使藻体能浮在水中，其构造称气囊。

潮间带是潮水涨至最高时所淹没的地方至潮水退到最低时露出水面的海岸；潮下带是指潮间带以下的地方。

（二）菌物类

菌物是一类无根、茎、叶分化，无叶绿素，营寄生或腐生生活，不能自制养料的异养生物。

菌物广泛分布于全球，其中的一些大型真菌可食用，典型的成熟食用真菌菌体称为子实体。大型真菌子实体一般由菌盖、菌褶或菌管、菌环、菌柄、菌托组成，有些食用真菌缺少其中部分组成成分。

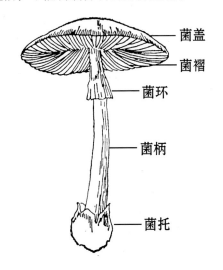

1. 菌盖　是成熟菌体顶端的帽状部分，常见有圆形、半圆形、圆锥形、卵圆形、钟形、半球形、斗笠形、匙形、扇形、漏斗形、喇叭形、浅漏斗形、圆筒形、马鞍形等。菌盖的表面为表皮，表皮下是菌肉。

2. 菌褶　是菌盖下面辐射状生长的薄片，菌褶与菌柄的着生情况有离生（菌褶内端不与菌柄接触）、弯生（菌褶内端与菌柄着生处呈一弯曲）、直生（菌褶内端呈直角状着生在菌柄上，又称贴生）、延生（菌褶内端沿菌柄下延）等。有些种类的菌盖下面无菌褶，而生长着向下垂直的菌管。

3.菌柄 是支撑菌盖的柄状构造。菌柄的质地有肉质、纤维质、脆骨质等。菌柄与菌盖的着生关系有中生、偏生、侧生等。

4.菌环 是生在菌柄上的膜质环状结构，有单层，双层、可沿菌柄上下移动，生于菌柄上部、生于菌柄中部、生于菌柄下部等不同特征。

5.菌托 是菌柄基部具有苞状、鞘状、鳞茎状、杯状、杵状、瓣状、带状的结构。菌托有时退化。

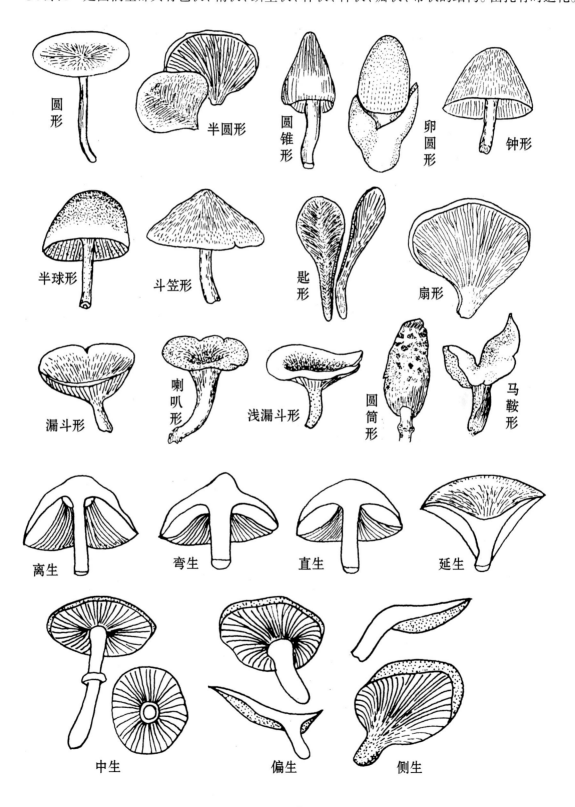

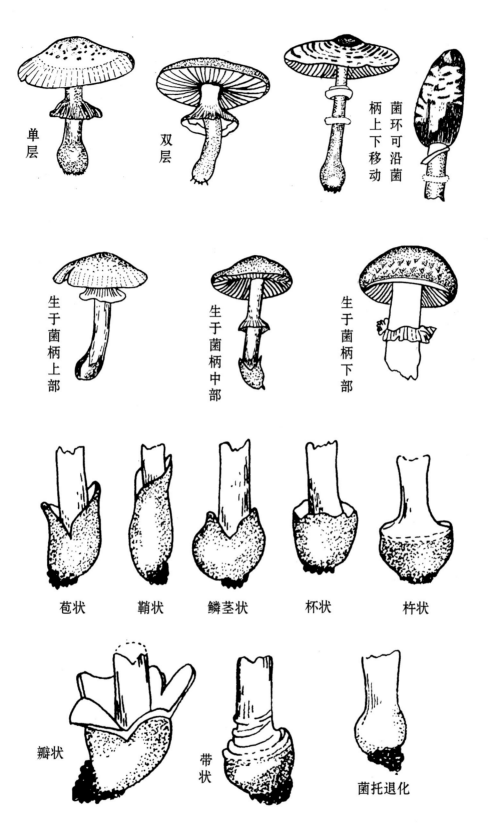

单层　　　双层　　　菌环可沿菌柄上下移动

生于菌柄上部　　　生于菌柄中部　　　生于菌柄下部

苞状　　　鞘状　　　鳞茎状　　　杯状　　　杵状

瓣状　　　带状　　　菌托退化

（三）根

根通常是植物体向土中伸长的部分，用以支持植物体和从土壤中吸取水分和养料的器官，一般不生芽，绝不生叶和花。

根依其发生的情况，可分为：

（1）主根：自种子萌发出的最初的根，有些植物是一根圆柱状的主轴，这个主轴就是主根。

（2）侧根：是由主根分叉出来的分枝。

（3）须根：种子萌发不久，主根萎缩而发生许多与主根难以区别的成簇的根，如禾草。

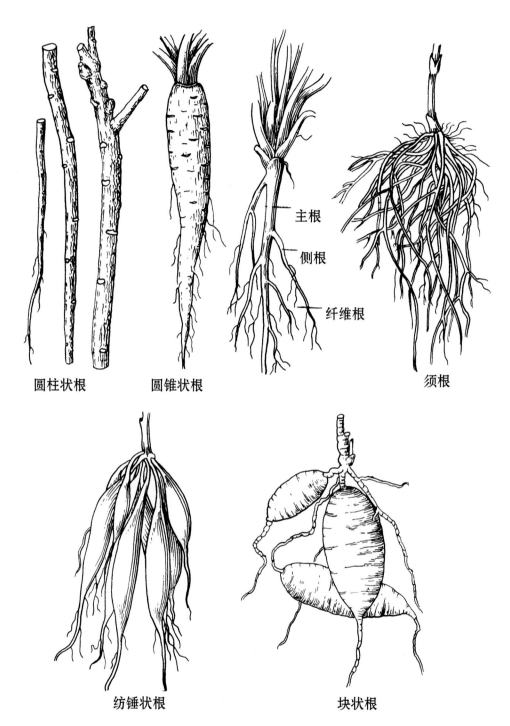

圆柱状根　　　圆锥状根　　　　　　　　　须根

主根
侧根
纤维根

纺锤状根　　　　　　块状根

（四）茎

茎是叶、花等器官着生的轴。茎通常在叶腋处有芽，由芽发生茎的分枝。茎或枝上着生叶的部位叫节，各节之间的距离叫节间；节间中空的草本茎称秆。叶与其着生的茎所成的夹角叫叶腋。

1. 根据茎的大小、生存期的长短和生长状态分类

（1）乔木：茎木质化，主干明显，高5 m以上的木本植物。

（2）灌木：茎木质化，主干不明显，有时在近基部处发出数个干，高5 m以下的木本植物。

（3）亚灌木：在木本与草本之间没有明显区别，仅在茎基部木质化的植物。

（4）草本：地上部分不木质化而为草质，开花结果后即行枯死的植物。依据生存期的长短，可分为：一年生草本，当年萌发，当年开花结实后整个植株枯死；二年生草本，当年萌发，次年开花结实后整个植株枯死；多年生草本，连续生存三年或更长时间，开花结实后地上部分枯死，地下部分继续生存。

（5）藤本：一切具有长而细弱不能直立的茎，只能倚附其他植物或有他物支持向上攀升的植物。若靠自身螺旋状缠绕于他物上的，称缠绕藤本；若用卷须、小根、吸盘或其他特有卷附的器官攀登于他物上的，称攀缘藤本。

（6）木本：其叶在冬季或旱季全部脱落者称落叶植物，如落叶乔木、落叶灌木、落叶藤本；若在冬季或旱季仍保存其绿叶者称常绿植物，如常绿乔木、常绿灌木、常绿藤本。

2. 根据茎的生长方向分类

（1）直立茎：垂直于地面，为最常见的茎。

（2）斜生茎：最初偏斜，后变直立的茎。

（3）平卧茎：平卧地面，接地处的节上不生根的茎，如大白刺。

（4）匍匐茎：平卧地面，但节上生根的茎，如蛇莓。

（5）缠绕茎：螺旋状缠绕于他物上的茎，如五味子。

（6）攀缘茎：用卷须、小根、吸盘或其他特有的卷附器官攀登于他物上的茎，如毛葡萄。

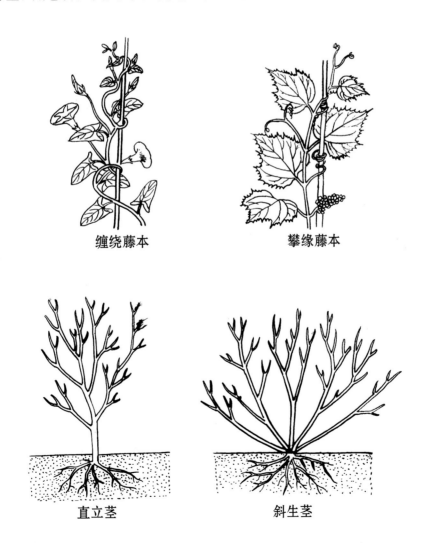

缠绕藤本　　　　　　　　攀缘藤本

直立茎　　　　　　　　斜生茎

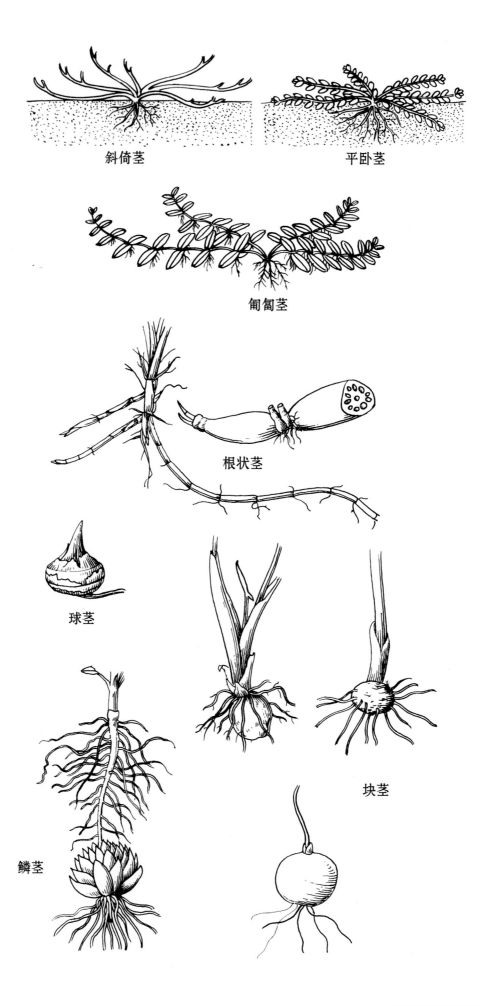

斜倚茎

平卧茎

匍匐茎

根状茎

球茎

块茎

鳞茎

（五）叶

1. **叶** 是植物制造食物和蒸发水分的器官，一枚完全叶由叶片、叶柄和托叶组成。叶片是叶的扁阔部分；叶柄是叶着生于茎或枝上的连接部分，起支持叶片的作用；托叶是叶柄基部两侧的附属物，在芽时起保护叶的作用，其形态多样。有些植物的叶柄形成圆筒状而包围茎的部分，称叶鞘；禾本科植物的叶鞘与叶片连接处的内侧，呈膜质或呈纤毛状的附属物，称叶舌；若托叶脱落后，在其节上留下的一圈脱落痕迹，称托叶环，如玉兰。

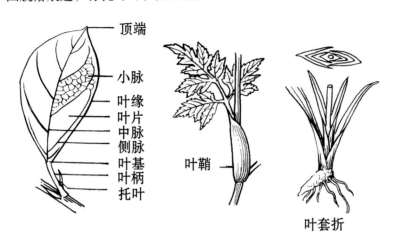

2. **叶序** 是指叶在茎或枝上的排列方式。若每一节上着生 1 枚叶，称叶互生；若每一节上着生 1 对叶，称叶对生；若每一节上着生 3 枚或 3 枚以上的叶，称叶轮生；若 2 枚或 2 枚以上的叶着生在节间极度缩短的侧生短枝的顶端，称叶簇生；若互生叶在各节上各向左右展开成一个平面，称叶二列。

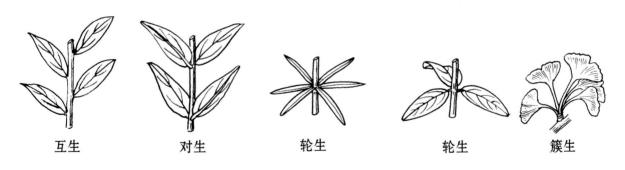

互生　　　　对生　　　　轮生　　　　轮生　　　　簇生

3. **脉序** 是指叶脉的分布方式。位于叶片中央的较粗壮的一条叫中脉或主脉，在中脉两侧第一次分出的脉叫侧脉，连接各侧脉间的次级脉叫小脉。侧脉与中脉平行达叶顶或自中脉分出走向叶缘而无明显小脉连接的，叫平行脉。叶脉数回分枝而有小脉互相连接成网的，叫网状脉。侧脉由中脉分出排成羽毛状的，叫羽状脉。若有几条等粗的主脉由叶柄顶部射出，叫掌状脉。

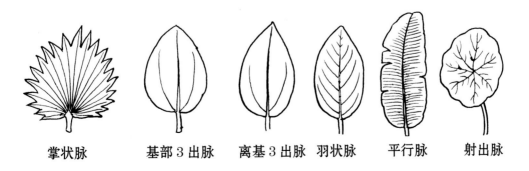

掌状脉　　基部 3 出脉　　离基 3 出脉　　羽状脉　　平行脉　　射出脉

4. 单叶　一个叶柄上只生一枚叶片的叶，不管其叶片分裂程度如何。

5. 复叶　有两枚至多枚分离的叶片生在一个总叶柄或总叶轴上的叶。这些叶片叫小叶，小叶本身的柄叫小叶柄。小叶柄腋部无腋芽，总叶柄腋部有腋芽。若小叶排列在总叶柄的两侧成羽毛状，称羽状复叶；其顶端生有一枚顶生小叶，当小叶的数目是单数时，称单数羽状复叶；当顶生小叶是双数时，叫双数羽状复叶。若小叶在总叶柄顶端着生在一个点上，向各方展开而成手掌状，称掌状复叶。

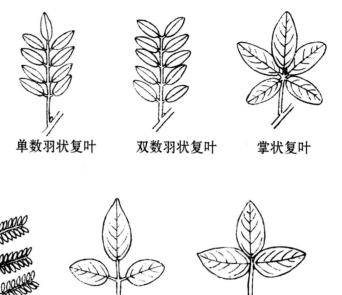

| 单数羽状复叶 | 双数羽状复叶 | 掌状复叶 |

| 2回羽状复叶 | 羽状3出复叶 | 掌状3出复叶 |

6. 叶的形状　是区别植物种类的重要根据之一，常用术语有以下这些：条形（长而狭，长约为宽的5倍以上，且全长略等宽，两侧边缘近平行）、披针形（长为宽的4~5倍，中部或中部以下为最宽，向上、下两端渐狭；若中部以上最宽，渐下渐狭的称为倒披针形）、镰形（狭长形而多少弯曲如镰刀）、矩圆形（长为宽的3~4倍，两侧边缘略平行）、椭圆形（长为宽的3~4倍，但两侧边缘不平行而呈弧形，顶、基两端略相等）、卵形（形如鸡蛋，中部以下较宽；倒卵形是卵形的颠倒，即中部以上较宽）、心形（长宽比例如卵形，但基部宽圆而凹缺；倒心形是心形的颠倒，即顶端宽圆而凹缺）、肾形（横径较长，如肾状）、圆形（形如圆盘）、三角形（基部宽，呈平截形，三边相等）、菱形（即等边斜方形）、楔形（上端宽，而两侧向下成直线渐变狭）、匙形（叶形狭长，上端宽而圆，向下渐狭，形如汤匙）、扇形（顶端宽而圆，向下渐狭，如扇状）、提琴形（叶片中部或近中部两侧缢缩，整片叶形如提琴）。

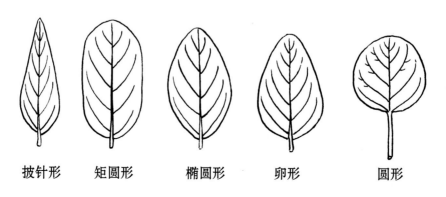

| 披针形 | 矩圆形 | 椭圆形 | 卵形 | 圆形 |

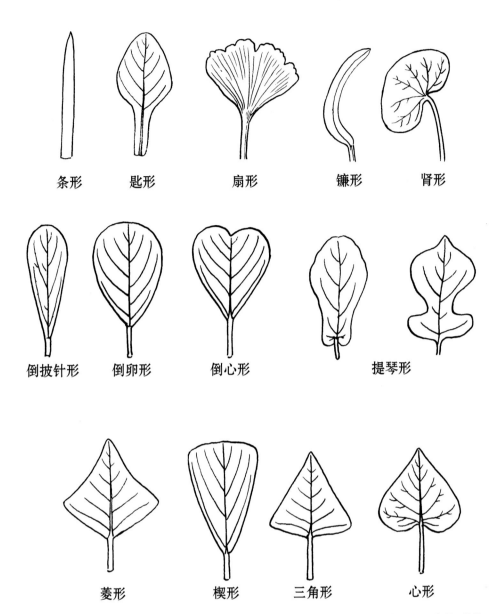

条形	匙形	扇形	镰形	肾形

倒披针形	倒卵形	倒心形	提琴形

菱形	楔形	三角形	心形

7. 叶片顶端、基部、边缘的形状　除了叶片的全形外，叶片顶端、基部、边缘的形状，有如下图所示的主要类型。

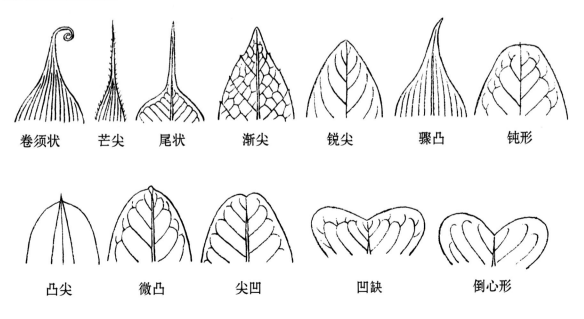

卷须状	芒尖	尾状	渐尖	锐尖	骤凸	钝形

凸尖	微凸	尖凹	凹缺	倒心形

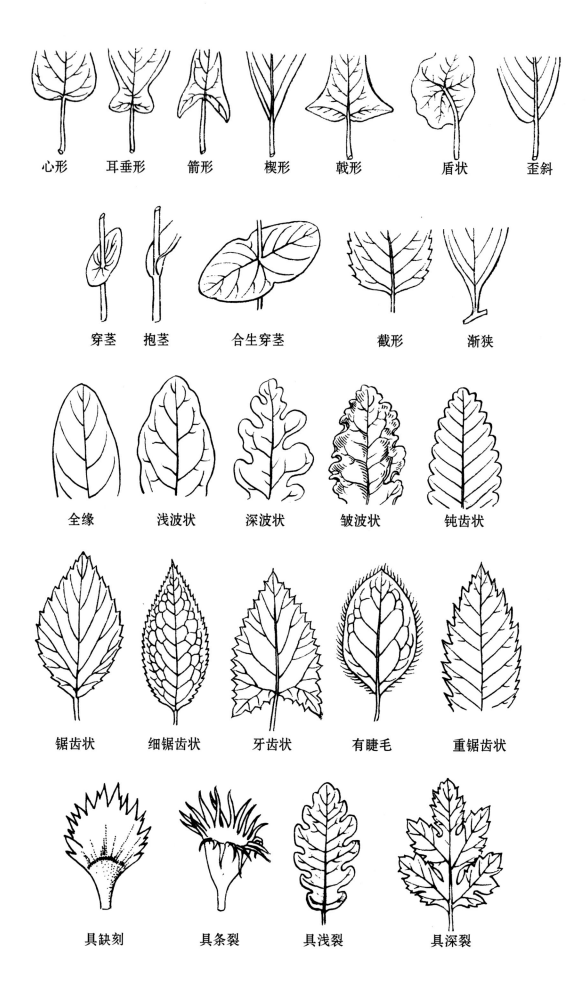

心形　　耳垂形　　箭形　　楔形　　戟形　　盾状　　歪斜

穿茎　　抱茎　　合生穿茎　　截形　　渐狭

全缘　　浅波状　　深波状　　皱波状　　钝齿状

锯齿状　　细锯齿状　　牙齿状　　有睫毛　　重锯齿状

具缺刻　　具条裂　　具浅裂　　具深裂

| 羽状浅裂 | 羽状深裂 | 羽状全裂 | 倒向羽裂 | 掌状半裂 |

（六）花

1. 花序　是指花排列于花枝上的情况。按结构形式主要可分为：

（1）单生花：是指一朵花单独着生，为花序的最简单形式，支持这花的柄称花梗。若有数花成群，则支持这群花的柄称总花梗。

（2）穗状花序：花多数，无花梗，排列于一不分枝的主轴上。

（3）总状花序：花多数，有花梗，排列于一不分枝的主轴上。

（4）葇荑花序：是由单性花组成的一种穗状花序，但总轴纤弱下垂，雄花序于开花后全部脱落，雌花序于果实成熟后整个脱落。

（5）圆锥花序：总轴有分枝，分枝上生 2 朵以上花，也就是复生的总状花序或穗状花序，或泛指一切分枝疏松、外形呈尖塔形的花丛。

（6）头状花序：花无梗或近无梗，多数，密集着生于一短而宽、平坦或隆起的总托上而成一头状体。

（7）伞形花序：花有梗，花梗近等长，且共同从花序梗的顶端发出，形如张开的伞。

（8）伞房花序：花梗或分枝排列于总轴不同高度的各点上，但因最下的最长，渐上渐短，使整个花序顶呈一平头状，最外面的或最下面的花先开。

（9）簇生花序：花无梗或有梗而密集成簇，通常腋生。

（10）有的植物花序，似从地下抽出来的，叫花葶。

（11）禾本科植物花序的基本单位称小穗，它是由紧密排列于小穗轴上的一至多数小花，连同下端的 2 枚颖片组成。

2. 苞片　花和花序常承托以形状不同的叶状或鳞片状的器官，这些器官叫作苞片或小苞片。那些生于花序下或花序每一分枝或花梗基部下的叫苞片，生于花梗上的或花萼下的叫小苞片。当数枚或多枚苞片聚生成轮紧托花序或一朵花的叫总苞。

3. 花的类型　一朵花从外到内是由花萼、花冠、雄蕊、雌蕊四个部分组成的叫完全花，若缺少其中一至三个部分的花叫不完全花。一朵花中若雄蕊和雌蕊都存在且充分发育的，叫两性花。若雄蕊或雌蕊不完备或缺一的，叫单性花；只有雌蕊而缺少雄蕊或仅有退化雄蕊的花，叫雌花；若只有雄蕊而缺少雌蕊或仅有退化雌蕊的花，叫雄花。花的主轴，即花的各部着生处称花托。

4. 单性花的分类与杂性花　单性花中，雌花和雄花同生于一株植物上的，叫雌雄同株；若雌花和雄花分别生于同种植物的不同植株上，称雌雄异株；若单性花和两性花同生于一株植物上或生于同种植物的不同植物体上，叫杂性花。

5. 按花被片分类　花萼和花冠都具备的花叫双被花或异被花；仅有花萼的花叫单被花，这时花萼应叫花被，每一枚叫花被片。花萼和花冠都缺少的花叫裸花。在单被花中，若花被片有两轮或两

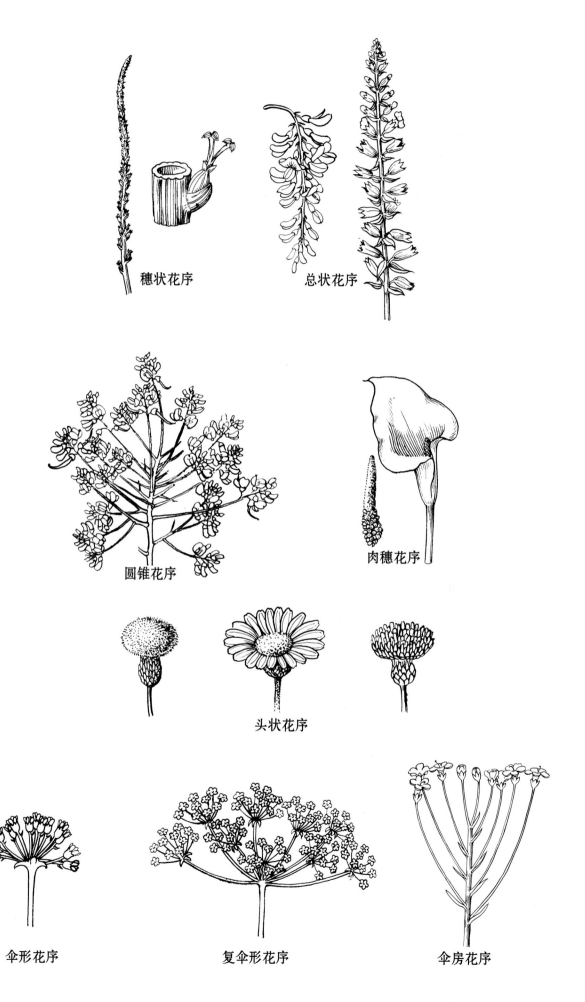

穗状花序　　　　总状花序

圆锥花序　　　　肉穗花序

头状花序

伞形花序　　　　复伞形花序　　　　伞房花序

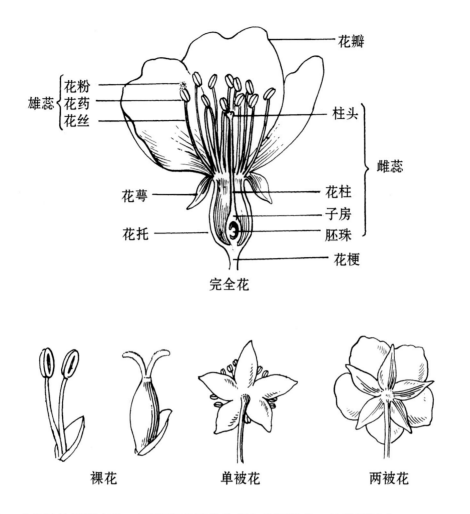

图中标注：

花瓣

雄蕊 { 花粉 花药 花丝 }

柱头

雌蕊 { 花柱 子房 胚珠 }

花萼

花托

花梗

完全花

裸花　　　单被花　　　两被花

轮以上的花，或花被片逐渐变化，不能明确区分花萼和花冠的花，统称同被花。

6. 花萼　是指花的最外一轮或最下一轮，通常为绿色，常比内层即花瓣小。构成花萼的成员叫萼片。萼片有彼此完全分离的，叫离片萼；也有多少合生的，叫合片萼。在合片萼中，其连合部分叫萼筒，其分离部分叫萼齿或萼裂片。

7. 花冠　是花的第二轮，通常大于花萼，质较薄，呈各种颜色，但通常不呈绿色。构成花冠的成员叫花瓣，花冠的各瓣有完全彼此分离的叫离瓣花冠，也有多少合生的，叫合瓣花冠。在合瓣花冠中，其连合部分叫花冠筒，其分离部分叫花冠裂片。

8. 花冠的分类　花冠按形状可分为：

（1）十字形花冠：花瓣4枚，离生，排列成十字形。

（2）蝶形花冠：由5枚花瓣组成，最上1枚花瓣最大，侧面2枚较小，最下2枚下缘稍合生而状如龙骨。

（3）筒状花冠：花冠大部分合生成一管状或圆筒状。

（4）漏斗状花冠：花冠下部呈筒状，由此向上渐渐扩大成漏斗状。

（5）钟状花冠：花冠筒宽而稍短，上部扩大成一钟形。

（6）唇形花冠：花冠稍呈二唇形，上面（后面）两裂片多少合生为上唇，下面（前面）三裂片为下唇。

其他类型花冠，在此略。

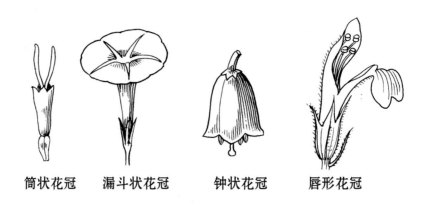

筒状花冠	漏斗状花冠	钟状花冠	唇形花冠

十字形花冠　　　　　　　　蝶形花冠

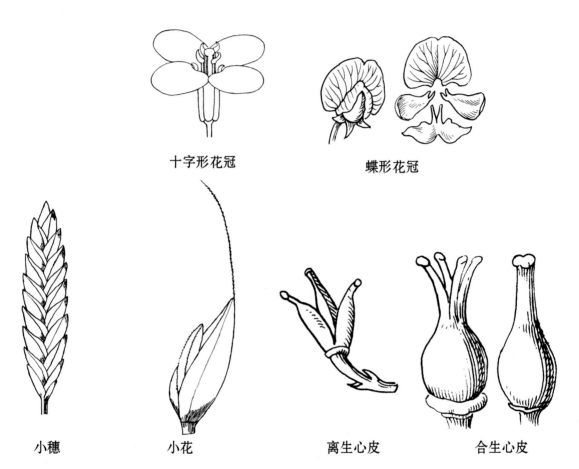

小穗	小花	离生心皮	合生心皮

9. **雌蕊**　是花的最内一个部分，将来由此形成果实。完全的雌蕊是由子房、花柱和柱头三部分构成。子房指雌蕊的基部，通常膨大，一至多室，每室具一至多个胚珠；花柱指子房上部渐狭的部分；柱头是花柱的顶部，膨大或不膨大，分裂或不分裂，起接受花粉的作用。若一个雌蕊是由一个心皮构成的，叫单心皮雌蕊；一个雌蕊由 2 个或 2 个以上心皮构成的，叫合生心皮雌蕊；有些植物的雌蕊由若干个彼此分离的心皮组成，叫离生心皮雌蕊。

（七）果实和种子

1. **果实的分类**　果实可分为：

（1）聚合果：是由一朵花内的若干离生心皮形成的一个整体的果实。

（2）聚花果：是由一整个花序形成的一个整体。

（3）单果：是由一花中的一个子房或一个心皮形成的单个果实。单果可分为干燥而少汁的干果和肉质而多汁的肉果两大类。

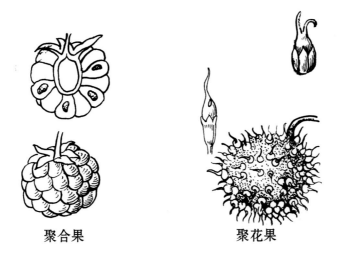

聚合果   聚花果

　　1）干果的分类　干果主要有：① 荚果：是单个心皮形成的果实，成熟时沿背腹两缝线开裂。② 蒴果：是由 2 个以上合生心皮形成的果实，成熟后开裂，开裂形式多样。③ 瘦果：果实成熟后不开裂，果皮紧包种子，不易分离。④ 颖果：果实成熟后不开裂，果皮与种皮完全愈合，不能分离。⑤ 翅果：果实成熟后不开裂，边缘有扁平翅。⑥ 坚果：果实成熟后不开裂，果皮坚硬，内含种子 1 枚。

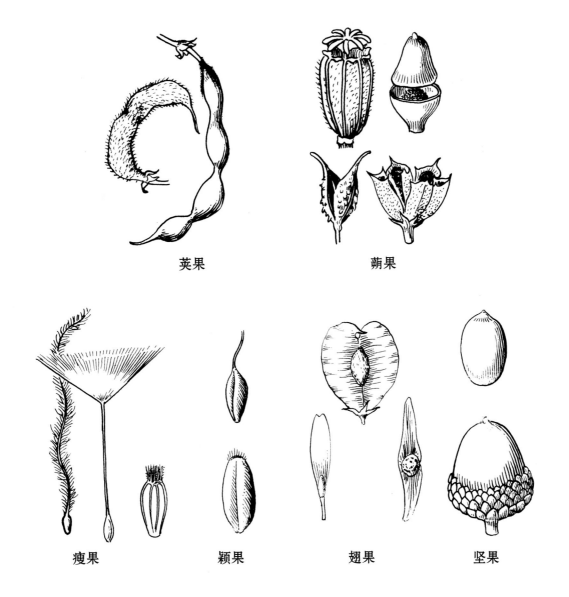

荚果   蒴果

瘦果   颖果   翅果   坚果

2）肉果的分类　肉果主要有：① 浆果：外果皮薄，中果皮和内果皮厚而肉质，并含丰富的汁液。② 核果：外果皮薄，中果皮肉质，内果皮坚硬，称为核；若有数个种子的小核，则称为分核。

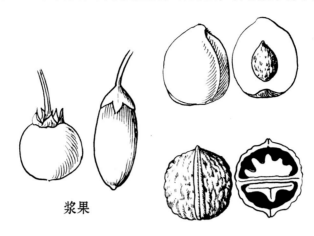

浆果

核果

2. 种子　通常由种皮、胚乳和胚三部分组成。在成熟种子中，包藏在种子内的休眠状态的幼植物体，称胚；包裹着胚的营养物质为胚乳；种子最外层的包被为种皮。

（八）附属器官、毛被、质地

附属器官是指植物体外部的，与其营养和繁殖无关紧要的部分，常见的有：

1. 棘刺　是由枝条、叶柄、托叶或花序梗变态形成的，行使保护功能，如枸杞。

2. 皮刺　是由枝条、叶等的表皮细胞形成的，如花椒。

3. 卷须　枝变成卷须，行使攀缘功能，如野碗豆。

4. 腺体　是一种分泌结构，通常颜色较淡或透明，有黏质，多生长在叶柄、叶片基部或花中。

5. 毛被　是指一切由表皮细胞形成的毛茸，植物表面被有的毛有如下主要类型：

（1）腺毛：具有腺质的毛，或毛与毛状腺体混生，触摸感觉粘手；

（2）钩状毛：毛的顶端弯曲成钩状；

（3）棍棒状毛：毛的顶端膨大；

（4）串珠状毛：是多细胞毛，一列细胞之间变细狭，因而毛恰似一串珠子；

（5）锚状刺毛：毛的顶端或侧面生有若干倒向的刺；

（6）鳞片状毛：被覆小的扁平、屑状鳞片；

（7）柔毛：具长、软、直立的毛；

（8）短柔毛：肉眼不易看出的极微细柔毛；

（9）茸毛：短而直立成丝绒状的密毛；

（10）毡毛：如羊毛状卷曲或多或少交织而贴伏成毡状的毛；

（11）绵毛：长而柔软、密而卷曲缠结，但不贴伏的毛；

（12）曲柔毛：较密的长而柔软、卷曲但直立的毛；

（13）疏柔毛：柔软而长、稍直立而不密的毛；

（14）绢状毛：长而直立、柔软贴伏、有丝绸光亮的毛；

（15）刚伏毛：直立而硬、短而贴伏或稍稍翘起、触之有粗糙感的毛；

（16）硬毛：短而直立且硬，但触之无粗糙感、不易折断的毛；

（17）刚毛：密而直立，或多少有些弯，触之粗糙、有声、易折断的毛；

（18）星状毛：毛的分支向四方辐射如星芒状；

（19）丁字状毛：毛的两个分支呈一直线，恰似一根毛，而其着生点不在基端而在中央，呈丁字状。

描述植物器官的质地主要有以下几种：膜质（薄而半透明）、草质（薄而柔软，绿色）、革质（如皮革）、纸质（如厚纸）、软骨质（硬而韧）、角质（如牛角质）、肉质（肥厚而多汁）、木质、蜡质、粉质。

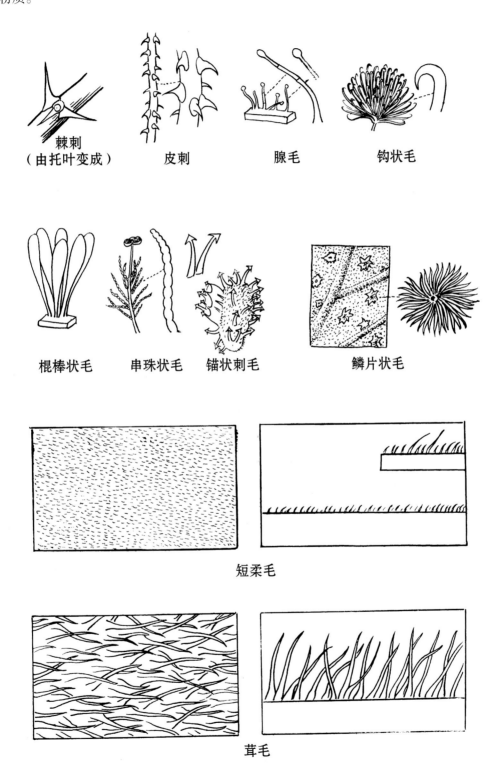

棘刺（由托叶变成）　皮刺　腺毛　钩状毛

棍棒状毛　串珠状毛　锚状刺毛　鳞片状毛

短柔毛

茸毛

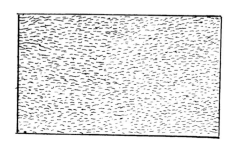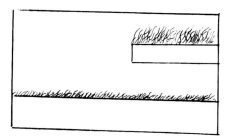

毡毛

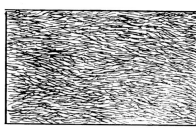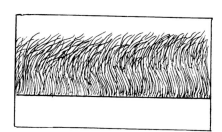

绵毛

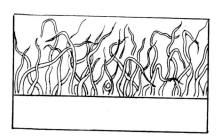

曲柔毛

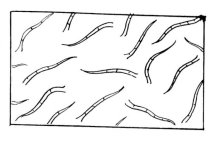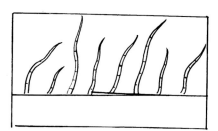

疏柔毛

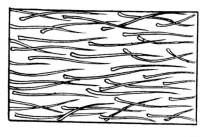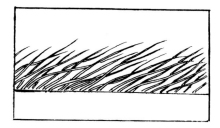

绢状毛

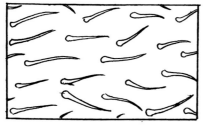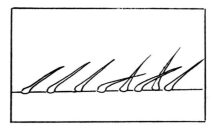

刚伏毛

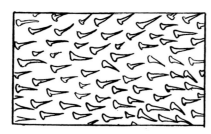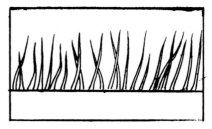

硬毛

刚毛

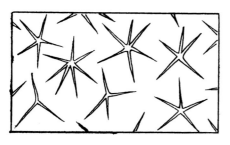

星状毛

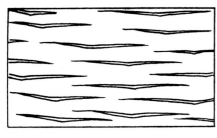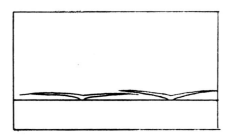

丁字状毛

五、野菜野果的分类

我国先人在《救荒本草》中按草部、木部、米谷部、果部、菜部等进行野菜野果的分类与介绍，现代一些书籍中也有按植物体性状或生活型分为草本、灌木、藤本、乔木等进行介绍的，也有按生物分类学或系统学方法排列先后顺序进行介绍的，还有按中文名称音序顺序排列或按中文名称笔画顺序排列介绍野菜野果的。

由于野菜野果种类多、数量大，不便完全按生物分类学的分类法或完全按农业生物学分类法来分类，而采用藻类、菌物和植物分类学的分类法，并结合器官分类法，可能更有助于人们对野菜野果有一个良好的、清晰的了解，同时也普及了藻类、菌物和植物分类学知识，提高了人们鉴定与识别野菜野果的能力。

本书将食用部位是植物的果实或种子的分为一类，统称"野果"；食用藻类、菌物和植物的其他部位，如根、茎、叶、花、幼苗或全株（不含果实和种）的分为一类，统称"野菜"。

在"野菜"中，再按孢子植物（隐花植物）和种子植物（显花植物）分为两类。

在孢子植物中按植物的系统学关系，分为藻类野菜和蕨类野菜；在种子植物中按植物的器官关系，分为根类野菜、茎类野菜、叶类野菜（含嫩苗、嫩株）和花类野菜；另外，还有菌物类野菜。

在"野果"中，将只产生种子而无果实的裸子植物分为一类，而将产生果实的被子植物分为另一类。后者再按植物果实分类法，分为聚合果、聚花果和单果三大类。在单果中，又进一步分为干果和肉果，干果分蓇葖果、荚果、蒴果、瘦果、颖果、翅果、坚果7种类型，肉果分浆果、柑果、瓠果、梨果、核果5种类型。

在每个终级类型的野菜或野果中，按系统学关系排列各个种类，其中藻类、菌物类、蕨类植物、裸子植物、被子植物的科、属、种均按《中国淡水藻志》《中国海藻志》《中国真菌志》和 *Flora of China* 的顺序排列，各种植物的中文名称和拉丁学名亦依据这些著作命名，少数种有常用别名。由于药食同源，故书中收录的部分植物并不拘泥于狭义的可食用野菜野果，也包括部分药膳植物和茶饮植物。

在本书中，有的同一个科（如仙人掌科、棕榈科、香蒲科、竹亚科等）或同一个属（如蒲公英属、葱属、百合属等）植物的全部或绝大部分种类都是可食用野菜。为了节省篇幅，本书不对全科植物或全属植物逐一介绍，而只对其中常见种类做文字描述和图像说明，并指出全科或全属共有多少种植物，它们的主要分布地区，以及科或属的识别要点，以便于人们能举一反三地鉴别或认识该类植物。

多数野菜野果植物只有一个食用部位，有些野菜野果植物有两三个食用部位或更多，除了果实或种子可作为野果食用外，它们的根、茎、树汁（如桃胶）、叶（含嫩苗或嫩茎叶）或花还可以作为野菜食用。为节省篇幅，避免重复，凡在《中国野菜野果的识别与利用》（野果卷）中已经做了介绍的种类，尽管它们的根、茎、叶或花可以作为野菜食用，但在本卷中大多予以省略，仅只在相关根、茎、叶或花章节的最后一段，将它们的名称列在"其他种类"栏内。

有些野菜野果民间喜欢食用，现已知有害物质含量较大，多食损害健康。如龙葵是傣族人的当家菜，常作汤料，但它含有能溶解血细胞的龙葵碱。白英、苍耳在一些书中记载为可食用野菜，而据《中国有毒植物》介绍，它们全株有毒，特别是果实、种子毒性大。这些野菜野果以不食为妥，故不列入本书之中。

六、野菜野果资源的利用

1. 野菜野果利用的历史　我国野菜野果的利用有着悠久的历史，早在 3 000 年前的《诗经》中就有描述人们采摘野菜野果的诗句。灾荒之年野菜野果的作用更大，有"糠菜（野菜）半年粮"之说。历代涉及野菜野果的著作也很多，如《千金食治》《食疗本草》《救荒本草》《本草纲目》《植物名实图考》《神农本草》《本草拾遗》《野菜博录》《野菜谱》等记载与总结了民间采摘和食用野菜野果的经验。

新中国成立后，在广泛开展生物资源调查的基础上，我国先后出版了《中国高等植物图鉴》《中国经济植物志》《中国植物志》《中国高等植物》、*Flora of China*，以及各省、自治区、直辖市的经济植物志、植物志、食用植物等论著，这些论著都有野菜野果的内容。

随着人民生活水平的提高，健康意识的增强，改革开放与商品经济的发展，我国野菜野果资源的开发利用日益受到重视。人们对饮食的需求已从量的满足转向对质的重视，使得食品向自然、粗糙、低热量、符合原物等方面利用和发展，人们对曾赖以充饥保命的野菜野果，又重新给予重视，以新的观念重新开发利用，多种野菜野果也以新的姿态重新回到人们的餐桌上和果盘中，以其独特的风味出现在筵席上。野菜野果由原来的农民自采自食转向农民采集，工厂收购加工，成批销售或出口。全国已建成许多野菜野果出口加工基地，野菜野果深加工的研究也已经进行，加工的种类及方法出现多样化、高档化。除传统的鲜食、凉拌、干制、腌制外，还开发出了罐制、盐渍、小菜制品、野菜或野果汁和野菜或野果保鲜品，使得我国野菜野果出口许多国家和地区，每年为国家赚取大量外汇。

在我国野菜野果开发业发展迅猛、蓬勃向上的今天，也应看到我国野菜野果资源开发利用方面存在的问题及不足。

2. 野菜野果资源利用潜力大　我国幅员辽阔，蕴藏着丰富的野菜野果资源。全国栽培的蔬菜水果 200 余种，而可食用的野菜野果达数千种，为栽培蔬菜、水果的 10 余倍，甚至更多。目前已经开发利用的野菜野果不足 200 种，不及野菜野果总数的 10%，但是野菜野果的研究及规模化开发、生产、利用较少。当前的情况是：一方面传统野菜野果种类在传统采集区过度采集，面临自然资源匮乏的问题，如发菜、薇菜的采集；另一方面有些山区还处于自采自食阶段，大量野菜野果有待开发，特别是经济比较落后的边远山区、林区及少数民族居住地区，野菜野果的开采利用率相当低（3%左右），与许多国家消费者的"野味正浓"相比，我国开发野菜野果食品具有很大的潜力，有 90% 的种类和 97% 的蕴藏量有待开发，其前景十分广阔。

3. 普通野菜野果介绍较多、特殊种类介绍较少　目前，资料介绍的多是些常见野菜野果，从食疗保健、药用功能、营养成分到人工栽培研究得较多；而对一些罕见的特殊种类，或仍在民间而未调查、收集、整理的野菜野果种类则研究得较少，这些种类还有待相关专业人员今后做补充研究。

4. 加工制品种类少、质量较差　由于现有野菜野果加工工厂水平低、能力差、设备落后，野菜野果加工品多数还仅限于干制、盐渍、罐制，种类单调，而且质量得不到保证，使得我国野菜野果制品在国际市场上缺乏竞争力，价格偏低。

5. 人工栽培研究较少　有些野菜野果由于要求特殊的环境条件，生产局限性很大，单靠野外采集已经不能满足需要，所以，人工选择、栽培、驯化、开发等研究势在必行。

为加速我国野菜野果资源的开发利用，使其上规模、增效益，必须针对目前存在的问题认真解决。① 合理开发，加强野生资源保护，特别是对那些濒临灭绝的种类应该有限制地开发。国家应该对野菜野果的种类、分布及蕴藏量做整体了解，全面宏观地指导开发工作。② 加强野菜野果开发力量的投入，加强深加工方面的研究，使开发工作增效益。③ 加强野菜野果食疗保健、药用功能、营养成分方面的研究，弥补对大量野菜野果在这些方面认识的不足或知识的空白，为它们的综合利用而从实践到理论方面有一个升华。④ 加速人工栽培方面的研究，从人工繁殖和引种驯化入手，以补充天然生产的不足，并从野菜野果中不断选择培育出新的栽培蔬菜、水果、粮食。⑤ 加强野菜野果制品的标准化工作和野菜野果资源开发利用的立法工作。

野菜野果在形成绿色食品、有机食品方面虽然具有明显优势，但野菜野果并不完全等同于绿色食品、有机食品。绿色食品、有机食品有严格的标准和操作规程，栽培、加工野菜野果都应该按照有关部门颁布的绿色食品、有机食品行业标准进行生产，使产品既保持野菜野果原有特色，又符合绿色食品、有机食品标准。作为商品上市或出口的野菜野果，还应按照商品规格要求进行采集、捆扎、包装，及时出运、销售。这样，出现问题时就有法可依。

七、野菜野果的食用方法

在民间，野菜野果的食用方法多种多样，烹调口味因人因地区而不同。了解和掌握一些野菜野果的食用方法，有助于增强人们对食用野菜野果的兴趣。野菜野果的食用方法大致有以下 11 种。

1. 鲜食、凉拌　对于无毒、口感好的野菜野果可以洗干净后直接鲜食 / 生食，野菜如藕、地蚕、野慈姑等；野果如茶藨子、越橘、胡颓子、猕猴桃等。有一些野菜，如马齿苋、蒲公英、藜（灰灰菜）等经过沸水焯烫后，再换清水冲洗几次，加入所需调味品可做成凉拌菜，如黄酱拌柳芽、香椿拌核桃花、酱拌苣荬菜、凉拌鱼腥草、凉拌马齿苋等。

鲜食、凉拌保持了野菜野果的原味，鲜食有鲜、香、嫩的特点，凉拌有鲜、香、嫩、无汁、入味、不腻的特点，鲜食和凉拌都是营养物质保存最完好的方法。凉拌常用的调料有盐、酱油、醋、味精 / 鸡精、白糖 / 红糖 / 冰糖、料酒、芝麻 / 芝麻酱、香油、甜面酱、黄酱、蜂蜜 / 蜂乳、花椒、胡椒、豆蔻、咖喱、孜然、茴香、桂皮、芥末、五香粉、大蒜、姜、葱、辣椒 / 辣椒油、蚝油、琼脂、调味沙司 / 色拉酱等，可根据个人的口味选调料配制。

2. 炒食　凡是已知无毒、无特殊气味或无苦涩味的野菜都可以直接炒食，如野苋菜、荠菜、刺儿菜、革命菜等。炒食是指用旺火将处理好的野菜快速翻炒出锅，主要用于茎叶类的野菜，如素炒水芹菜、素炒沙葱、肉片炒茭白、二月兰炒粉丝等。也可与肉、禽、蛋类等材料搭配进行荤炒，如竹笋炒肉、黄花菜炒肉丝、香椿芽炒鸡蛋等。炒食的特点是基本保持了野菜的原有风味，营养成分损失较少。

3. 蒸、煮、烙、做馅　是指将野菜野果进行粗加工，或剁成馅与调味品混合均匀后（可荤或素），用面皮包好或与面粉拌匀后上笼屉蒸，或用饼铛烙，或用开水煮，或做成包子、饺子、馄饨的食用方法，如南瓜蒸银杏、面粉蒸榆钱、荠菜馅水饺、猪毛菜馅饼、烙饼卷沙葱等。其特点是用油较少，口感松软。

4. 炖　是指将野菜野果加工处理后，与其他配料一起放锅中加水加调味品进行小火炖食的方法。多选用野菜的根、茎或野果，如党参炖肉、山药炖肉、藕炖排骨、肉苁蓉炖鸡、板栗炖肉、芡实炖肉等。其特点是有汤有菜，味道鲜美醇厚，又有食疗保健功效。

5. 油炸　是指将加工过的原材料控干水分，可直接放入油锅中干炸，如油炸花椒叶、油炸薄荷叶、油炸地笋等。也可裹上面粉、鸡蛋糊，放入油锅中酥炸或软炸，如炸面糊菊花、炸面糊玉兰花、炸面糊香椿、炸面糊仙人掌等。其特点是色泽金黄，香味浓郁。

6. 汤、粥、饮　是指野菜野果经过加工后，配以辅料做成汤，用慢火熬成粥，用开水浸泡或用榨汁机制作成饮料的食用方法。在材料上多选用野菜的根、茎、嫩茎叶、花或果实，如著名的西湖莼菜汤、马兰猪肝汤、枸杞叶肉片汤、守宫木叶猪肝汤、冰糖莲子银耳粥、野豌豆粥、荞米粥、野燕麦粥、金银花饮料、薄荷冰糖饮料、酸枣汁饮料、沙棘饮料等。其特点是清香柔软适口，老少皆宜。

7. 腌渍品　是指原材料经过加工后，用盐、酱油、酱、糖、醋、糟（酒糟）、料酒等调味品腌制成咸菜或酱菜。有些种类还可与辣椒、花椒、八角（大料）、糖、醋等辅料一起放入容器中，经过发酵制成泡菜或酸菜。在其腌制过程中，除产生乳酸外，也产生少量醋酸和酒精等，这些有机酸与酒精作用生成酯，使酸菜有芳香味，如朝鲜桔梗、酸辣小根蒜、腌香椿、菊芋酱菜、甘露子酱菜、地笋酱菜、糖醋藕、糖醋竹笋等。其特点是气味浓重、风味独特，保存有大量的维生素，是下饭的可口小菜。

8. 干制　野菜野果出产旺季或季节性采摘时间短，而又容易大量集中采摘时，除鲜用外，这些野菜野果还可以经过加工制作成干品，使重量大大减轻，便于运输和储存起来备用，吃时用开水浸泡后再烹饪制作。有些野菜野果，如发菜、海带、海白菜、紫菜、木耳、蘑菇、松子、八角、花椒、酸枣、山楂等可以直接晾晒。一些肉质的野菜野果含水量较多，生命力强，短时间内不容易晒干，如玉竹、黄精、百合、马齿苋等，可放入开水中焯煮或蒸，快速杀死细胞后再晾晒，保存营养成分，弥补鲜料直接晾晒过程中营养物质不断消耗的缺陷。

9. 泡酒　在民间，许多具有药用功能的野菜野果的根、茎、树皮、花、果实、种子可以用来泡酒。主要是选用高度白酒将原材料的药用有效成分析出，可长久保存，随时饮用，如菊花酒、党参酒、桑葚酒、五加皮酒、酸枣酒、山楂酒、猕猴桃酒等。这些酒大多具有滋补、养颜、安神、提高免疫力、延年益寿等功效。

10. 甜食或罐制食品　很多野菜野果的根、茎、果实、种子及某些蘑菇可制作成果脯、果酱、果汁、果胶冻、果子羹、甜羹、甜汤、粥、罐头等，其特点是基本保持了野菜野果的原味，而且体积小，便于运输，可以较长时间保存，即使在寒冷的冬天人们也可以品尝到野菜野果的风味。做好罐制食品的关键是排气、密封、杀菌、消毒，并保存在不受外界微生物污染的密闭容器中。

11. 处理后食用　有些野菜野果有小毒，或含有害物质，或苦涩味重，或有异味，食用前必须经过加工处理。如银杏种子外种皮、胚芽有小毒，食用前应充分用水煮熟，倒掉水，并去除外种皮和胚芽，再与其他食材一起制作（无毒）食品。又如新鲜的黄花菜含有毒物质秋水仙碱，采用上笼屉蒸或煮至熟透，或放入开水中烫后晒成干菜的方法可以除去有毒物质，这样食用就无毒安全了。又如魔芋块根有毒，加入碱水，制成豆腐食用方安全。另外，紫藤花、败酱、马鞭草等有小毒，一些竹类的笋味苦或涩，薇菜苦味极重。对这些植物，食用前先要煮熟透，然后用清水浸泡数小时甚至一昼夜，并换水数次，使有毒物质或苦涩味的含量减少后，才能做菜。但仍以少食、慎食为安全，尤其是孕妇。

除去野菜野果麻、苦、涩味或有害有毒物质常用以下方法：

（1）漂洗法：将野菜野果在开水中煮过后，放入清水中浸泡，换水数次，反复漂洗，短则几小时，长则一昼夜，漂至水无色为准，或视苦涩味含量多少不同而定漂洗时间与次数。这样可除去溶于水中的配糖体、单宁、生物碱和亚硝酸盐。对于个体较大的野菜野果，如有苦涩味的竹笋、坚果等，可先切片、切丝，或和水磨粉，再采用漂洗等方法进行处理。

以有麻、苦、涩、哈味的竹笋或棕心为例，具体步骤是：将水烧开，加少许盐，将竹笋或棕心切片或切丝，放在盐水中煮几分钟，然后置于清水中漂洗；再每隔 1 h 后换淡盐水浸泡 1 次，再用清水漂洗。通常换 2 次水后可去除麻、苦、涩、哈味。

（2）腌制法：在桶中撒上一层食盐，放一层野菜野果，再撒上一层食盐，再放一层野菜野果，如此反复。最上一层撒足食盐，压上重石。这样，经过发酵、分解，以及食盐的作用，可除去一些异味或有害有毒物质。经过腌制而析出的水，以倒掉为宜。

（3）碱水法：对于涩味（单宁）较重的野菜野果，可在水中加入草木灰或碳酸钠（纯碱／苏打）或碳酸氢钠（小苏打）。每 1 000 g 野菜野果加水 1 500 g、草木灰 40 g。先将草木灰加入水中浸泡，过滤后将上清液倒入锅中煮开，浇入放置有野菜野果的容器中，直到野菜野果被浸没为止，再用重物压上，约一昼夜后即可去除涩味，再用清水漂洗掉涩水，即可炒食、凉拌或用其他方法制作食用。使用碳酸钠或碳酸氢钠时，每 1 000 g 野菜野果加入 1 500 g 水、3 g 碳酸钠或 3~4 g 碳酸氢钠，方法同草木灰。

（4）淀粉制取法：有些野菜野果可食用部位比较坚硬和厚实，富含淀粉，用以上方法难去除苦涩味或有毒有害物质，如蕨类植物的根状茎、部分壳斗科植物的坚果。为了利用它们（淀粉），可采用淀粉制取法提取淀粉，制成粉丝或豆腐食用。一般制作流程是：清洗—碎浆—过滤—沉淀—脱水—干燥。具体流程为：将采摘回的坚果或其他富含淀粉的材料尽早清洗，再加水做碎浆处理（捶碎、捣烂、碾磨、打碎等均可），或去除果壳后加水做碎浆处理，经纱布过滤，在水缸或盆中揉搓，洗尽淀粉，去除渣滓。洗出的淀粉水经沉淀后，去除上清水，留取淀粉浆，制成豆腐，或再经吊滤去除水分而得到含水量较低的淀粉。如果做粉丝等粉制品，可以直接用湿粉进行加工；如果要得到干淀粉，则进行人工干燥或干燥机处理。对于绝大多数种类，采用此法可去除苦涩味；若遇苦涩味强的种类，在留取淀粉浆后，再用盐水浸泡 2 次，每次 1 h，换清水洗后即可去除苦涩味。

（5）魔芋豆腐制作法：魔芋的块茎富含淀粉，但块茎有毒，必须用碱水漂洗，煮熟后方可食用或加工制成魔芋豆腐食用。碱水可用生石灰水，或稻草灰水，或烧碱水，或苏打粉水制作，起凝胶剂作用。先将魔芋去皮，打成浆粉，与米粉混合，再用冷水调匀，慢慢均匀倒入开水中，不断搅拌使成糊状，原料倒完后继续搅拌 10 min，并煮 0.5 h，然后将配好的碱水一根线似的倒入锅中，慢倒快搅，使颜色由灰绿色转为灰白色或灰黑色。碱水倒毕后继续搅拌一段时间，使碱胶充分混合，微火再煮 0.5 h，用手触摸豆腐表面，以不粘手为度，否则碱不够，需再加。停火后闷 0.5 h，加入冷水，用刀划成几大块，捞起滤干。将锅洗净，放入魔芋豆腐，再加水，大火猛煮，换几次水，直至水中无涩味方能食用。其他类似的植物，亦可采用此方法。

第二部分
野菜类群

角叉菜

真江蓠

孔石莼

幅叶藻

刺松藻

鹿角菜

一、藻类野菜

藻类是无根、茎、叶分化，有光合作用色素，能独立生活的自养植物。在藻类中，蓝藻（原核藻类）、绿藻（草绿色的藻类）、红藻（红色、暗红色和紫色的藻类）、褐藻（黄褐色或深褐色的藻类）中的部分野生种类可作为野菜食用。

地木耳

念珠藻科 Nostocaceae

1. 地木耳 地皮菜、地耳（念珠藻科 Nostocaceae）

Nostoc commune Vaucher ex Bornet & Flahault

识别要点：藻体初为胶质球形，后扩展成片状，大可达 10 cm，状如胶质皮膜，常有穿孔的膜状物或革状物，有时出现不规则的卷曲，形似木耳，湿时藻体呈暗橄榄色或茶褐色，干后呈黄褐色、黑褐色或黑色，状如胶质皮膜。

分布与生境：广泛分布于世界各地，生于山丘和平原的岩石、沙石、沙土、草地、田埂以及近水堤岸上，多生长在干净潮湿的草地土壤表面，或混生在杂草基部的茎叶间、大树基部或苔藓植物群中，通常在雷阵雨后的田间草丛长出。

食用部位与食用方法：在雨后大面积生长时采集整个藻体，经挑除杂质、用水洗净后，可做汤、做馅、炒食（炒鸡蛋、炒韭菜）、凉拌（萝卜丝、土豆丝）等，或晒干备用。

食疗保健与药用功能：味甘，性凉，入肝经，有清热明目、收敛益气、滋养肝肾之功效，适应于头晕、疲倦乏力、眼花耳鸣、心悸、中风、冠心病、糖尿病、记忆力衰退、抑郁症等病症。

丝藻科 Ulotrichaceae

2. 软丝藻（丝藻科 Ulotrichaceae）

Ulothrix flacca (Dillwyn) Thuret

识别要点：绿藻，藻体鲜绿色或暗绿色，质软，为一不分枝的丝状体。

分布与生境：冷温性种类，广泛分布种，丛生于潮间带上部，紧密附着在岩石上。

食用部位与食用方法：油煎食用。

食疗保健与药用功能：味咸，性寒，有清热利水、化痰止咳之功效，适用于水肿、咳嗽痰结等病症。

礁膜科 Monostromataceae

3. 礁膜 青苔菜、石菜、地雷皮（礁膜科 Monostromataceae）

Monostromani tedium Wittr.

识别要点：绿藻，藻体黄绿色，由一层细胞构成，薄软有光泽，长 2 ~ 6（~15）cm。

分布与生境：产于西北太平洋，生于潮间带上部，多见于冬、春季节。

食用部位与食用方法：将采集的藻体去杂洗净，可炒食做春饼，也可做汤。

食疗保健与药用功能：味咸，性寒，有清热利水、化痰止咳之功效，适用于喉炎、咳嗽痰结、水肿、小便不利等病症。

4. 浒苔（石莼科 Ulvaceae）

Ulva prolifera O. F. Müller

识别要点：绿藻，藻体绿色，管状，中空，单条或分枝。

分布与生境：温带广泛分布，生于潮间带中上部，喜生长在风平浪静的内湾。

食用部位与食用方法：可以油煎做春饼，也可烘干后做调味品。

食疗保健与药用功能：味咸，性寒，有小毒，有软坚散结、化痰消积、解毒消肿之功效，适用于瘿瘤、瘰疬、痈肿、疮疖、食积、虫积、脘腹胀闷、鼻衄等病症。

 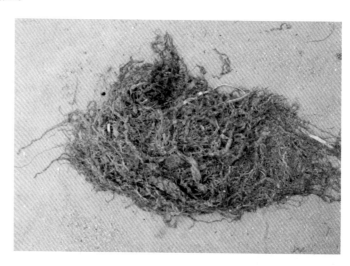

5. 缘管浒苔（石莼科 Ulvaceae）

Ulva linza Linnaeus

识别要点：绿藻，藻体绿色，线形至披针形或长带状，长 10 ~ 30 cm，边缘常有波纹状皱褶或螺旋状扭曲，柄部渐尖细。

分布与生境：温带广泛分布，生于潮间带中上部。

食用部位与食用方法：烘干后可做调味品，也可做汤，做水饺、馄饨、包子。

 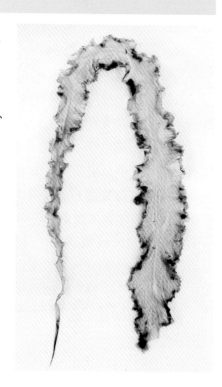

6. 孔石莼 海白菜（石莼科 Ulvaceae）

Ulva pertusa Kjellman

识别要点：绿藻，藻体草绿色至深绿色，片状，长 15 ~ 20 cm，边缘波状，藻体上有大小不等的孔。

分布与生境：我国沿海有分布，生于中、高潮带岩石上或石沼中。

食用部位与食用方法：采集藻体，经去杂洗净后，可做汤，或沸水焯后凉拌。

食疗保健与药用功能：藻体性平，味甘，无毒，有软坚散结、利水降压之功效。

松藻科 Codiaceae

7. 刺松藻（松藻科 Codiaceae）

Codium fragile (Suringar) Hariot

识别要点：绿藻，藻体黑绿色，圆柱状，海绵质，幼体被覆白色茸毛，长 10 ~ 30 cm；固着器为皮壳状，自基部向上叉状分枝。

分布与生境：世界温带海洋广泛分布，生于潮间带中、下部或潮下带。

食用部位与食用方法：洗净后和牡蛎、粉丝做成菜，或与面条一起食用，也可作为小豆腐和泡菜的原料。

食疗保健与药用功能：味甘、咸，性寒，有驱蛔虫之功效。

8. 红毛菜（红毛菜科 Bangiaceae）

Bangia fuscopurpurea (Dillwyn) Lyngbye

识别要点：红藻，形体似扩展的羊毛层，大量的藻体很柔软，胶质，光滑，暗红色并带一些光泽。藻体丝状，紫红色，直立，不分枝，圆柱形，长 3 ~ 15 cm。基部由单列细胞组成，中上部由多列细胞组成；每个细胞中有一个星状色素体，内有一淀粉核；基部细胞向下延伸成假根状的固着器。

分布与生境：产于辽宁、山东、浙江、台湾、福建、广东和广西海域沿岸，生于中、高潮带的岩礁、竹枝、林头或紫菜养殖筏架上。韩国、日本，北太平洋和大西洋有分布。

食用部位与食用方法：剪收回来的藻体湿菜经海水或淡水搅拌冲洗后，用纱布包挤水分，及时加工、晒干备用，亦可鲜用。藻体营养丰富，味道鲜甜，用沸水焯后凉拌，或与其他菜一同炒食、开汤均可。

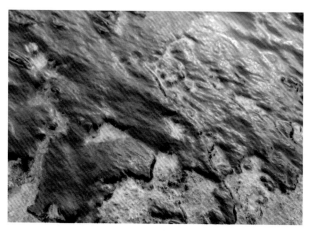 

9. 条斑紫菜（红毛菜科 Bangiaceae）

Pyropia yezoensis (Ueda) M. S. Hwang & H. G. Choi

识别要点：红藻，藻体薄膜状，卵形或长卵形，暗棕红色，基部呈蓝绿色，体高 12 ~ 70 cm，宽 10 ~ 15 cm，边缘全缘，有皱褶，基部圆形或心形，固着器盘状。

分布与生境：产于辽宁、山东和福建海域沿岸，生于潮间带岩石上。韩国和日本有分布。

食用部位与食用方法：藻体可鲜用或干制后食用，用沸水焯后凉拌，或与其他菜一同炒食、开汤均可。

食疗保健与药用功能：藻体味甘、咸，性寒，有降低血清胆固醇、预防动脉硬化、软坚化痰、清热养心、补肾利水之功效，适用于瘿瘤瘰疬、痰核咳嗽、气喘、咽喉肿痛、壮热所致的心烦不眠、惊悸怔忡、头目眩晕、肾虚所致的水肿、小便不利等病症。

10. 坛紫菜（红毛菜科 Bangiaceae）

Pyropia haitanensis (T. J. Chang & B. F. Zheng) N. Kikuchi & M. Miyata

识别要点：红藻，藻体片状，膜质，紫红色或略带褐色，披针形、近卵形或长卵形，高 12 ~ 28 cm；边缘无皱褶或稍有皱褶，具较稀疏的锯齿；基部较宽，心形，少圆形或楔形，有明显的短柄和圆盘形固着器。

分布与生境：产于浙江和福建海域沿岸，生于高潮带岩礁上。

食用部位与食用方法：藻体可鲜用或干制后食用，用沸水焯后凉拌，或与其他菜一同炒食、开汤均可。

食疗保健与药用功能：味咸，性寒，有清热解毒、减肥、防便泌、消痰软坚、止咳平喘、祛脂降压、散结抗癌之功效，适用于瘿瘤、疝气下堕、咳喘、水肿、高血压、冠心病、肥胖病等病症。

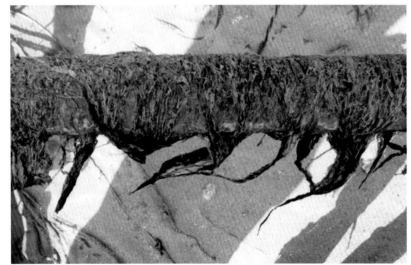 

海索面科 Nemaliaceae

11. 海索面（海索面科 Nemaliaceae）

Nemalion vermiculare Suringar

识别要点：红藻，藻体直立，圆柱形，不分枝或仅基部稍有分枝，胶质，紫红色，黏滑，像面条，长 10 cm 以上，宽 1.2 ~ 2 mm。

分布与生境：产于山东和辽宁海域，生于高、中潮带岩石上。

食用部位与食用方法：藻体可鲜用或干制后食用，用沸水焯后凉拌，或与其他菜一同炒食、开汤均可。

12. 石花菜（石花菜科 Gelidiaceae）

Gelidium amansii (Lamouroux) Lamouroux

识别要点：多年生红藻，藻体紫红色或棕红色，扁平，软骨质，直立，单生或丛生，高 10 ~ 30 cm，羽状分枝 4 ~ 5 次，互生或对生，分枝末端急尖，枝宽 0.5 ~ 2 mm；下部枝扁压，两缘薄，上部枝近圆柱形或同下部枝；固着器假根状。

分布与生境：产于渤海、黄海、东海，生大干潮线附近至岩石上，习见于外海区。韩国、日本、俄罗斯及印度洋有分布。

食用部位与食用方法：藻体透明，犹如胶冻，口感爽利脆嫩，可鲜用或干制后食用，用沸水焯后凉拌，或与其他菜一同炒食、开汤均可，或制成凉粉、果冻等。

食疗保健与药用功能：味甘、咸，性寒，有清肺化痰、清热燥湿、滋阴降火、凉血止血、降压降脂、解暑之功效，适用于肠炎、肛门周围肿痛、便秘、肾盂肾炎等病症。

13. 拟鸡毛菜（石花菜科 Gelidiaceae）

Pterocladiella capillacea (Gmelin) Santelices & Hommersand

识别要点：红藻，藻体紫红色，软骨质，直立，单生或丛生，金字塔形，高 5 ~ 15 cm，基部具缠结的匍匐状固着器，固着器上生 1 至数个直立的羽状分枝，羽状分枝的主轴伸至顶部；藻体下部轻度扁平，上部强烈扁平，扁平部宽可达 1.8 mm，顶端匙形或渐尖；规则地 2 ~ 3 次羽状分枝，小羽枝对生或互生，宽 1 ~ 2 mm，基部骤缩，末端钝头，主干与分枝间常成直角，上部枝较密，下部略稀疏。

分布与生境：产于辽宁、河北、山东、浙江、台湾、福建、广东等省海域沿岸，习见于大干潮线附近的岩礁上和中潮带石沼中的石块上。日本、越南和印度洋有分布。

食用部位与食用方法：藻体可鲜用或干制后食用，用沸水焯后凉拌，或与其他菜一同炒食、开汤均可。

内枝藻科 Endocladiaceae

14. 海萝（内枝藻科 Endocladiaceae）

Gloiopeltis furcata (Postels & Ruprecht) J. Agardh

识别要点：红藻，藻体紫红色，胶质，丛生，高 4 ~ 15 cm，基部固着器盘状，固着器上生一短细的主茎，向上膨胀为近圆柱形枝，再不规则二叉状分枝，分枝处常缢缩；枝宽可达 4 mm，枝端钝形或渐细。藻体干后发脆，易破碎。

分布与生境：产于辽宁、河北、山东、江苏、浙江、台湾、福建、广东等省海域沿岸，多生长在中潮带和高潮带下部的岩石上。朝鲜半岛、日本、俄罗斯、越南和美国有分布。

食用部位与食用方法：藻体可鲜用或干制后食用，用沸水焯后凉拌，或与其他菜一同炒食、和面蒸食、开汤均可。

食疗保健与药用功能：味咸，性寒，有清热、消食、祛风除湿、软坚化痰之功效，适用于劳热、骨蒸、泄泻、痢疾、风湿痹痛、咳嗽、瘿瘤、痔疾等病症。

黏管藻科 Gloiosiphoniaceae

15. 黏管藻（黏管藻科 Gloiosiphoniaceae）

Gloiosiphonia capillaris (Hudson) Carmichael

识别要点：红藻，藻体紫红色，胶质，丛生，直立，高 6 ~ 21 cm，宽 1 ~ 2 mm，基部固着器盘状，多个个体产自同一基部，主轴明显，每个主轴有一单独不分枝的茎，藻体线形圆柱状或近圆柱状，多少有些管状，下部裸露。一级分枝长 3 ~ 6 cm，互生或对生，疏生；次级分枝较短；末级分枝枝端渐尖；枝上生有较细的透明毛。

分布与生境：产于辽宁、山东、福建等省海域沿岸，生于潮间带岩沼中。韩国、日本、美国及北大西洋有分布。

食用部位与食用方法：藻体可鲜用或干制后食用，用沸水焯后凉拌，或与其他菜一同炒食、和面蒸食、开汤均可。

16. 蜈蚣藻（海膜科 Halymeniaceae）

Grateloupia filicina (Lamouroux) C. Agardh

识别要点：红藻，藻体紫红色，黏滑，单生或丛生，直立，高 7 ~ 75 cm，基部固着器小盘状，主枝近圆柱形或扁平，直径 2 ~ 5 mm，2 ~ 3 次羽状分枝，下部分枝较长，小枝对生、互生或偏生，基部不缢缩，有的分枝在藻体表面生出，主枝实心。

分布与生境：我国南北沿海海岸均产，常生于高、中潮带岩石上、沙砾或石沼中。为世界性暖温带性海藻。

食用部位与食用方法：可煮食或干制后食用。

食疗保健与药用功能：味咸，性寒，有清热解毒、驱虫之功效，适用于肠炎、风热喉炎等病症。

17. 舌状蜈蚣藻（海膜科 Halymeniaceae）

Grateloupia livida (Harvey) Yamada

识别要点：红藻，藻体深紫红色，直立，单生或丛生，高 10 ~ 25 cm，宽 0.5 ~ 2.5 cm，实心；叶片宽带状或稍宽，单条或叉状，边缘全缘或有小育枝，藻体下部渐尖成细柄状，有时两侧有羽状或叉状小枝。

分布与生境：产于辽宁、浙江、台湾、福建、广东、海南等省海域沿岸，多生于高潮带附近岩礁上或低潮带石沼中。韩国、日本、越南和印度洋有分布。

食用部位与食用方法：将藻体煮成胶液，可作清凉饮料。

食疗保健与药用功能：味甘、咸，性寒，有清热解毒、驱虫之功效，适用于风热喉炎、肠炎、腹痛腹泻、湿热痢疾、蛔虫病等病症。

18. 中间软刺藻（杉藻科 Gigartinaceae）

Chondracanthus intermedius (Suringar) Hommersand

识别要点：红藻，藻体暗红色，高 1 ~ 2（~ 4.5）cm，软骨质；藻体伏卧，密密重叠成团块，蔓延在岩石上；直立枝扁压，分枝为不规则的亚羽状，枝上部常弯曲，并扩展成亚披针形。

分布与生境：产于浙江以南海域，生于潮间带的上部。

食用部位与食用方法：可与肉一起烧食，也可制成胶冻食用。

19. 角叉菜（杉藻科 Gigartinaceae）

Chondrus ocellatus Holmes

识别要点：红藻，藻体紫红色，膜状，革质，扇形，高达 7 cm。主枝下部扁圆柱形，上部扁平；叉状分枝 2 ~ 3 次。

分布与生境：我国东南沿海有分布，生于中潮带岩石上。

食用部位与食用方法：采藻体，去杂洗净后，可做汤、炒食，或经沸水焯后凉拌食用。

食疗保健与药用功能：味甘、咸，性寒，有清热解毒、和胃通便之功效，适用于咽喉肿痛、跌打损伤、感冒寒热、疟腮、胃脘疼痛、肠燥便秘等病症。

20. 日本马泽藻（杉藻科 Gigartinaceae）
Mazzaella japonica (Mikami) Hommersand

识别要点：红藻，藻体扁平叶片状，高 10 ~ 30 cm；固着器盘状，上部有柄与叶状体相连，单叶不分枝或分枝不规则，叶片卵形或长卵形。

分布与生境：产于山东和辽宁沿海，生于潮间带和潮下带。

食用部位与食用方法：叶状体可做蔬菜烧煮食用。

沙菜科 Hypneaceae

21. 冻沙菜（沙菜科 Hypneaceae）
Hypnea japonica Tanaka

识别要点：红藻，藻体缠结成疏松的团块，一般 10 ~ 15 cm，亚软骨质，二叉分枝或不规则的互生分枝，枝广开，腋角圆，有时从主干垂直分出，藻体上部的枝逐渐纤细。

分布与生境：产于浙江以南海域，生长在港湾内石块或贝壳上。

食用部位与食用方法：加水熬煮成冻食用。

红翎菜科 Solieriaceae

22. 细弱红翎菜（红翎菜科 Solieriaceae）

Solieria tenuis Xia & Zhang

识别要点：红藻，藻体紫褐色，质软多肉，细圆柱形，略扁压，不规则地向各个方向多次分枝，枝基部缢缩，枝端逐渐尖细。

分布与生境：产于中国、朝鲜半岛及日本，生长在风浪较小的潮间带下部及潮下带。

食用部位与食用方法：可凉拌、炒食或煮食。

江蓠科 Gracilariaceae

23. 龙须菜（江蓠科 Gracilariaceae）

Gracilariopsis lemaneiformis (Bory de Saint-Vincent) E. Y. Dawson, Acleto & Foldvik

识别要点：红藻，藻体红褐色，线形、圆柱形，丛生于盘状固着器上，高 30 ~ 50 cm，分枝少，一般 1 ~ 2 次，藻体质地坚韧，不易折断。

分布与生境：温带广泛分布种，我国山东有野生种群，全国沿海有养殖，生长于潮间带或潮下带，半埋在沙地中。

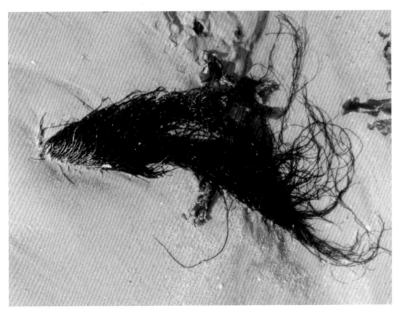

食用部位与食用方法：凉拌、炒食或煮食。

食疗保健与药用功能：味甘，性寒，有去内热、利小便之功效，适用于瘿结热气等病症。

24. 真江蓠（江蓠科 Gracilariaceae）

Gracilaria lvermiculophylla (Ohmi) Papenfuss

识别要点：红藻，藻体黑褐色，单生或丛生，线形、圆柱形，高 20 ~ 40 cm，分枝 1 ~ 4 次，藻体质地较脆，易折断。

分布与生境：西北太平洋广泛分布，主产于中国、朝鲜半岛、日本和越南，喜生长在有淡水注入的海区。

食用部位与食用方法：一般煮成冻粉食用，或者凉拌食用。

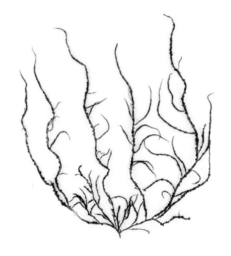

25. 凤尾菜（江蓠科 Gracilariaceae）

Gracilaria eucheumatoides Harvey

识别要点：红藻，藻体具有明显的背腹面，腹面有许多圆盘状的固着器，叶状体表面光滑，宽 5 ~ 12 mm，表面有时有皱缩，分枝近于扁平，常重叠成为直径达 10 ~ 20 cm 或更大的团块；腋角广开，近于水平延伸，二叉式分枝，偶有三叉、四叉或不规则分枝的现象，两缘具有羽状小刺枝。

分布与生境：分布于西太平洋热带海域，生于珊瑚礁海区潮下带 1 ~ 2 m 深处。

食用部位与食用方法：可做汤、炒食，或经沸水焯后凉拌食用。

26. 钩凝菜（仙菜科 Ceramiaceae）

Campylaephora hypnaeoides J. Agardh

识别要点：红藻，藻体暗红色或略带黄色，枝圆柱形，高 10 ~ 20 cm，直径约为 1 mm。藻体缠结成团，主枝为不规则的叉状分枝，上部分枝往往偏向一侧，分枝顶端多少呈钩状屈曲，有时为镰刀形的弯钩，钩的尖端具有钳形小枝。

分布与生境：西北太平洋广泛分布，生长在潮下带岩石上或附着在其他海藻上。

食用部位与食用方法：煮食或凝固后食用。

食疗保健与药用功能：有清热、通便之功效，适用于便秘。

27. 三叉仙菜（仙菜科 Ceramiaceae）

Ceramium kondoi Yendo

识别要点：红藻，藻体紫红色或淡红色，粗壮，丛生，高 10 ~ 30 cm，分枝繁盛，二叉分枝，分枝顶端为钳状。藻体有节，但不十分明显。

分布与生境：产于辽宁及山东，生于潮下带的岩石或潮间带的石沼中，有时附生于其他大型海藻上。日本和朝鲜半岛有分布。

食用部位与食用方法：和米汤煮成凝胶或制成仙菜食用。

食疗保键与药用功能：有化痰、软坚、缓泻通便之功效，适用于痰核瘰疬、慢性便秘等病症。

28. 铁钉菜（铁钉菜科 Ishigeaceae）

Ishige okamurae Yendo

识别要点：褐藻，藻体黑褐色，革质，直立，丛生，高 4 ~ 10 cm，直径 1 ~ 1.5 mm；复叉状分枝，枝圆柱状，稍有棱角或扭曲，枝顶扁圆形。

分布与生境：产于温带西太平洋区域，生于潮间带上部的岩石上。

食用部位与食用方法：可与肉一起炖煮食用，也可蒸煮后蘸酱油食用。

食疗保健与药用功能：味咸，性寒，有软坚散结、解毒、驱蛔之功效，适用于颈淋巴结肿、甲状腺肿、喉炎、蛔虫病等病症。

29. 叶状铁钉菜（铁钉菜科 Ishigeaceae）

Ishige foliacea Okamura

识别要点：褐藻，藻体暗褐色至黄褐色，高 5 ~ 10 cm；柄部圆柱形，叉状或复叉状分枝，枝为扁平的片状，宽 0.4 ~ 2 cm，有时枝的顶端膨起，内含气体。

分布与生境：产于温带西太平洋，生于潮间带上部的岩石上。

食用部位与食用方法：可与肉一起炖煮食用，也可蒸煮后蘸酱油食用。

30. 幅叶藻（萱藻科 Scytosiphonaceae）

Petalonia binghamiae (J. Agardh) K. L. Vinogradova

识别要点：褐藻，藻体黄褐色，扁平叶状体，体高 10 ~ 30 cm，宽 2 ~ 4 cm；基部楔形，成熟后顶端腐溃。

分布与生境：产于太平洋温带地区，生于潮间带中部的岩石上。

食用部位与食用方法：加入面条食用，或与鱼肉共烧食用，或制成干粉加入米饭食用。

31. 萱藻（萱藻科 Scytosiphonaceae）

Scytosiphon lomentaria (Lyngbye) Link

识别要点：褐藻，藻体黄褐色，单条，直立，丛生，管状或有时扁压，节部一般缢缩。

分布与生境：产于北半球太平洋地区，生长于潮下带或潮间带的石沼中。

食用部位与食用方法：可包饺子或炒菜食用，也可烘干后揉成粉末与米饭一起食用。

食疗保健与药用功能：味咸，性寒，有化痰软坚、清热解毒之功效，适用于咳嗽、喉炎、甲状腺肿、颈淋巴结肿等病症。

32. 裙带菜（翅藻科 Alariaceae）

Undaria pinnatifida (Harvey) Suringar

识别要点：褐藻，藻体深褐色或褐绿色，由叶片、柄部和固着器组成。叶片羽状深裂。柄部圆柱状，近叶片部逐渐扁平，柄的两侧具龙骨，形成许多木耳状的重叠皱褶。固着器为叉状分枝的假根状。

分布与生境：产于黄海、渤海，生于风浪较大的低潮线及以下 1 ~ 2 m 的岩石上，或低潮带石沼中。

食用部位与食用方法：采集藻体，去杂洗净后，可做汤、炒食，或沸水焯后凉拌食用。

食疗保健与药用功能：有软坚、散结、行水之功效，适用于瘿瘤、瘰疬、睾丸肿痛、痰饮水肿等病症。

海带科 Laminariaceae

33. 海带（海带科 Laminariaceae）

Saccharina japonica (Areschoug) C. Lane, Mayes, Druehl & G. W. Saunders

识别要点：大型褐藻，由叶片、柄部和固着器组成。叶片扁平带状，无分枝，褐色，有光泽，一般长 2 ~ 5 m，宽 20 ~ 30 cm，中部较厚，边缘较薄而软，具波浪褶，表面黏滑；柄部短柱状；固着器呈假根状，树状分枝。藻体干燥后变深褐色或黑褐色，上附白色粉状盐渍。

分布与生境：以固着器附着于海底岩石上，我国黄海和渤海有少量野生种群，以筏架养殖为主，俄罗斯东部，朝鲜和日本的北太平洋海域有分布。

食用部位与食用方法：带片可食，凉拌、做汤、红烧、炖肉、焖均可。

食疗保健与药用功能：营养价值高，含热量低，蛋白质含量中等，含丰富的碘等矿物质元素，有防治甲状腺肿、预防心脑血管病、消除乳腺增生、降血脂、降血糖、调节免疫、抗凝血、抗肿瘤、排铅解毒、护发、美容、减肥、延缓衰老之功效。

注意事项：患甲亢人群不宜食用；不宜与茶、酸性水果同食。

34. 鹿角菜 角叉菜（墨角藻科 Fucaceae）

Silvetia siliquosa (Tseng & C. F. Chang) Serrao, Cho, Boo & Brawley

识别要点：多年生褐藻，藻体线状，直立部分二叉状分枝，枝扁平至椭圆形，无中肋，自柄部外叉状分枝 2 ~ 8 次，藻体下部叉状分枝较规则且分枝角度宽，上部分枝角度较狭而分枝不等长，上部的节间长于下部，鲜时绿黄色或黄橄榄色，干燥后变黑色，软骨质，高达 14 cm。下端柄部亚圆柱形，甚短，逐渐向上则扁压成楔形。基底固着器圆锥状。

分布与生境：产于辽宁及山东海域，生于中潮间带岩石上。朝鲜半岛有分布。

食用部位与食用方法：由于鹿角菜含有大量植物胶质，受热后容易融化，通常大多制作凉拌菜，味滑美，炖食或炒菜较少。

食疗保健与药用功能：味甘、咸，性寒，有软坚散结、镇咳化痰、清热解毒、和胃通便、扶正祛邪之功效，适用于咽喉肿痛、瘀血肿胀、跌打损伤、筋断骨折、闪挫扭伤、肠燥便秘等病症，对防治直肠癌、高血压、糖尿病、冠心病、贫血等疾病有效。

35. 羊栖菜（马尾藻科 Sargassaceae）

Sargassum fusiforme (Harvey) Setchell

识别要点：多年生褐藻，藻体黄褐色，肥厚多汁，高 40 ~ 200 cm；固着器圆柱形，假根状，不等长；主干圆柱形，直立，顶部长出数条分枝。初级分枝圆柱形，长达 100 cm，直径 3 ~ 4 mm，表面光滑；次级分枝腋生，互生，长 5 ~ 10 cm。藻叶肉质，肥厚，细匙形或线形，长 3 ~ 5 cm，宽 2 ~ 3 mm，边缘常有锯齿或波状缺刻，顶端常膨大成纺锤形气囊。

分布与生境：暖温带—亚热带性海藻，产于辽宁、山东、浙江、福建、广东海域，生长于低潮带和大干潮线下的岩石上、经常为浪水冲击的处所。朝鲜和日本有分布。

食用部位与食用方法：藻体可鲜用或干制后食用，用沸水焯后凉拌，或与其他菜一同炒食、开汤均可。

食疗保健与药用功能：味苦、咸，性寒，有软坚散结、利水消肿、泻热化痰之功效，适用于甲状腺肿、颈淋巴结肿、浮肿、脚气等病症，对控制糖原和矿物质的代谢、调节应激反应、防治癌症、降低血中胆固醇等有疗效。

36. 铜藻（马尾藻科 Sargassaceae）

Sargassum horneri (Turner) C. Agardh

识别要点：多年生褐藻，藻体黄褐色，较纤细，高 0.5 ～ 2 m，由固着器、主干、分枝、藻叶、气囊等部分组成。固着器裂瓣状，上生圆柱形主干；主干常单生，直径 1.5 ～ 3 mm；分枝互生或对生；主干下部叶反曲，叶基部边缘常向中肋处深裂，向上至叶尖渐浅裂并变狭，叶尖微钝，叶片长 1.5 ～ 7 cm，宽 0.3 ～ 1.2 cm，有中肋，柄长 1 ～ 2 cm；气囊在分枝上呈总状排列，圆柱形，长 0.5 ～ 1.5 cm，宽 2 ～ 3 mm，两端尖。

分布与生境：产于辽宁、浙江、福建、广东等省海域海岸，生长于低潮带深沼中或大干潮线下的岩石上。朝鲜、日本和俄罗斯东部有分布。

食用部位与食用方法：藻体可鲜用或干制后食用，用沸水焯后凉拌，或与其他菜一同炒食、开汤均可。

食疗保健与药用功能：味咸，性寒，有痰消软坚，清热利水之功效，适用于瘿瘤、水肿或脚气浮肿、甲状腺肿、颈淋巴结肿等病症。

侧耳

橙黄银耳

毛柄金钱菌

花脸香蘑

绿菇

毛木耳

鸡油菌

二、菌物类野菜

　　菌物是一类无根、茎、叶分化，无叶绿素，营寄生或腐生生活，不能自制养料的异养生物。菌物广泛分布于全球，其中的一些大型真菌可食用，典型的成熟食用真菌菌体称为子实体。

灵芝

麦角菌科 Clavicipitaceae

1. 冬虫夏草 虫草、冬虫草、中华虫草（麦角菌科 Clavicipitaceae）

Ophiocordyceps sinensis（Berk.）Sacc.

识别要点：为鳞翅目昆虫幼体与菌体相连而成，全长 9 ~ 12 cm。虫体长 3 ~ 6 cm，粗 4 ~ 7 mm，外表呈深黄色，粗糙，背部有多数横皱纹，腹面有足 8 对，位于虫体中部的 4 对明显易见。菌体自虫体头部生出，呈棒状，弯曲，上部略膨大，表面灰褐色或黑褐色，长可达 4 ~ 8 cm，直径约 3 mm，折断时内心空虚，粉白色。

分布与生境：产于甘肃（岷山）、青海、四川（凉山）、云南西北部及西藏，生于海拔 4 000 m 以上的高山上。喜马拉雅地区有分布。

食用部位与食用方法：全株（菌体与虫体）可分别与鹌鹑、乳鸽、乌鱼、鸭、乌鸡、羊肉、猪肉，以及白木耳、淮山药、枸杞、生姜、红枣等食材炖食。

食疗保健与药用功能：味甘，性温，入肺、肾二经，有补虚损、益精气、止咳化痰之功效，适于痰饮喘嗽、虚喘、痨嗽、咯血、自汗盗汗、阳痿遗精、腰膝酸痛、病后久虚不复等病症。

2. 蛹虫草 北冬虫夏草、北虫草（麦角菌科 Clavicipitaceae）

Cordyceps militaris (L.) Fr.

识别要点：为鳞翅目昆虫的蛹与菌体相连而成的复合体，全长 2 ~ 8 cm。蛹体长 1.5 ~ 2 cm，外表呈紫色。菌体自寄生蛹体头部或节部长出，呈棒状，上部略膨大，表面橘黄色或橘红色。

分布与生境：主产于吉林（安图、永吉）、辽宁（沈阳）、内蒙古（哲里木盟）、云南（昆明、安宁、江川），生于针、阔叶林或混交林地表土层中鳞翅目昆虫的蛹体上。世界性广泛分布。

食用部位与食用方法：全株（菌体与虫体）可分别与鹌鹑、乳鸽、乌鱼、鸭、乌鸡、羊肉、猪肉，以及白木耳、淮山药、枸杞、生姜、红枣等食材炖食。

食疗保健与药用功能：有补肺阴、补肾阳之功效，能同时平衡、调节阴阳，适应于肾虚、阳痿遗精、腰膝酸痛、病后虚弱、久咳虚弱、劳咳痰血、自汗盗汗等病症。

 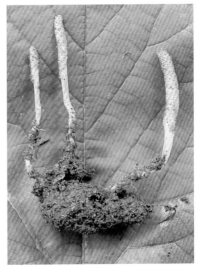

羊肚菌科 Morchellaceae

3. 小羊肚菌（羊肚菌科 Morchellaceae）

Morchella deliciosa Fr.

识别要点：菌盖圆锥形，高 1.5 ~ 5 cm，基部宽 1 ~ 2.5 cm。表面凹坑为长方形或方形，呈浅褐色。菌柄近白色或浅黄色，基部常膨大，有凹槽，长 1.5 ~ 3.5 cm，直径 0.4 ~ 1 cm，中空。

分布与生境：产于山西、陕西、甘肃、宁夏、新疆、四川等省区；春、夏季散生或单生于针、阔叶林内地上。

食用部位与食用方法：美味食用真菌，成熟菌体可鲜用或干制后食用，做主料或配料，炒食、炖食或开汤。

4. 羊肚菌（羊肚菌科 Morchellaceae）

Morchella esculenta (L.) Pers.

识别要点：菌盖不规则圆形、长卵形或椭圆形，顶端钝，长 4 ~ 8 cm，宽 3 ~ 6 cm，表面有许多小凹坑，似羊肚状，小凹坑形状不规则至近圆形，宽 4 ~ 12 mm，肉黄色或淡黄褐色；棱脊不规则交叉，色较浅。菌柄色较浅，浅肉色或近白色，长 5 ~ 8 cm，直径 2 ~ 4 cm，有浅纵沟，基部稍膨大，空心。

分布与生境：全国各省区均产；发于晚春至夏初，生于竹林、阔叶林、林缘空旷处草丛中，散生或群生。世界广泛分布。

食用部位与食用方法：世界著名的美味食用真菌，肉质脆嫩，香甜可口，成熟菌体鲜用，做主料或配料，可炒食、炖肉或开汤。

食疗保健与药用功能：味甘，性平，能益肠胃，有化痰理气之功效，适用于消化不良、痰多气短等病症。

5. 黑脉羊肚菌（羊肚菌科 Morchellaceae）

Morchella angusticepes Peck

识别要点：菌体高 3 ~ 12 cm。菌盖圆锥形或近圆柱形，长 2 ~ 6 cm，粗 1 ~ 5.5 cm，顶端较尖，表面有许多小凹坑，似羊肚状，小凹坑多呈长椭圆形，淡褐色至红褐色；棱脊不规则交叉，纵向排列，有横棱交织，棱黑色或红褐色，边缘与菌柄连在一起。菌柄较菌盖短或近等长，粗 0.6 ~ 3 cm，近圆柱形，乳白色，光滑。

分布与生境：产于内蒙古、山西、甘肃、青海、新疆、四川、云南、西藏等省区，单生、群生或聚生于荒坡草地、阔叶林、针阔叶混交林或灌木林中。中亚至南亚、欧洲、美洲和北非有分布。

食用部位与食用方法：食用真菌，味道鲜美，肉质脆嫩，成熟菌体鲜用，可做主料或配料，可炒食、炖肉或开汤。

食疗保健与药用功能：有助消化、益肠胃、化痰理气之功效。

木耳科 Auriculariaceae

6. 木耳 黑木耳（木耳科 Auriculariaceae）

Auricularia auricular-judae (Bull.) Quél.

识别要点：菌体胶质，有弹性，褐红色、棕褐色至黑褐色，背面色浅并有细短茸毛，内面平滑，中间凹，往往呈耳状、叶状、杯状或花瓣状，宽 2 ~ 10 cm，厚 2 mm 左右。以侧生的短柄或狭细的附着部固着于基质上。干后强烈收缩变为脆硬的角质或近革质，黑色，湿润后可恢复原状。

分布与生境：产于黑龙江、吉林、辽宁、内蒙古、河北、山西、陕西、甘肃、河南、江苏、安徽、浙江、台湾、福建、江西、湖北、湖南、广东、海南、广西、贵州、四川、云南、西藏等省区；木生真菌，喜生于栎树、柞树、榆树等阔叶树的腐木上，丛生，常屋瓦状叠生。日本及欧洲和北美洲有分布。

食用部位与食用方法：成熟菌体可食用，鲜用或干制后加水泡发均可，做主料或配料，可炒肉、开汤、炖肉、煮食、凉拌、烩等。

食疗保健与药用功能：味甘，性平，有凉血、止血、益气、润肺、补脑、通便、清痰、养颜、益气强身、防癌抗癌等功效，可治肠风、血痢、血淋、痔疮、便血、崩漏、寒湿性腰腿痛、手足抽筋麻木、经脉不通等病症。与鲜洋葱（切丝）、醋凉拌，常食，可防或治动脉硬化。

7. 皱木耳 水木耳（木耳科 Auriculariaceae）

Auricularia delicata (Fr.) Henn.

识别要点：菌体杯状、耳状或浅碗状，胶质，长1～12 cm，宽1～15 cm；表面乳黄色至浅黄色，平滑，有无色细短茸毛；背面近白色或淡黄白色，有显著皱褶，形成网络状孔格，干后淡褐色或近黑色。无柄或有短柄。干后革质，湿润后可恢复原状。

分布与生境：产于吉林、山西、台湾、福建、湖南、广东、海南、广西、贵州、四川、云南等省区；木生真菌，生于阔叶树卧木或腐朽木上，群生。日本及南太平洋地区、大洋洲、非洲和美洲有分布。

食用部位与食用方法：成熟菌体可鲜用或干制后食用，较粗糙，做主料或配料，可炒食、开汤、凉拌或炖食。

食疗保健与药用功能：有补气血、润肺、止血、滋阴、强壮、通便之功效，并能治痔。

8. 毛木耳（木耳科 Auriculariaceae）

Auricularia polytricha (Mont.) Sacc.

识别要点：菌体胶质至带软骨质，较坚韧，初期杯状或碟状，渐变为耳状或叶状，边缘直伸或翻腾内屈呈波状，基部往往有皱褶，直径2～15 cm；表面青褐色、浅茶褐色，长有浓密的绒毛；背面红褐色、紫红褐色或紫黑灰色。无柄或具短柄。干后硬而韧，淡紫褐色至紫黑色。

分布与生境：产于黑龙江、吉林、辽宁、内蒙古、河北、山西、河南、陕西、甘肃、青海、山东、江苏、安徽、浙江、福建、江西、湖南、广东、海南、广西、贵州、四川、云南、西藏等省区；木生真菌，生于栎属、桑、构、杨、柳等阔叶林腐木上，群生。日本、印度、斯里兰卡、美国、澳大利亚及非洲和太平洋岛屿有分布。

食用部位与食用方法：成熟菌体可鲜用或干制后食用，菌肉较粗，可做主料或配料，凉拌、炒食、开汤或炖食。

食疗保健与药用功能：味甘，性平，入肺、肾、肝三经，有益气强身、滋阴、润肺、止血、止痛等功效。

9. 金耳（银耳科 Tremellaceae）

Tremella aurantialba Bandoni & Zang

识别要点：菌体大型，半球形至不定形块状，全体呈脑状至分裂为数个具深沟槽而粗厚的裂瓣，直径 3 ~ 12 cm，高 2 ~ 8 cm，基部狭窄，干后缩小，坚硬，基本保持原状；鲜时表面橙黄色至橘黄色，干后橙黄色至金黄色；外层胶质，内部微白色肉质纤维状，宽窄不一，可从基部分枝直达顶部。瓣片实心，偶有中空。

分布与生境：产于山西、福建、江西、湖北、四川、云南、西藏等省区；木生真菌，生于阔叶林及针阔叶混交林中壳斗科朽木上，单生或群生。

食用部位与食用方法：成熟菌体味佳，鲜食或干制后加水泡发食用均可，可炒食、开汤、炖肉或凉拌。

食疗保健与药用功能：味甘，性温中带寒，有化痰、止咳、定喘、调气、平肝阳之功效。

10. 银耳 白木耳（银耳科 Tremellaceae）

Tremella fuciformis Berk.

识别要点：菌体叶状，纯白色，胶质，半透明，光滑，柔软有弹性，直径 5 ~ 16 cm，由许多厚 2 ~ 3 mm 的波状卷曲瓣片组成，下部连合，形似绣球，基蒂黄色至淡橘黄色；干后基本保持原状，白色或带淡黄色，基蒂黄色，质硬而脆，湿润后可恢复原状。

分布与生境：产于吉林、山西、陕西、河南、江苏、安徽、浙江、台湾、福建、江西、湖北、湖南、广东、海南、广西、贵州、四川、云南、西藏等省区；木生真菌，多生于栎属阔叶树枯立木上或阔叶树倒死木上，散生或群生。亚洲东部至东南部、美洲和大洋洲有分布。

食用部位与食用方法：成熟菌体可食，味美，鲜食或干制后加水泡发食用均可，做主料或配料，可煮食、做汤、炒食、做羹或加冰糖凉食。

食疗保健与药用功能：味甘，性平，有强精、补肾、补气、活血、强心、壮身、补脑、提神、滋阴、润肺、清热、生津、止咳、润肠、益胃之功效，适用于肺热咳嗽、肺痈肺痿、大便秘结、新久痢疾等病症，亦可作强壮剂。

11. 橙黄银耳（银耳科 Tremellaceae）

Tremella lutescens Pers & Fr.

识别要点：菌体胶质，橘黄色至橘红色，干后同色较深，鲜时长 2 ~ 7 cm，宽相近，高 2 ~ 3 cm，有时条状生长可长达 10 cm，为脑状皱褶至疏短叶状瓣片组成，成熟时有的裂片稍膨大中空。

分布与生境：产于吉林、山西、陕西、宁夏、新疆、福建、湖南、广西、四川、云南、西藏等省区；木生真

菌，生于栎树及其他阔叶树腐木上，散生或群生。亚洲、欧洲和美洲有分布。

食用部位与食用方法：成熟菌体鲜食或干制后加水泡发食用均可，可炒食、开汤、炖肉或凉拌。

烟白齿菌科 Bankeraceae

12. 粗糙肉齿菌（烟白齿菌科 Bankeraceae）

Sarcodon scabrosus (Fr.) Karst

识别要点：菌盖直径 7 ~ 15 cm，幼时边缘内卷；表皮淡褐色，密被贴生或平伏的鳞片，初期鳞片淡褐色至锈褐色或棕褐色，后期色变深而翘起；菌肉污白色带淡红褐色，锥形。菌柄长 4 ~ 8 cm，直径 1.5 ~ 3.5 cm，淡褐色，基部青黑褐色，上部色浅，有刺延生，内部松软变空心。

分布与生境：产于山西、青海、新疆、福建、香港、四川、云南、西藏等省区；夏末秋初生于针叶林、松栎混交林或栎树林中地上，单生或群生。北半球温带地区有分布。

食用部位与食用方法：成熟菌体鲜用，做主料或配料，可炒食或做汤。

食疗保健与药用功能：有抗菌及促进神经因子合成之功效。

13. 鸡油菌（鸡油菌科 Cantharellaceae）

Cantharellus cibarius Fr.

识别要点：菌盖初期稍凸起，后扁平，常中凹至漏斗状或喇叭形，直径 2.5 ~ 10 cm，边缘幼时内卷，常不规则瓣裂；表皮光滑或有白粉状物，橙黄色、杏黄色至蛋黄色；菌肉肉质，厚，蛋黄色，较坚硬。菌褶狭窄，呈棱条状，稍稀疏，分叉，近于网状交织，向下延生至菌柄上。菌柄中生，圆柱形，直或稍弯，长 2 ~ 8 cm，直径 5 ~ 18 mm，表面近光滑，黄色，实心，罕中空，肉质至纤维质，上下大小一致或基部稍小，稀基部稍粗。

分布与生境：产于吉林、河北、河南、陕西、甘肃、江苏、安徽、浙江、福建、湖北、湖南、广东、贵州、四川、云南等省；夏、秋季节于阔叶林和混交林中地上单生、散生或群生。世界广泛分布。

食用部位与食用方法：著名美味食用真菌，成熟菌体可鲜用或干制后食用，做主料或配料，可炒食、炖食或做汤。

食疗保健与药用功能：味甘，性寒，有明目、益肠胃之功效，适用于皮肤粗糙、眼干等维生素 A 缺乏症。

14. 灵芝（灵芝菌科 Ganodermataceae）

Ganoderma lucidum (Leyss. ex Fr.) Karst.

识别要点：成熟菌体木栓质。菌盖半球形至肾形，通常长 5～12 cm，宽 6～20 cm，厚 1～2 cm；盖面表皮红褐色，有漆样光泽，具不明显的环状棱纹和放射状细皱纹，边缘波状或平截，有棱纹；菌肉双层，上层近白色，下层浅褐色。菌管白色至淡褐色，管口小，圆形，4～6 个 /1 mm^2。菌柄侧生，稀偏生，圆柱形至扁平或不规则，通常与菌盖成直角，色与盖面同，有漆光，皮壳坚硬。

分布与生境：产于河北、山西、山东、江苏、安徽、浙江、台湾、福建、江西、湖北、湖南、广东、广西、贵州、四川、云南等省区；木生真菌，生于栎属或其他阔叶树干基部、干部或根部。朝鲜半岛、日本、印度及北美洲和大洋洲有分布。

食用部位与食用方法：成熟菌体鲜用或干制，切或撕成条状后炖食。

食疗保健与药用功能：味苦涩，性温，有健脑、防血管硬化、调节血压、益气强壮、养心安神、滋补之功效，对神经衰弱、虚劳羸弱、心悸、失眠、头晕、神疲乏力、高血压、高血脂、慢性肝炎、消化不良、慢性支气管炎、哮喘、过敏、癌症、脑溢血、心脏病等有疗效。现代治疗、药理研究及临床应用表明，灵芝有"三大特点"（无任何副作用；对人体所有内脏有效，而不是对某一特定器官有效；可促进全部器官功能正常化，从而治疗各种疾病），"八大作用"（抗血栓形成，使血压正常化，改善高血脂症，防止动脉硬化，使中枢神经等机能保持平衡，提高免疫力，减轻癌症或其他疾病的痛苦，延缓衰老）。

牛舌菌科 Fistulinaceae

15. 牛舌菌（牛舌菌科 Fistulinaceae）

Fistulina hepatica Fr.

识别要点：菌体肉质，近匙形，似牛舌状，直径 5 ～ 13 cm。有短柄，红褐色或血红色,成熟后变为暗褐色,从基部至盖缘具有放射状深红褐色花纹，黏，粗糙。菌管长 1 ～ 2 cm，初期白色，后为淡红色，管孔近白色，后为肉色，受伤处为浅褐色或浅锈色。菌肉淡红色，厚 1 ～ 3 cm，纵切面有纤维状分叉的深红色花纹，软而多汁。

分布与生境：产于福建、广东、广西、贵州、四川、云南等省区；木生真菌，生于阔叶林的树干或腐木上。日本及欧洲和北美洲有分布。

食用部位与食用方法：成熟菌体肉质细嫩，滑腻松软，味道鲜美，可鲜用或干制后食用，做主料或配料，可炒食或炖食。

猴头菌科 Hericiaceae

16. 猴头菇 猴头菌、猴头（猴头菌科 Hericiaceae）

Hericium erinaceus (Bull. ex Fr.) Pers.

识别要点：成熟菌体团块状，外形似猴头，基部侧生悬垂于树干上，鲜时白色，肉质，稍柔软，横径 6 ～ 12 cm，长径 5 ～ 20 cm，干后乳黄色或淡褐色。菌针白色，覆盖于菌体表面的中部和下部，干时收缩，变为淡黄褐色，性脆，篦齿状或长针状，针长 2 ～ 6 cm，刚直，柔韧性，基部愈合，末端尖锐；菌肉均匀，淀粉质。

分布与生境：产于黑龙江、吉林、辽宁、内蒙古、河北、山西、河南、陕西、甘肃、青海、安徽、浙江、福建、湖北、湖南、广东、广西、贵州、四川、云南及西藏等省区；木生真菌,生于栎属、胡桃属等阔叶树朽木上或枯立木腐朽处，单生或散生。日本及欧洲和北美洲有分布。

食用部位与食用方法：美味食用菌,是昔日皇帝贡品,历有"山珍猴头"之称，成熟菌体可做主料或配料，炒肉、炖食或做汤。

食疗保健与药用功能：味甘，性平，归脾、胃、心经，有益气、健脾、和胃、利五脏、助消化、益肾精、滋补、健生、防癌抗癌、增强人体免疫和改善肝功能之功效，适用于食少便溏、胃及十二指肠溃疡、浅表性胃炎、神经衰弱、食道癌、胃癌、眩晕、阳痿等病症。并对治疗肠癌有辅助作用。年老体弱者食用猴头菇，有滋补强身的作用。

多孔菌科 Polyporaceae

17. 茯苓（多孔菌科 Polyporaceae）

Wolfiporia cocos (F. A. Wolf) Ryyarden & Gilh.

识别要点：该菌形成的菌核生于地下松树根上，在地面难见。菌核圆球形、椭球形、卵球形、扁球形、长球形、不规则形等，大小不等，500 g 至 10 kg，表面多少具皱，黄褐色、棕褐色至黑褐色，坚实，内部白色、淡紫色或淡粉红色。子实体平铺于菌核的表面，厚 3 ~ 40 cm，初为白色，老后或干后变为淡黄色。菌管的管口多角形，蜂窝状，大小不等，老时管口成齿状。

分布与生境：产于山西、河北、河南、山东、安徽、浙江、台湾、福建、湖北、湖南、广东、广西、贵州、四川、云南等省区。主要生于松树（松属植物）根上。

食用部位与食用方法：食用真菌，成熟菌体可鲜用或干制后食用，做主料或配料，可炒食、炖食或开汤。

食疗保健与药用功能：味甘、淡，性平，归心、肺、脾、肾经，具利水渗湿、健脾、宁心之功效，适应于水肿尿少，痰饮眩悸，脾虚食少，便溏泄泻，心神不安，惊悸失眠等病症。

革菌科 Thelephoraceae

18. 干巴菌　莲座革菌（革菌科 Thelephoraceae）

Thelephora vialis Schw.

识别要点：菌体漏斗状，软栓质或近革质，由多瓣片状的菌盖在中部重叠成莲座状，宽 3 ~ 5 cm，高 3 ~ 6 cm。菌盖向上弯，边缘波状或不规则锯齿状；表皮黄色、淡黄褐色、灰褐色或黑褐色，基部近黑色，上有纤毛及辐射状棱纹；菌肉灰白色，具特殊香味；背面淡咖啡色、褐色或紫色。基部近无柄。

分布与生境：产于青海、江苏、安徽、浙江、福建、江西、湖南、广东、海南、云南等省；夏、秋季节生于林中地上。

食用部位与食用方法：采集成熟菌体，洗净后剁碎，可与辣椒、肉炒食，风味独特。

食疗保健与药用功能：味甘，性平，有祛风散寒、舒筋活络之功效，适用于风湿痹痛、筋脉拘挛等病症，是制造"舒筋丸"的重要原料。

19. 白林地菇（伞菌科 Agaricaceae）

Agaricus silvicola (Vitt.) Sacc.

识别要点：菌盖初钝圆锥形，后扁半球形至平展，宽 4 ～ 12 cm；表皮白色至污白色，或变淡黄褐色，具褐色纤毛状鳞片；菌肉白色，受伤后变淡黄色，厚，周边薄。菌褶密，较窄，与菌柄离生，初白色，后变粉红色，最后黑褐色。菌柄圆柱形，长 7 ～ 13 cm，直径 1 ～ 1.2 cm，表面光滑，白色，受伤后略变黄色，基部膨大，实心，松软，老后空心。菌环大，膜质，下垂，松软，近白色，单层，生菌柄的中、上部，易脱落。

分布与生境：产于黑龙江、吉林、辽宁、山西、河北、甘肃、青海、台湾、湖南、贵州、四川、云南等省；夏、秋季在马尾松或针阔叶混交林中地上散生或群生。日本及欧洲和北美洲有分布。

食用部位与食用方法：成熟菌体可鲜用或干制食用，做主料或配料，可炒食、炖食或做汤。

鹅膏科 Amanitaceae

20. 赤褐鹅膏（鹅膏科 Amanitaceae）

Amanita fulva (Schaeff.) Pers. ex Sing.

识别要点：菌盖初卵圆形至钟形，后渐平展，直径 4 ～ 15 cm；表皮稍黏，淡土黄褐色、赤褐色至酱褐色，近光滑，边缘有明显条纹，有时附有外菌幕残片；菌肉白色至乳白色，较薄。菌褶与菌柄离生，不等长，较密，白色至乳白色。菌柄较细长，圆柱形，长 7 ～ 19.5 cm，直径 0.5 ～ 2.5 cm，常有浅酱褐色粉质鳞片，脆，内部松软至中空。菌托苞状，高 3 ～ 4.5 cm，外表面白色，口缘及内表面浅土黄色至浅酱褐色。

分布与生境：产于黑龙江、吉林、辽宁、江苏、安徽、福建、湖南、广东、海南、广西、贵州、四川、云南、西藏等省区；夏、秋季节常见，松林或针阔叶混交林中地上单生或散生。日本有分布。

食用部位与食用方法：成熟菌体可鲜用或干制食用，做主料或配料，可炒食、炖食或做汤。

铆钉菇科 Gomphidiaceae

21. 铆钉菇（铆钉菇科 Gomphidiaceae）

Gomphidius viscidus (L.) Fr.

识别要点：菌盖初期呈钟形或近圆锥形，后渐平展，中央脐状凸起，边缘常显著内折；表皮红褐色、暗赤褐色，光滑，湿时黏；菌肉厚，淡黄褐色或近橘红色。菌褶与菌柄延生，不等长，常分叉，稀疏，灰黄色至紫褐色。菌柄圆柱形，长 4 ～ 8 cm，直径 0.6 ～ 1.5 cm，向下渐细，实心，与菌盖色相近且基部带黄色，常有毛丛。

分布与生境：产于黑龙江、吉林、辽宁、河北、山西、湖南、广东、贵州、四川、云南、西藏等省区；夏、秋季生于松树林中。亚洲、欧洲和北美洲有分布。

食用部位与食用方法：成熟菌体肉厚黏滑，味美，采后洗净，在开水中略焯一下捞出，可鲜用或干制食用，做主料或配料，可炒食、做汤或与肉类炖食。

食疗保健与药用功能：味甘，性平，有补中益气、强身健体之功效，适用于神经性皮炎等病症。

轴腹菌科 Hydnangiaceae

22. 紫晶蜡蘑（轴腹菌科 Hydnangiaceae）

Laccaria amethystea (Bull.) Murr.

识别要点：菌盖扁半球形至平展，直径 1 ～ 6 cm，中部凹，边缘波状并有粗条纹；表皮蓝紫色或藕粉色，湿润时似蜡质，色深，干燥时灰白色带紫色，光滑；菌肉与菌盖色同，薄。菌褶稀，宽，与菌柄直生或近弯生，与菌盖同色。菌柄圆柱形，常弯曲，长 3 ～ 10 cm，直径 0.2 ～ 1 cm，具白色茸毛，纤维质，实心。

分布与生境：产于河北、江苏、安徽、浙江、福建、广西、四川、云南等省区；夏、秋季生于林中地上，单生或群生。

食用部位与食用方法：成熟菌体可鲜用或干制食用，做主料或配料，可炒食、炖食或做汤。

23. 小果鸡枞菌（离褶伞菌科 Lyophyllaceae）

Termitomyces microcarpus (Berk. & Br.) Heim.

识别要点：菌盖尖圆锥形或斗笠形，直径 2 ~ 3 cm，中部常有小尖脐突，淡白色、灰白色或淡黄褐色，边缘色浅，中央色深；表皮光滑，不粘，边缘反卷，撕裂；菌肉白色，薄。菌褶白色，薄，密，不等长，与菌柄近离生或直生。菌柄中生，白色，具脆骨质表层，圆柱形，近菌盖处较细，基部近土表处微膨大，长 2 ~ 10 cm，直径 3 ~ 8 mm，基部延伸成假根。

分布与生境：产于福建、湖南、广东、贵州、四川、云南等省；夏、秋季在林中地上群生或丛生。亚洲和非洲有分布。

食用部位与食用方法：美味食用真菌，成熟菌体可鲜用或干制后食用，做主料或配料，可炒食或做汤。

24. 条纹鸡枞菌（离褶伞菌科 Lyophyllaceae）

Termitomyces striatus (Beel.) Heim.

识别要点：菌盖初呈圆锥形，后伸展，直径 5 ~ 12 cm，中央呈乳头状突起，边缘成熟后呈不规则撕裂；表皮灰褐色、褐色，脐部深茶褐色，周围渐呈浅青灰褐色，具辐射状条纹；菌肉白色。菌褶初白色，后微黄色，离生，褶缘锯齿状。菌柄圆柱形，长 5 ~ 15 cm，直径 1 ~ 1.5 cm，白色或微黄白色，基部稍膨大，直径 1.5 ~ 2.5 cm，具白色茸毛小鳞片，实心、纤维质；假根长短随白蚁巢之埋土深浅而异，面黑褐色。

分布与生境：产于广东、贵州、云南、西藏等省区；生于阔叶林或松林中白蚁巢上。亚洲和非洲有分布。

食用部位与食用方法：美味食用真菌，成熟菌体可鲜用或干制后食用，做主料或配料，可炒食或做汤。

小皮伞科 Omphalotaceae

25. 香菇（小皮伞科 Omphalotaceae）

Lentinula edodes (Berk.) Pegler

识别要点：菌盖扁半球形，宽 3 ~ 12 cm，中部脐状至漏斗形，后渐平展；表皮红褐色、暗紫色至深赤褐色，被污白色脱落性鳞片，具龟裂菊花条纹；菌肉白色，近菌柄处厚 3 ~ 8 mm，周边较薄。菌褶白色，密，弯生，不等长，基部与菌柄相连并下延。菌柄中生或偏生，近圆柱形或稍扁，长 3 ~ 5 cm，直径 0.5 ~ 1.8 cm，上部近白色或浅褐色，下部褐色，半肉质，较坚韧，实心，常弯曲，菌环以下往往覆有细鳞片。菌环窄，膜状，易消失。

分布与生境：产于黑龙江、吉林、辽宁、陕西、江苏、安徽、浙江、台湾、福建、江西、湖北、湖南、广东、广西、贵州、四川、云南等省区；木生真菌，喜生于槲、栎、栗树等阔叶树树干、倒木或朽木上，散生、群生或丛生。朝鲜半岛和日本有分布。

食用部位与食用方法：成熟菌体有香气，味美，可鲜用或干制食用，做主料或配料，可炒食、炖食、做汤或做馅食用。

食疗保健与药用功能：味甘，性平，有开胃健脾、益气助食、治风破血、化痰理气、降血液中胆固醇、防止动脉硬化和血管变脆、抗癌之功效，可治小便不禁、高血压、冠心病、糖尿病等病症。

26. 蜜环菌 榛蘑（膨瑚菌科 Physalacriaceae）

Armillariella mellea (Vahl. ex Fr.) Karst.

识别要点：菌盖肉质，初卵形至扁半球形，后渐平展，宽 4 ~ 14 cm，中部凸或中部稍凹，边缘内折；表面淡蜜黄色、浅土黄色、淡黄褐色或栗褐色，被深色小鳞片且中央密集，滑润，稍黏，老熟后边缘有放射状条纹，色较中部浅；菌肉近白色或微浅黄色，较薄，老熟后变淡黄褐色或灰白色。菌褶灰白色或稍带肉粉色，与菌柄直生或至延生，后期变污黄白色至浅肉桂色，褶片宽 5 ~ 8 mm，不等长。菌柄纤维状肉质，内部近白色，圆柱形，中间松软，老熟后中空，长 4 ~ 15 cm，直径 0.5 ~ 1.8 cm，基部膨大，各菌柄基部往往相连，菌环以下呈浅褐色至黄褐色，菌环以上近白色或淡褐色。菌环生于菌柄上部，双层，膜质，近白色至奶油色。

分布与生境：产于黑龙江、吉林、辽宁、内蒙古、河北、山西、陕西、甘肃、青海、新疆、浙江、福建、湖南、广西、贵州、四川、云南、西藏等省区；木生真菌，夏、秋季丛生于阔叶树树干基部、根部、伐桩上、立木干基部朽木上或倒木上，以榛子树下最多。日本、爪哇岛、俄罗斯西伯利亚、欧洲、北美洲、大洋洲有分布。

食用部位与食用方法：美味食用真菌，成熟菌体可鲜用或干制后食用，做主料或配料，可炒食、开汤或炖肉。

食疗保健与药用功能：味甘，性寒，有清目、利肺、益肠胃、抗痉挛、镇静、扩张血管、和缓及降血压之功效，适用于腰腿痛、佝偻病、癫痫病、视力减退、夜盲症、皮肤干燥、肢体麻木、失眠、耳鸣、血管性头痛、中风后遗症等病症。

27. 长根小奥德蘑 长根菇（膨瑚菌科 Physalacriaceae）

Hymenopellis radicata (Reihan) R. H. Petersen

识别要点：菌盖扁半球形至扁平，宽 2.5 ~ 16 cm，中央微凸，呈脐状，有辐射状皱纹；表皮光滑，湿时极黏，浅褐色、黄褐色至黑褐色，边缘稍内卷；菌肉白色，稍薄。菌褶与菌柄离生或直生，白色，稍稀，不等长。菌柄圆筒状，中空，内部纤维质，松软，长 4 ~ 24 cm，直径 0.5 ~ 2 cm，与菌盖同色，近光滑，有花纹，常扭曲，向下渐粗，延伸地下部分形成很长的假根，长达 10 ~ 30 cm。

分布与生境：产于黑龙江、吉林、河北、河南、江苏、安徽、浙江、台湾、福建、湖南、广东、海南、广西、贵州、四川、云南、西藏等省区；夏、秋季生于阔叶林中或竹林中地上，喜生于油茶林中地上，单生、散生或群生。日本、澳大利亚、非洲、欧洲和北美洲有分布。

食用部位与食用方法：美味食用真菌，菌肉细嫩、软滑，成熟菌体可鲜用或干制后食用，做主料或配料，可炒食或炖食。

食疗保健与药用功能：有降血压之功效。

28. 侧耳 平菇（侧耳科 Pleurotaceae）

Pleurotus ostreatus (Jacq. ex Fr.) Quél.

识别要点：菌盖扇形、贝壳形或圆形，中央凹如浅碟状，直径 4 ~ 21 cm；表皮光滑，湿时有滑感，白色、灰白色、鼠灰色、青灰色至浅黄白色，有条纹，边缘常稍内折；菌肉白色，厚至较薄，肉质，柔软，韧，吸水性强。菌褶白色、污白色，不等长，稍密至稍稀，与菌柄延生，有时在菌柄上稍交织成网脉状。菌柄偏生或侧生，短或近于无柄，稀有近中央生，长 1 ~ 5 cm，直径 1 ~ 2 cm，有时基部彼此愈合，白色，实心，坚韧，基部常有白色茸毛。

分布与生境：产于黑龙江、吉林、辽宁、内蒙古、河北、河南、山西、陕西、新疆、江苏、台湾、湖南、贵州、四川、云南、西藏等省区；木生真菌，生于白杨、柳、桑树、构树等多种阔叶树朽木上、朽树桩上及立木腐朽处，散生、群生或覆瓦状丛生。日本及欧洲和北美洲有分布。

食用部位与食用方法：美味食用真菌，成熟菌体鲜用，做主料或配料，可炒食、做汤或炖肉。

食疗保健与药用功能：味甘，性温，有追风散寒、舒筋活络之功效，适用于心血管疾病、尿道结石、肝炎、流感、胃溃疡、十二指肠溃疡等病症，对预防癌症、调节妇女更年期综合征、改善人体新陈代谢、增强体质有益处。

29. 肺形侧耳（侧耳科 Pleurotaceae）

Pleurotus pulmonarius (Fr.) Quél.

识别要点：菌盖扁半球形至平展，倒卵形至肾形或近扇形，直径 4 ~ 10 cm，边缘平滑或稍呈波状；表皮光滑，白色、灰白色至灰黄色；菌肉白色，靠近基部稍厚。菌褶白色，稍密，与菌柄延生，不等长。菌柄很短或几无，白色，有茸毛，后期近光滑，实心至松软。

分布与生境：产于河南、陕西、新疆、广东、广西、贵州、四川、云南、西藏等省区；夏、秋季生于阔叶树倒木、枯树干或木桩上，常丛生。

食用部位与食用方法：成熟菌体鲜用，做主料或配料，可炒食、炖食或做汤。

光柄菇科 Pluteaceae

30. 草菇 稻草菇、麻菇（光柄菇科 Pluteaceae）

Volvariella volvacea (Bull. ex Fr.) Sing.

识别要点：菌盖幼时近卵形，后期针形或近似斗笠形，直径 4 ~ 20 cm，顶部钝圆；表皮灰黑色至鼠灰色或灰褐色，近平滑，有辐射状深色条纹；菌肉白色，具香气。菌褶污白色至粉红色，不等长，与菌柄离生。菌柄圆柱形，常弯曲，污白色或稍带黄色，光滑，实心，长 5 ~ 18 cm，直径 0.8 ~ 1.5 cm，基部有一污白色或灰褐色的苞状菌托，初期包裹在菌盖外面。

分布与生境：产于河北、台湾、福建、湖南、广西、四川、西藏等省区；秋季喜群生于稻草堆上。

食用部位与食用方法：味鲜美，口感脆嫩，炒、煮、炖味均佳。

食疗保健与药用功能：营养丰富，长期食用能降低胆固醇和提高机体抗癌能力。

31. 松乳菇（红菇科 Russulaceae）

Lactarius deliciosus (L. ex Fr.) S. F. Gray

识别要点：菌盖初期半球形或近球形，中部凹陷呈脐状，后平展成漏斗状，直径 3 ~ 12 cm；表皮呈浅黄色或紫红褐色，有明显鲜艳色的同心环带，光滑，湿时黏，边缘初期内卷，后伸展上翘；菌肉初期近白色，后渐变为肉色至橙黄色，较厚，脆，有香气，汁酱油色，受伤后变绿色。菌褶与菌柄直生或稍延生，近紫铜色，褶间有横脉，近柄处分叉，长短不一，乳汁较多，盖缘有短褶。菌柄圆柱形，长 2 ~ 6 cm，直径 1 ~ 2 cm，与菌盖同色，内部松软，老熟后中空。

分布与生境：产于吉林、辽宁、河北、甘肃、青海、河南、江苏、安徽、浙江、台湾、湖南、海南、贵州、四川、云南等省；春末夏初和秋末冬初常见，生于针叶林或针阔叶混交林中地上，群生或散生，与松树形成外生菌根。亚洲、欧洲和北美洲有分布。

食用部位与食用方法：成熟菌体鲜香味美，用其幼菇为原料与茶油等制成的"菌油"是一种别有风味的佐餐调味品，可鲜用或干制后食用，做主料或配料，可炒食、炖食或做汤，可加工成各种佳肴。

食疗保健与药用功能：有抗癌之功效。

32. 红汁乳菇（红菇科 Russulaceae）

Lactarius hatsudake Tanaka

识别要点：菌盖扁半球形，后伸展，扁平，下凹或中央脐状，最后呈浅漏斗形，直径 4 ~ 10 cm，边缘初期内卷，后平展上翘；表皮光滑，湿时稍黏，肉红色、杏黄肉色、淡红褐色或带橙黄色，受伤时渐变为蓝绿色，有色较深的同心环带；菌肉带白色至粉红色，较厚而脆，乳汁血红色，受伤后渐变为蓝绿色。菌褶与菌柄延生或近于直生，稍密，有分叉，鲜橙黄色至橘红色，伤后变为蓝绿色。菌柄圆柱形，长 2 ~ 6 cm，直径 1 ~ 2.5 cm，与菌盖同色，内部松软，向下渐细而中空。

分布与生境：产于黑龙江、吉林、辽宁、河南、台湾、福建、湖南、广东、贵州、云南等省；春末夏初和秋末冬初常见，生于针叶林或针阔叶混交林中地上，散生或群生，与松树形成外生菌根关系。亚洲一些国家有分布。

食用部位与食用方法：成熟菌体可鲜用或干制后食用，做主料或配料，可炒食、炖食或做汤。

33. 血红菇（红菇科 Russulaceae）

Russula sanguine (Bull.) Fr.

识别要点：菌盖初扁半球形，后平展至中部稍下凹，直径 3 ~ 10 cm；表皮光滑，血红色或大红色，老后常局部或成片退色，干后带紫色；菌肉白色，不变色，味辛辣。菌褶与菌柄延生，等长，白色，老后变成乳黄色。菌柄近圆柱形，实心，长 4 ~ 8 cm，直径 1 ~ 2 cm，常珊瑚红色，罕白色，老后或在触摸处带橙黄色。

分布与生境：产于辽宁、北京、河北、河南、浙江、福建、湖南、云南等省；夏、秋季生于松林地上，散生或群生，为树木外生菌根菌。

食用部位与食用方法：成熟菌体可鲜用或干制食用，肉厚味佳，做主料或配料，可炒食、炖食或做汤。

食疗保健与药用功能：有抗癌之功效。

34. 绿菇 变绿红菇（红菇科 Russulaceae）

Russula virescens (Schaeff. ex Zented.) Fr.

识别要点：菌盖幼时呈球形，后渐伸展，呈扁半球形，中央稍凹或呈浅漏斗状，直径 3 ~ 12 cm，边缘有棱纹；表皮浅绿色至暗绿色，不黏，常龟裂成不规则的块状小斑；菌肉白色，质脆，稍致密，无异味。菌褶白色，近等长，较密，褶间具横脉，与菌柄近直生或离生。菌柄圆柱形，实心，松软，长 2 ~ 9 cm，直径 1 ~ 3 cm，白色，光滑。

分布与生境：产于黑龙江、吉林、辽宁、河南、江苏、浙江、福建、湖南、广东、广西、贵州、四川、云南、西藏等省区；多发于夏、秋季节，生于针叶林或针、阔叶混交林中地上，散生或群生，常与栎类树木形成外生菌根。日本及非洲和北美洲有分布。

食用部位与食用方法：美味食用真菌，成熟菌体可鲜用或干制后食用，做主料或配料，可炒食、与肉类炖食或做汤。

食疗保健与药用功能：味甘，性寒，有明目、泻肝火、散郁气、提高免疫力、抗癌之功效。

口蘑科 Tricholomataceae

35. 毛柄金钱菌 金针菇（口蘑科 Tricholomataceae）

Flammulina velutipes (Curt. ex Fr.) Sing.

识别要点：菌盖肉质，初扁半球形，渐平展，宽 1 ~ 7 cm；表皮湿时黏，栗褐色、深棕黄褐色、黄褐色或淡黄褐色，中央色深，周边色浅，无条纹或略显条纹，光滑；菌肉白色至黄白色，近菌柄处厚 2 ~ 8 mm。菌褶与菌柄弯生，白色至黄白色，不等长，宽，稍稀。菌柄中生或偏生，圆柱形，长 2 ~ 8 cm，直径 0.3 ~ 1.2 cm，直或稍弯，稍坚韧，表层脆骨质，上部淡黄色至黄褐色，下部黑褐色，基部密生深褐色细茸毛，内部纤维质，松软至中空，基部延伸成短假根。

分布与生境：产于黑龙江、吉林、辽宁、内蒙古、河北、河南、山西、陕西、甘肃、青海、新疆、江苏、浙江、福建、江西、湖南、广东、广西、四川、云南、西藏等省区；木生真菌，在阔叶树朽木上群生或丛生，尤以构树、桑树的朽树桩上最常见，秋末、冬、春季节发生。日本、澳大利亚及北美洲有分布。

食用部位与食用方法：成熟菌体鲜香味美，可鲜用或干制后食用，做主料或配料，可炒食、炖肉、凉拌或做汤。

食疗保健与药用功能：味甘、咸，性寒，有益肠胃、利肝脏、抗癌之功效。

36. 花脸香蘑（口蘑科 Tricholomataceae）

Lepista sordida (Schum. ex Fr.) Sing.

识别要点：菌盖扁半球形至平展，直径 3 ~ 7.5 cm，有时中部稍下凹，边缘内卷；表皮紫色，湿润时半透明状或水浸状，具不明显条纹，常呈波状或瓣状；菌肉带淡紫色，薄。菌褶淡蓝紫色，稍稀，与菌柄直生或弯生，有时稍延生，不等长。菌柄长 3 ~ 6.5 cm，直径 0.2 ~ 1 cm，同菌盖色，靠近基部常弯曲，实心。

分布与生境：产于黑龙江、内蒙古、河南、山西、甘肃、青海、新疆、四川、云南、西藏等省区；夏秋季在山坡草地、草原、菜园、村庄路旁、火烧地、堆肥处群生或近丛生。

食用部位与食用方法：成熟菌体味鲜香美，可鲜用或干制食用，做主料或配料，可炒食、炖食或做汤。

食疗保健与药用功能：有养血、益神、补五脏之功效。

37. 松茸　松蘑（口蘑科 Tricholomataceae）

Tricholoma matsutake (S. Ito & Imai) Sing.

识别要点：菌体中等至较大。菌盖扁球形至近平展，直径 5 ~ 15 cm；表皮干燥，污白色，具黄褐色至栗褐色平伏的纤毛状鳞片；菌肉白色而厚。菌褶白色或稍带乳黄色，较密，弯生，不等长。菌柄柱状，中生，较粗壮，长 6 ~ 13 cm，直径 2 ~ 2.5 cm，菌环以上污白色并有粉粒，菌环以下具栗褐色纤毛状鳞片，实心，基部稍膨大。菌环生于菌柄上部，丝膜状。

分布与生境：产于黑龙江、吉林、辽宁、内蒙古、山西、安徽、台湾、贵州、四川、云南、西藏等省区；秋季生于松林或针阔叶混交林地上，群生或散生，也可形成蘑菇圈，并常和松树形成外生菌根。

食用部位与食用方法：有"菌中之王"美誉的著名食用菌，夏、秋季采集成熟菌体，可鲜用或干制食用，做主料或配料，可炒食、炖食、做汤或做馅食用。

食疗保健与药用功能：味甘，性平，有益肠胃、止痛、理气化痰、抗癌之功效，常食可提高免疫力、强身、延年益寿。

38. 蒙古口蘑 口蘑（口蘑科 Tricholomataceae）

Tricholoma mongolicum Lami

识别要点：菌盖幼时近球形至半球形，后期平展至近扁平，宽 5 ~ 17 cm，初期边缘内卷；表皮白色，光滑；菌肉白色，厚。菌褶白色，稠密，弯生，不等长。菌柄粗壮，白色，长 3 ~ 8 cm，直径 1.5 ~ 4.6 cm，表面平滑，实心，基部稍膨大。

分布与生境：产于黑龙江、吉林、辽宁、内蒙古、河北等省区；夏、秋季在草原上群生并形成蘑菇圈。

食用部位与食用方法：成熟菌体肉质肥厚、味鲜可口，是我国北方草原盛产的"口蘑"之最上品，可鲜用或干制后食用，做主料或配料，可炒食、做汤或炖肉。

牛肝菌科 Boletaceae

39. 双色牛肝菌（牛肝菌科 Boletaceae）

Boletus bicolor Peck

识别要点：菌体粗壮肥大，受伤后变蓝色。菌盖初期近半球形，后近平展，宽 5 ~ 15 cm，盖缘微黄色或橙黄色；表皮幼时深红色，后渐退为浅红褐色，表面有绒质感，不黏；菌肉厚 1 ~ 1.6 cm，较坚脆，黄白色，生尝微甘。菌管近离生，长 1 ~ 1.2 cm，黄色，管孔极细密。菌柄近等粗，基部微膨大，长 5 ~ 10 cm，直径 1 ~ 3 cm，上部鲜黄色、麦秆黄色，向下渐呈苹果红色至深红色，光滑，无网纹。

分布与生境：产于新疆、福建、湖北、湖南、重庆、四川、贵州、云南、西藏等省区；夏、秋季单生或群生于松栎混交林中地上。欧洲和北美洲有分布。

食用部位与食用方法：采集成熟菌体，洗净后在开水中略焯一下捞出，可炒食、做汤或与肉类炖食。

食疗保健与药用功能：有益肝健脾之功效。

40. 小美牛肝菌（牛肝菌科 Boletaceae）

Boletus speceosus Frost

识别要点：菌体粗壮肥大，受伤后微变蓝色。菌盖近半球形，后近平展；表皮粉红色，常褪为土黄色或黄褐色带粉红色；菌肉黄色，味柔和。菌管近离生。菌柄基部紫红色，上部鲜黄色，具黄色及紫红色细网纹，网纹达菌柄长度的一半或更多。

分布与生境：产于江苏、安徽、浙江、广东、贵州、四川等省；夏、秋季单生或群生于林中地上。

食用部位与食用方法：采集成熟菌体，洗净后在沸水中略焯一下捞出，可炒食、做汤或与肉类炖食。

食疗保健与药用功能：具清热解烦、养血和中、降血脂、增强免疫力之功效。

41. 褐疣柄牛肝菌（牛肝菌科 Boletaceae）

Leccinum scabrum (Bull. ex Fr.) Gray

识别要点：菌盖半球形或扁半球形，直径 3～13.5 cm，淡灰褐色、红褐色或栗褐色，湿时稍黏，光滑或有短茸毛；菌肉白色，伤时不变色或稍变为粉黄色。菌管初期白色，渐变为淡褐色，与菌柄近离生，管口圆形，1～2 个/1 mm^2。菌柄长 4～11 cm，直径 1～3.5 cm，下部淡灰色，有纵棱纹并有很多红褐色小疣。

分布与生境：产于黑龙江、吉林、辽宁、陕西、青海、新疆、江苏、安徽、浙江、广东、四川、云南、西藏等省区；夏、秋季生于阔叶林中地上，单生或散生，可与桦、山毛榉、杨、柳、椴、榛、松等形成外生菌根。

食用部位与食用方法：成熟菌体菌肉细嫩，可鲜用或干制食用，味鲜美，做主料或配料，可炒食、炖食或做汤。

42. 短裙竹荪（鬼笔科 Phallaceae）

Dictyophora duplicata (Bosc.) Fisch.

识别要点：菌蕾近球形或卵球形，直径 4 ~ 5 cm，污白色至污粉红色。菌盖钟形至圆锥形，高 3.5 ~ 5 cm，宽 3 ~ 4.5 cm，顶端平截，有一穿孔，四周有显著凹陷白色网格，表面有臭黏液。菌裙网状，白色至乳白色，从菌盖处下垂，长 6 ~ 7 cm，网眼不规则多角形，直径 0.6 ~ 1.5 cm，边缘的网眼较小。菌柄中生，圆筒形，中空，长 8 ~ 18 cm，直径 2 ~ 4 cm，白色，海绵质。菌托近球形，近白色至粉灰色，表面有紫红色至紫红褐色块状鳞片。

分布与生境：产于黑龙江、吉林、辽宁、河北、山西、江苏、浙江、福建、湖南、广东、广西、贵州、四川、云南等省区；夏、秋季雨后，生于竹林或树林中地上，常围绕死树基部周围或腐殖土上单生至群生。亚洲、欧洲和美洲有分布。

食用部位与食用方法：美味食用真菌，成熟菌体可鲜用或干制后食用，做主料或配料，可炖食或做汤。

食疗保健与药用功能：有降血压、降血脂之功效。

43. 长裙竹荪 竹荪（鬼笔科 Phallaceae）

Dictyophora indusiata (Vent. ex Pers.) Fisch.

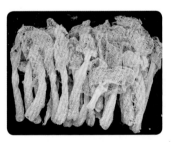

识别要点：菌蕾球形或卵球形，直径 3 ~ 5 cm，近白色至灰色，成熟时包被破裂伸出笔形孢托。菌盖钟形或近圆锥形，高、宽均 2.5 ~ 5.5 cm，表面显著网状，表面附有暗绿色的恶臭黏液，顶部平，有穿孔。菌裙白色，膜质，生于菌柄中上部，长 10 ~ 12 cm，从菌盖下垂长达菌柄基部，下缘口径 8 ~ 20 cm，网格状，网眼多角形，直径 0.8 ~ 1.5 cm。菌柄白色，圆筒形，中空，壁海绵状，长 9 ~ 20 cm，基部直径 2 ~ 5 cm，向上渐细。菌托鞘状蛋形，粉红色至紫红色，膜质。

分布与生境：产于河北、江苏、安徽、浙江、台湾、福建、江西、湖南、广东、海南、广西、贵州、四川、云南等省区；生于竹林或阔叶林中落叶层上，单生或群生。亚洲东部、非洲、大洋洲和美洲有分布。

食用部位与食用方法：美味珍贵食用真菌，成熟菌体可鲜用或干制后食用，做主料或配料，可炖食或做汤。

食疗保健与药用功能：有镇痛、补气、止咳、降血压、抗肿瘤之功效，适用于劳伤、虚弱、咳嗽、痢疾、肿瘤等病症。

44. 石耳 岩耳、石木耳（脐衣科 Lobarlaceae）

Umbilicaria esculenta (Miyoshi) Minks

识别要点：片状体，厚膜质；幼小时近圆形，边缘浅裂；长大后椭圆形，直径 8 ~ 18 cm，不规则波状起伏，边缘不规则浅裂；片状体上常有小孔，假根从孔中伸向上表面；上表面微灰棕色、浅棕色或褐色，平滑或有剥落屑状小片，下表面灰棕黑色至黑色。脐背突起，表面皱缩成脑状网纹或数条脉脊；脐表灰色，杂有黑色。假根珊瑚状分枝，组成浓密的绒毡层或结成团块状，覆盖于片状体的下表面。地衣体干燥时脆而易碎，折断面可见明显的黑白二层。

分布与生境：主产于安徽、浙江、江西、福建、湖南等省，生于山地向阳悬崖峭壁上。

食用部位与食用方法：可与莲子、桂圆、红枣、白糖等一起做羹汤，或与肉等炖食，或用水充分泡发后炒食。

食疗保健与药用功能：味甘，性平，有养阴润肺、凉血止血、清热解毒、益气、滋肾、补脑强心之功效，适用于劳咳吐血、肠风下血、痔漏、脱肛、痢疾、月经不调、冠心病、高血压等病症，对身体虚弱、病后体虚的滋补效果最佳。

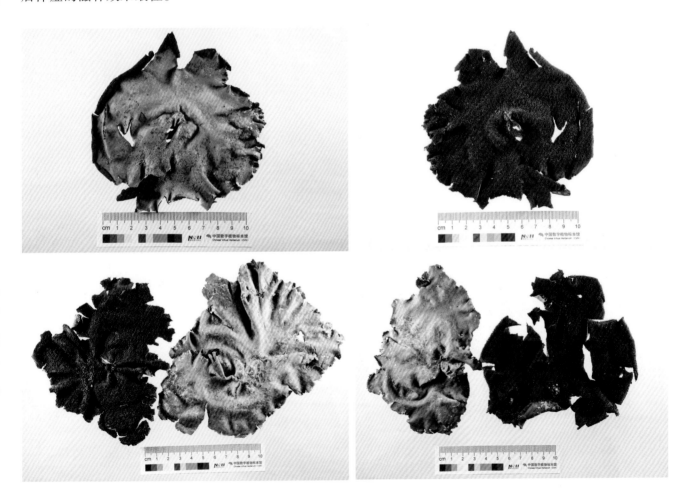

全世界约有 14 000 种大型真菌，形态和成分都具有多样性，辨别它们是否有毒需要专业知识，仅通过颜色、生长环境、菌环、大蒜煮等辨别毒蘑菇的方法都是错误的。对于不认识的野生菌，唯一安全的办法是绝对不要采食。

水蕨

食用双盖蕨

福建莲座蕨

肾蕨

狗脊

三、蕨类野菜

　　蕨类植物（pteridophyta, ferns）是一类多为草本，有根、茎、叶的分化，无花，无果实，无种子，以孢子繁殖的植物。在蕨类植物中，少数种类的根状茎、块茎、幼嫩叶经加工后，可作野菜食用。

尖齿凤了蕨

蕨

瓶尔小草科 Ophioglossaceae

1. 七指蕨（瓶尔小草科 Ophioglossaceae）

Helminthostachys zeylanica (L.) Hook.

识别要点：草本。根状茎肉质,近顶部生 1 ～ 2 片叶。掌状复叶；叶柄长 20 ～ 40 cm；叶片由 3 裂分枝的不育叶片和直立孢子囊穗组成,自柄端分离；不育叶片每分枝由顶生羽片（或小叶）和其下面的 1 ～ 2 对侧生羽片（或小叶）组成,每分枝均具短柄,羽片无柄,长、宽均 12 ～ 25 cm,宽掌状,各羽片长 10 ～ 18 cm,宽 2 ～ 4 cm,全缘或有稍不整齐锯齿。

分布与生境：产于台湾、广东、海南、广西及云南等省区,生于低海拔的阴湿疏阴林下。广布于印度北部、斯里兰卡、中南半岛、马来西亚、菲律宾、印度尼西亚及澳大利亚。

食用部位与食用方法：采集幼嫩叶,经洗净、沸水焯、换清水浸泡后,可炒食或加工成干菜或腌菜。

合囊蕨科 Marattiaceae

2. 食用莲座蕨 食用观音座莲（合囊蕨科 Marattiaceae）

Angiopteris esculenta Ching

识别要点：草本,高达 2.5 m。根状茎头状,肥大。叶簇生；叶柄长达 1 m,光滑；叶片长 1 ～ 1.5 m,2 回羽状；羽片 4 ～ 6 对,互生；小羽片达 30 对,披针形,基部小羽片长约 7 cm,中部的长达 11 cm,宽 1.2 ～ 1.4 cm,顶部的窄披针形,长渐尖头,边缘有锯齿；叶两面光滑,沿中脉及小脉下面疏被鳞片；叶脉羽状,侧脉单一或分叉。

分布与生境：产于云南西北部及西藏,生于海拔 1 500 ～ 2 000 m 山谷密林下。

食用部位与食用方法：根状茎可食,根状茎大者直径 30 ～ 40 cm,重逾 10 kg,可提取淀粉食用。

3. 福建莲座蕨 福建观音座莲、马蹄蕨（合囊蕨科 Marattiaceae）

Angiopteris fokiensis Hieron.

识别要点：草本，高 2 m 以上。根状茎块状，直立。叶柄长 0.5 ~ 1 m，有瘤状突起；叶片长 0.6 ~ 1.4 m，宽 0.6 ~ 1 m；羽片 5 ~ 10 对，长 50 ~ 80 cm，宽 14 ~ 25 cm，具长柄，奇数 1 回羽状；小羽片 20 ~ 40 对，披针形，中部的长 10 ~ 15 cm，宽 1.2 ~ 2.2 cm；叶两面光滑；叶脉羽状，侧脉单一或分叉。

分布与生境：产于浙江、福建、江西、湖北、湖南、广东、广西、贵州、四川及云南，生于海拔 150 ~ 1 600 m 河谷溪边林下或灌丛下。日本有分布。

食用部位与食用方法：根状茎可提取淀粉，供食用。

食疗保健与药用功能：根状茎有清热解毒、止血之功效。

4. 紫萁 薇菜（紫萁科 Osmundaceae）

Osmunda japonica Thunb.

识别要点：草本，高 50 ~ 80 cm。叶簇生，直立；叶柄长 20 ~ 30 cm，幼时密被茸毛，渐全脱落；叶长 30 ~ 50 cm，宽 20 ~ 40 cm，顶部 1 回羽状，其下 2 回羽状；羽片 3 ~ 5 对，对生，长圆形，长 15 ~ 25 cm，基部宽 8 ~ 11 cm，柄长 1 ~ 1.5 cm，奇数羽状；小羽片 5 ~ 9 对，对生或近对生，无柄，长 4 ~ 7 cm，宽 1.5 ~ 1.8 cm，长圆形或长圆状披针形，有细锯齿；小脉平行，伸达锯齿。

分布与生境：产于山东、河南、陕西、甘肃、江苏、安徽、浙江、台湾、福建、江西、湖北、湖南、广东、广西、重庆、贵州、四川、云南及西藏，生于海拔 3 000 m 以下林下或溪边酸性土中。不丹、印度北部喜马拉雅山脉地区、朝鲜半岛及日本有分布。

食用部位与食用方法：4 ~ 6 月采拳卷状幼嫩叶，去毛，洗净，经沸水焯后，在清水中浸泡 1 d（换水 2 ~ 3 次），沥/挤干水后可与肉炒食，味道鲜美，亦可制成干菜或腌菜。为名贵山野珍品。

食疗保健与药用功能：味苦，性寒，有润肺理气、补虚舒络、清热解毒、杀虫、止血之功效，可治吐血、赤痢便血、子宫功能性出血、遗精等病症。

碗蕨科 Dennstaedtiaceae

5. 蕨（碗蕨科 Dennstaedtiaceae）

Pteridium aquilinum (L.) Kuhn var. *latiusculum* (Desv.) Underw. ex Heller

识别要点：草本，高达1m。根状茎长而横走，密被锈黄色柔毛。叶疏生；叶柄长20~80cm，光滑无毛；叶片长30~60cm，3回羽状；羽片4~6对，基部1对三角形，长15~25cm，2回羽状；小羽片约10对，互生，披针形，具短柄，1回羽状；裂片10~15对，宽披针形或长圆形，钝头或近圆，全缘；叶脉羽状，侧脉分叉。

分布与生境：产于全国各地，生于海拔2500m以下阳坡及林缘光照充足的偏酸性土。热带及温带地区有分布。

食用部位与食用方法：根状茎（俗称蕨根）提取的淀粉称蕨根粉，嫩叶称蕨菜，均可食用。① 蕨根粉：在淀粉含量最高时的立冬至春分前采集蕨根，制作成蕨根粉丝或蕨根淀粉食用。② 蕨菜：采集拳卷状幼嫩叶，经沸水焯，冷水漂洗后可炒食、凉拌或做馅，亦可加工成干菜或腌菜。

食疗保健与药用功能：味甘，性寒，有清热利湿、消肿、安神、降气、祛风、化痰之功效，适应于发热、湿热黄疸、头昏失眠、高血压等病症。

6. 食蕨（碗蕨科 Dennstaedtiaceae）

Pteridium esculentum (Forst.) Cokayne

识别要点：草本，高达 3 m 以上。根状茎长而横走。叶疏生；叶柄长 0.5 ~ 2 m，基部密被毛；叶片长 0.5 ~ 3 m，3 至 4 回羽状；羽片 12 ~ 20 对，互生或下部的对生，具柄，基部 1 对羽片窄三角形，长 0.28 ~ 1.28 m，柄长 3 ~ 16 cm，2 至 3 回羽状；1 回小羽片披针形或窄披针形，1 至 2 回羽状；末回羽片或裂片长圆形或长圆状披针形，互生，边缘具细齿，反卷；顶部的末回羽片或裂片常线形，长达 3 cm。

分布与生境：产于海南、广西及贵州，生于海拔 140 ~ 1 000 m 荒坡、河谷灌丛下或林间路旁。中南半岛、马来西亚、印度尼西亚、澳大利亚及南太平洋岛屿有分布。

食用部位与食用方法：根状茎（俗称蕨根）提取的淀粉称蕨根粉，可食用。嫩叶称蕨菜，经洗净、沸水焯、换清水浸泡后，可食用。同蕨。

7. 毛轴蕨 毛蕨（碗蕨科 Dennstaedtiaceae）

Pteridium revolutum (Bl.) Nakai

识别要点：草本，高 1 m 以上。根状茎横走，被锈色毛。叶疏生；叶柄长 24 ~ 50 cm，有纵沟，幼时具锈色毛；叶片长 30 ~ 80 cm，3 回羽状；羽片 4 ~ 6 对，对生，具柄，长圆形，长 20 ~ 30 cm；小羽片 12 ~ 18 对，对生或互生，无柄，披针形，长 6 ~ 8 cm，深羽裂几达小羽轴；裂片约 20 对，对生或互生，镰状披针形，长约 8 mm，全缘，边缘反卷，下面密被毛；叶轴及各回羽轴下面和上面纵沟内均密被柔毛。

分布与生境：产于河南、陕西、甘肃、安徽、浙江、江西、湖北、湖南、广东、海南、广西、贵州、四川、云南及西藏等省区，生于海拔 600 ~ 3 000 m 山坡阳处或山谷疏林下林间空地。亚洲热带及亚热带地区有分布。

食用部位与食用方法：根状茎（俗称蕨根）提取的淀粉称蕨根粉，可食用。嫩叶称蕨菜，经洗净、沸水焯、换清水浸泡后，可食用。

凤尾蕨科 Pteridaceae

凤了蕨属 *Coniogramme* Fée

识别要点：中型土生喜阴蕨类。根状茎粗短，横卧，连同叶柄基部疏被鳞片。叶疏生或近生；有长柄；叶片大，1 至 2 回奇数羽状，稀 3 出或 3 回羽状（幼叶常为宽披针形单叶），侧生羽片有柄；小羽片大，披针形或长圆状披针形，边缘常半透明软骨质；主脉明显，上面有纵沟，侧脉 1 至 2 回分叉，分离，小脉顶端有水囊。

分布与生境：本属约 30 种，主产于中国长江以南和西南亚热带山地，北至秦岭，西至喜马拉雅山脉西部，东至东北。朝鲜半岛、日本、菲律宾、越南、老挝、柬埔寨、马来西亚、印度尼西亚、墨西哥和非洲均有 1 ~ 2 种分布。我国约 22 种。

食用部位与食用方法：根状茎可提取淀粉食用。嫩叶经洗净、沸水焯、换清水浸泡后，可作蔬菜。

8. 乳头凤了蕨（凤尾蕨科 Pteridaceae）

Coniogramme rosthornii Hieron.

识别要点：植株高 0.6 ~ 1 m。根状茎长而横走，直径 5 mm。叶疏生；叶柄长 40 ~ 55 cm；叶片几与柄等长或较短，2 回羽状，侧生羽片 4 ~ 6 对，下部的柄长 2 ~ 3 cm，侧生小羽片 1 ~ 3 对，长 6 ~ 12 cm，披针形，先端渐尖，边缘有前伸尖锯齿；水囊细长，伸达锯齿基部；侧脉分离；叶沿羽轴有毛，下面密生基部乳头状灰短毛。

分布与生境：产于陕西南部、甘肃南部、河南、湖北西部、湖南西北部、贵州中西部、四川、云南及西藏，生于海拔 1 000 ~ 3 000 m 林下或石上。越南有分布。

食用部位与食用方法：根状茎可提取淀粉，嫩叶经洗净、沸水焯、换清水浸泡后，可作蔬菜。

9. 尖齿凤了蕨（凤尾蕨科 Pteridaceae）

Coniogramme affinis (Presl) Hieron.

识别要点：植株高 0.6 ~ 1 m。根状茎长而横走。叶柄长 30 ~ 70 cm；叶片长 25 ~ 50 cm，2 回羽状或基部 3 回羽状，羽片 5 ~ 8 对，基部 1 对长 20 ~ 35 cm，柄长 2 ~ 3 cm，侧生小羽片 3 ~ 6 对，长 8 ~ 15 cm，披针形；顶生小羽片较大，第二对羽片羽状或 3 出；上部的羽片单一，向上渐短，长 17 ~ 10 cm，披针形或宽披针形；羽片边缘有尖细锯齿，侧脉分离，顶端水囊略厚，伸达锯齿下侧边；叶两面无毛。

分布与生境：产于黑龙江、吉林、辽宁、河南、陕西、甘肃、四川、云南及西藏，生于海拔 1 600 ~ 3 600 m 林下。缅甸北部、印度北部及尼泊尔有分布。

食用部位与食用方法：根状茎可提取淀粉，嫩叶经洗净、沸水焯、换清水浸泡后，可作蔬菜。

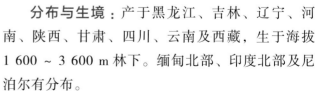

10. 普通凤了蕨（凤尾蕨科 Pteridaceae）

Coniogramme intermedia Hieron.

识别要点：植株高 0.6 ~ 1.2 m。根状茎长而横走。叶柄长 24 ~ 60 cm；叶片和叶柄等长或稍短，2 回羽状，侧生羽片 3 ~ 5（~ 8）对，基部 1 对长 18 ~ 24 cm，柄长 1 ~ 2 cm，1 回羽状，侧生小羽片 1 ~ 3 对，长 6 ~ 12 cm，披针形，有短柄，顶生小羽片较大，基部极不对称；第二对羽片 3 出或单一；第三对羽片单一，长 12 ~ 18 cm，披针形，顶生羽片基部常叉裂；侧脉 2 回分叉，顶端水囊线形，伸入锯齿，不达齿缘；叶下面有疏短柔毛。

分布与生境：产于黑龙江、吉林、辽宁、河北、河南、陕西、甘肃、宁夏、安徽、浙江、福建、台湾、江西、湖北、湖南、广东、广西、贵州、四川、云南及西藏，生于海拔 300 ~ 2 500 m 湿润林下。日本、朝鲜半岛、越南及俄罗斯远东地区有分布。

食用部位与食用方法：根状茎可提取淀粉，嫩叶经洗净、沸水焯、换清水浸泡后，可作蔬菜。

11. 疏网凤了蕨（凤尾蕨科 Pteridaceae）

Coniogramme wilsonii Hieron.

识别要点：植株高 70 cm。叶柄长约 40 cm；叶片长 28 ~ 50 cm，2 回羽状，侧生羽片 3 ~ 5 片，基部 1 对长 18 ~ 25 cm，柄长 1.5 cm，侧生小羽片 1 ~ 3 对，长 8 ~ 12 cm，披针形，先端尾状渐尖，中部羽片长 15 ~ 20 cm，披针形，尾状渐尖头，有柄或向上的与叶轴合生；羽片和小羽片边缘有不明显疏浅锯齿；叶脉近主脉两侧有 1 行不连续网眼，水囊略厚，线形，不达锯齿基部；叶两面无毛。

分布与生境：产于甘肃南部、陕西南部、河南、江苏、浙江、湖北西部、湖南西北部、贵州及四川，生于海拔 1 000 ~ 1 600 m 山沟密林下。

食用部位与食用方法：根状茎可提取淀粉，嫩叶经洗净、沸水焯、换清水浸泡后，可作蔬菜。

12. 凤了蕨（凤尾蕨科 Pteridaceae）

Coniogramme japonica (Thunb.) Diels

识别要点：植株高 0.6 ~ 1.2 m。根状茎长而横走。叶柄长 30 ~ 50 cm，基部以上光滑；叶片和叶柄等长或稍长，2 回羽状，羽片（3）5 对，基部 1 对长 20 ~ 35 cm，柄长 1 ~ 2 cm，羽状（偶 2 叉），侧生小羽片 1 ~ 3 对，长 10 ~ 15 cm，披针形，顶生小羽片长 20 ~ 28 cm，宽披针形，羽片和小羽片边缘有前伸疏矮齿；叶脉网状，网眼外的小脉分离，小脉顶端有纺锤形水囊，不达锯齿基部；叶两面无毛。

分布与生境：产于陕西、河南、江苏南部、安徽、浙江、福建、台湾、江西、湖北、湖南、广东北部、广西、贵州、四川及云南，生于海拔 100 ~ 2 000 m 湿润林下和山谷阴湿处。朝鲜半岛南部及日本有分布。

食用部位与食用方法：根状茎可提取淀粉，嫩叶经洗净、沸水焯、换清水浸泡后，可作蔬菜。

13. 水蕨（凤尾蕨科 Pteridaceae）

Ceratopteris thalictroides (L.) Brongn.

识别要点：水生或沼生草本，多汁柔软，高达 70 cm。根状茎短而直立，一簇粗根着生淤泥。叶簇生，二型；不育叶柄长 3 ~ 40 cm，圆柱形，肉质；叶片直立，或幼时漂浮，长 6 ~ 30 cm，2 ~ 4 回羽状深裂；能育叶柄与不育叶的相同，叶片长 15 ~ 40 cm，2 ~ 3 回羽状深裂；羽片 3 ~ 8 对，互生，1 ~ 2 回分裂，裂片边缘反卷。

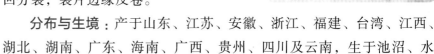

分布与生境：产于山东、江苏、安徽、浙江、福建、台湾、江西、湖北、湖南、广东、海南、广西、贵州、四川及云南，生于池沼、水田及水沟淤泥中，有时漂浮于深水面。热带和亚热带地区及日本有分布。

食用部位与食用方法：采集拳卷状幼嫩叶，经洗净、沸水焯、换清水浸泡后，可炒食或加工成干菜、腌菜食用。

14. 星毛蕨（金星蕨科 Thelypteridaceae）

Ampelopteris prolifera (Retz.) Cop.

识别要点：蔓状草本，高达 1 m 以上。根状茎长而横走，连同叶柄基部疏被星状鳞片。叶簇生或近生；叶柄长达 40 cm；叶片披针形，叶轴顶端常延长成鞭状，着地生根，形成新株，1 回羽状，羽片达 30 对，披针形，长 5 ~ 10（~ 15）cm，宽达 2 cm，边缘浅波状，近无柄，羽片腋间常有鳞芽，长出 1 回羽状小叶片。

分布与生境：产于福建、台湾、江西、湖南、广东、海南、广西、贵州、四川及云南，生于海拔 100 ~ 1 000 m 向阳溪边河滩沙地。除美洲外，热带和亚热带地区均有分布。

食用部位与食用方法：采集拳卷状幼嫩叶，经洗净、沸水焯、换清水浸泡后，可炒食或加工成干菜或腌菜食用。

球子蕨科 Onocleaceae

15. 荚果蕨（球子蕨科 Onocleaceae）

Matteuccia struthiopteris (L.) Todaro

识别要点：草本，高 0.7 ~ 1.1 m。根状茎短而直立，深褐色，与叶柄基部密被披针形鳞片。叶簇生，二型。不育叶叶柄长 6 ~ 10 cm；叶片椭圆状倒披针形，长 0.5 ~ 1 m，幼时呈拳状卷曲，鲜绿色，成长后叶片展开，2 回羽状深裂，羽片 40 ~ 60 对，叶脉羽状，侧脉不分枝。能育叶深褐色，1 回羽状分裂，羽片线形，两侧向背面反卷成念珠状。

分布与生境：产于黑龙江、吉林、辽宁、内蒙古、河北、山西、河南、陕西、甘肃、新疆、湖北、四川、云南及西藏，生于海拔 100 ~ 3 800 m 山谷林下或河岸湿地。亚洲东部、欧洲和北美洲有分布。

食用部位与食用方法：春季采集嫩叶，洗净，经沸水焯、换清水漂洗后，可炒食、凉拌、做汤、做馅，或晒干、腌制作加工后食用。

食疗保健与药用功能：味苦，性微寒，有清热解毒、凉血、止血、杀虫、滋阴补虚等功效，适应于风热感冒、头晕、失眠等病症。

16. 东方荚果蕨（球子蕨科 Onocleaceae）

Pentarhizidium orientale (Hook.) Hayata

识别要点：草本，高达 1 m。根状茎短而直立，顶端及叶柄基部密被披针形鳞片。叶簇生，二型。不育叶叶柄长 30 ~ 70 cm；叶片椭圆形，长 40 ~ 80 cm，宽 20 ~ 40 cm，2 回羽裂，羽片 15 ~ 20 对，叶脉羽状，侧脉不分枝。能育叶叶柄长 20 ~ 45 cm；1 回羽状，羽片多数，线形，长达 10 cm，两侧向背面反卷成荚果状，深紫色。

分布与生境：产于吉林、山西、河南、陕西、甘肃、安徽、浙江、台湾、福建、江西、湖北、湖南、广东、广西、重庆、贵州、四川、云南及西藏，生于海拔 1 000 ~ 2 700 m 山谷林下或溪边。日本、朝鲜半岛、俄罗斯远东地区及印度北部有分布。

食用部位与食用方法：春季采集嫩叶，洗净，经沸水焯、换清水漂洗后，可炒食、凉拌、做汤、做馅，或晒干、腌制加工后食用。

乌毛蕨科 Blechnaceae

17. 狗脊（乌毛蕨科 Blechnaceae）

Woodwardia japonica (L. f.) Smith

识别要点：草本，高 0.8 ~ 1.2 m。根状茎粗壮，横卧，暗褐色，与叶柄基部密被鳞片。叶簇生；叶柄长 15 ~ 70 cm，暗棕色；叶片长 25 ~ 80 cm，2 回羽状分裂，羽片 7 ~ 16 对；叶脉网状，明显隆起，沿羽轴及主脉两侧各有 1 行窄长网眼。孢子囊群线形，生于主脉两侧，长网状，不连续，单行排列。

分布与生境：产于河南、江苏、安徽、浙江、台湾、福建、江西、湖北、湖南、广东、香港、广西、贵州、四川及云南，生于海拔 300 ~ 1 500 m 疏林下。朝鲜半岛、日本及越南有分布。

食用部位与食用方法：根状茎富含淀粉，可食用及酿酒。

食疗保健与药用功能：味苦、甘，性温，归肝、肾二经，有镇痛、利尿及强身之功效。

18. 中华蹄盖蕨（蹄盖蕨科 Athyriaceae）

Athyrium sinense Rupr.

识别要点：草本，高 0.5 ~ 1.2 m。根状茎粗短。叶簇生；叶柄长 20 ~ 50 cm，基部密被棕褐色披针形鳞片；叶轴、羽轴被卷缩先端膨大腺毛，叶片长 25 ~ 60 cm，宽 10 ~ 30 cm，通常 2 回羽状，羽片 15 ~ 20 cm，互生，无柄，相距 1 ~ 4 cm，中部羽片长 8 ~ 18 cm，宽 1.5 ~ 5 cm，先端渐尖，小羽片羽状浅裂至深裂。

分布与生境：产于黑龙江、吉林、辽宁、陕西、甘肃、宁夏、内蒙古、河北、河南、山西、山东及安徽西部，生于海拔 300 ~ 2 600 m 山地林中。朝鲜半岛北部、日本及俄罗斯远东地区有分布。

食用部位与食用方法：采集拳卷状幼嫩叶经沸水焯、换清水漂洗后可炒食，或加工成干菜或腌菜。

19. 食用双盖蕨 菜蕨（蹄盖蕨科 Athyriaceae）

Diplazium esculentum (Retz.) Swartz

识别要点：草本。根状茎直立，高达 15 cm，密被鳞片。叶簇生；叶柄长 50 ～ 60 cm，基部疏生鳞片；叶片长 60 ～ 80 cm，宽 30 ～ 60 cm，2 回（稀 1 回）羽状，羽片 12 ～ 16 对，有柄，长 16 ～ 20 cm，宽 6 ～ 10 cm，宽披针形，1 回羽状或羽裂，小羽片 8 ～ 10 对，长 4 ～ 6 cm，宽 0.6 ～ 1 cm，两侧稍耳状，边缘有齿或浅裂，裂片有浅钝齿；叶无毛或叶轴和羽片下面有毛。

分布与生境：产于安徽南部、浙江、福建、台湾、江西、湖南、广东、海南、广西、贵州、四川、云南及西藏，生于海拔 100 ～ 1 200 m 山谷林下湿地及河沟边。亚洲热带、亚热带及热带波利尼西亚有分布。

食用部位与食用方法：采集拳卷状幼嫩叶，经洗净、沸水焯、换清水浸泡后可炒食，或加工成干菜或腌菜，亦可凉拌、卤。

食疗保健与药用功能：味甘、微苦，性寒，有清热解毒、补气升阳、利尿、消肿、固表止汗、降血压、祛风等功效，可治津血不足、肠燥便秘等病症。

注意事项：此菜偏凉，不宜多食、久食，免伤阳气。

中国野菜野果的识别与利用·野菜卷

肾蕨科 Nephrolepidaceae

20. 肾蕨（肾蕨科 Nephrolepidaceae）

Nephrolepis cordifolia (L.) C. Presl

识别要点：附生或陆生草本。根状茎直立，被鳞片，下部有向四方伸展匍匐茎；匍匐茎长达 30 cm，棕褐色，不分枝，疏被鳞片，有须根及近圆形密被鳞片的块茎。叶簇生；叶柄长 6 ~ 11 cm，暗褐色，上面有纵沟，密被鳞片；叶片长 30 ~ 70 cm，宽 3 ~ 5 cm；1 回羽状，羽片 45 ~ 120 对，披针形，中部的长约 2 cm，宽 6 ~ 7 mm，圆钝头或尖头，几无柄。

分布与生境：产于安徽、浙江、福建、台湾、江西、湖南、广东、海南、广西、贵州、四川、云南及西藏，生于海拔 1 500 m 以下林中。广布热带及亚热带地区。

食用部位与食用方法：块茎富含淀粉，经提取后可作食品。嫩叶经洗净、沸水焯、换清水浸泡后，可炒食或凉拌。

党参

人参

竹节参

小野芝麻

四、被子植物野菜

被子植物（Angisperms）又称有花植物（flowering plants），具有根、茎、叶、花、果实和种子，其种子包被于果实之内。

被子植物种类最多，分布最广，结构最复杂，适应性最强，经济价值最高，野菜野果种类最多。全世界现有被子植物约 25 万种；中国被子植物资源极其丰富，有 3 万余种。

（一）根类野菜

根通常是植物体向土中伸长的部分，用以支持植物体和由土壤中汲取水分和养料的器官，一般不生芽，绝不生叶和花。根类野菜是食用部分为根的一类野菜。

羊乳　　　　　　　　　　　　　　　　　　藤麻

蓼科 Polygonaceae

1. 何首乌 夜交藤（蓼科 Polygonaceae）
Fallopia multiflora (Thunb.) Haralds.

识别要点：多年生缠绕草质藤本，长达数米，全株无毛。块根肥大，长椭球形，外表黑褐色、赤褐色或暗红色，内部紫红色。茎中空。单叶互生，卵形或长卵形，长 3 ~ 7 cm，先端渐尖，基部心形或近心形，全缘；叶柄长 1.5 ~ 3 cm；托叶膜质，鞘状包茎。花序圆锥状，长达 20 cm；花白色。果具 3 条棱，包于宿存翅状花被片内。

分布与生境：产于黑龙江、吉林、辽宁、河北、河南、陕西、甘肃、青海、山东、江苏、安徽、浙江、福建、台湾、江西、湖北、湖南、广东、海南、广西、贵州、四川及云南，生于海拔 3 000 m 以下山坡林下、山谷灌丛、山沟石隙中。日本有分布。

食用部位与食用方法：秋季可挖取块根，经洗净、煮熟后，在清水中浸泡 1 d，再炒食，或煎成汤汁，配料做菜，或煮稀饭，或与禽类、鱼类于瓷锅中煲汤，做药膳；也可制淀粉或酿酒。嫩茎叶经沸水焯后，可做汤、炒食或泡茶。

食疗保健与药用功能：块根味苦涩，性微温，有补肝、益肾、养血、祛风、通便解毒之功效，适用于肝肾阴亏、须发早白、血虚头晕、腰膝软弱、筋骨酸痛、遗精、崩带、久疟、久痢、慢性肝炎、肠风、痔疾等病症。茎叶味甘，性平，有养心安神、通络祛风之功效，适用于失眠、神经衰弱等病症。

注意事项：不法分子常做人形模具，将薯蓣科（Dioscoreaceae）或防己科（Menispermaceae）植物种植于内，2 ~ 3 年后取出，谎称人形"何首乌"出售。薯蓣科、防己科植物藤上没有膜质的托叶鞘，易于区分。

2. 蕨麻 鹅绒委陵菜（蔷薇科 Rosaceae）

Potentilla anserina L.

识别要点：多年生草本。根向下延长，有时在根的下部长成纺锤形或椭球形块根。茎匍匐，节处生根，常着地长出新植物。基生叶为间断羽状复叶，小叶 6 ～ 11 对，小叶片椭圆形、卵状披针形或长椭圆形，长 1.5 ～ 4 cm，边缘有多数尖锐锯齿或呈裂片状，背面密被紧贴银白色绢毛；茎生叶与基生叶相似，小叶对数较少。单花腋生；花黄色。

分布与生境：产于黑龙江、吉林、辽宁、陕西、甘肃、宁夏、青海、新疆、内蒙古、山西、河北、四川、云南及西藏，生于海拔 500 ～ 4 100 m 河岸、路边、山坡草地或草甸。

食用部位与食用方法：块根富含淀粉，可洗净后生食，味极甘甜，或与米一同煮稀饭，或掺入面中做主食，或制成干品存储食用，亦可酿酒。嫩苗或嫩茎叶经沸水焯一下，凉水浸泡，去除苦味后可炒食。

食疗保健与药用功能：块根味甘，性寒，有健脾养胃、益气补血之功效。

3. 翻白草（蔷薇科 Rosaceae）

Potentilla discolor Bunge

识别要点：多年生草本。根下部常肥厚，呈纺锤状。花茎直立、上升或微铺散，被白色绵毛。基生叶为羽状复叶，小叶 2 ~ 4 对，连柄长 4 ~ 20 cm，小叶片长圆形或长圆状披针形，长 1 ~ 5 cm，具圆钝齿，稀急尖锯齿，叶背密被白色或灰白色绵毛；茎生叶 1 ~ 2 枚，小叶对数较少。多花组成花序；花黄色。

分布与生境：产于黑龙江、吉林、辽宁、陕西、甘肃、内蒙古、河北、河南、山西、山东、江苏、安徽、浙江、福建、台湾、江西、湖北、湖南、广东、贵州、四川、云南及西藏，生于海拔 100 ~ 1 900 m 荒地、山谷、沟边、山坡草地、草甸或疏林下。日本和朝鲜半岛有分布。

食用部位与食用方法：块根富含淀粉，可洗净后生食，或与米一同煮稀饭，或掺入面中做主食，亦可酿酒。嫩苗或嫩茎叶经沸水焯一下，凉水浸泡，去除苦味后可炒食或凉拌食用。

豆科 Fabaceae

4. 土圞儿（豆科 Fabaceae）

Apios fortunei Maxim.

识别要点：缠绕草本。有球状块根。茎疏被白色毛。奇数羽状复叶，互生；小叶 3 ~ 7 枚，卵形或菱状卵形，长 3 ~ 7.5 cm。总状花序腋生，长 6 ~ 26 cm；花黄绿色或淡绿色，长约 1.1 cm。荚果带状，长约 8 cm，宽约 6 mm。

分布与生境：产于陕西、甘肃、河南、山西、山东、安徽、浙江、福建、江西、湖北、湖南、广东、广西、贵州及四川，生于海拔 300 ~ 1 000 m 山坡灌丛。日本有分布。

食用部位与食用方法：块根可食。

食疗保健与药用功能：有散积理气、消热镇咳之功效。

5. 鸡头薯（豆科 Fabaceae）

Eriosema chinense Vog.

识别要点：多年生直立草本。块根纺锤形或球形，肉质。茎高达50 cm，不分枝，密被毛。单叶，互生，披针形，长 3 ～ 7 cm，叶面疏生毛，叶背密被短茸毛；无明显小叶柄；托叶线形或线状披针形，长 4 ～ 8 mm。总状花序腋生；花 1 ～ 2 朵，淡黄色。荚果菱状椭球形，成熟时黑色，被毛。

分布与生境：产于福建、台湾、江西、湖南、广东、海南、广西、贵州、云南及西藏，生于海拔 300 ～ 2 000 m 山野及干旱贫瘠的草坡上。印度、缅甸、越南、泰国和印度尼西亚有分布。

食用部位与食用方法：块根可供食用。

食疗保健与药用功能：有清热解毒、清肺化痰、止咳之功效。

6. 三裂叶野葛（豆科 Fabaceae）

Pueraria phaseoloides (Roxb.) Benth.

识别要点：草质藤本。茎长 2 ～ 4 m，密生锈色长毛。3 枚小叶羽状复叶，互生；小叶宽卵形或卵状菱形，长 6 ～ 10 cm，密被长硬毛；托叶基着。总状花序腋生，单生，长 8 ～ 15 cm；花淡蓝色或淡紫色。荚果近圆柱形，长 5 ～ 8 cm，直径约 4 mm。果期 10 ～ 11 月。

分布与生境：产于浙江、台湾、湖南、广东、海南、广西、贵州及云南，生于山地、丘陵灌丛中。印度、中南半岛有分布。

食用部位与食用方法：秋季挖取块根，可制葛粉食用。

食疗保健与药用功能：性平，味甘、辛，有解表退热、生津止渴、解酒之功效，适用于麻疹酒毒、消渴症等病症。

7. 葛 野葛、葛藤（豆科 Fabaceae）

Pueraria montana (Lour.) Merr.

识别要点：粗壮藤本。各部被黄色长硬毛。块根肥厚。茎长达 8 m。3 枚小叶羽状复叶，互生；小叶宽卵形或斜卵形，长 7 ～ 19 cm；托叶背着。总状花序腋生，单生，长 15 ～ 30 cm；花紫色。荚果长椭球形，长 5 ～ 9 cm，宽 0.8 ～ 1.1 cm，扁平。果期 11 ～ 12 月。

分布与生境：除青海、新疆和西藏外，全国各地均产，生于草坡、路边、山地疏林或密林中。亚洲东部至东南部、澳大利亚有分布。

食用部位与食用方法：块根富含淀粉，味甜，秋季挖取，经洗净、切碎、捣烂或磨细，装入布袋，置水中反复挤压，滤出淀粉，再将淀粉加工成粉皮、粉丝等葛粉食品。夏季采集花朵，经清水洗净、沸水焯后，可凉拌、炒食或做馅。

食疗保健与药用功能：味甘、辛，性凉，归脾、胃、肺经，有升阳解肌、透疹止泻、解表退热、生津止渴之功效，适用于温热头痛、解酒毒、颈项强直、烦热、泄泻、痢疾、高血压、心绞痛等病症。

8. 食用葛（豆科 Fabaceae）

Pueraria edulis Pampan.

识别要点：藤本。块根肥厚。茎疏被毛。3 枚小叶羽状复叶，互生；小叶宽卵形或斜卵形，长 8 ~ 15 cm；托叶背着，基部 2 裂呈箭头形。总状花序腋生，单生，长达 30 cm；花紫色或粉红色。荚果条形，长 5 ~ 9 cm，宽约 1 cm。果期 10 月。

分布与生境：产于广西、贵州、四川及云南，生于海拔 1 000 ~ 3 200 m 山沟林中。

食用部位与食用方法：块根富含淀粉，秋季挖取，可供食用。

食疗保健与药用功能：有解表退热、生津止渴、止泻之功效。

9. 蒙古黄耆 黄耆、黄芪（豆科 Fabaceae）

Astragalus mongholicus Bunge

识别要点：多年生草本。根肥厚，灰白色。茎直立，高达 1 m，被白色柔毛。羽状复叶，长 5 ~ 10 cm；小叶 13 ~ 27 枚，椭圆形或长圆状卵形，长 0.7 ~ 3 cm。总状花序；花 10 ~ 20 朵，密生；花序梗与叶等长或较长，果期显著伸长；花黄色或淡黄色，长 1 ~ 2 cm。荚果膜质，半椭球形，长 2 ~ 3 cm，顶端具刺尖。

分布与生境：产于黑龙江、吉林、辽宁、陕西、甘肃、宁夏、青海、新疆、内蒙古、河北、山西、山东、四川及西藏，生于海拔 800 ~ 2 000 m 林缘、灌丛中或疏林下。俄罗斯东部和蒙古有分布。

食用部位与食用方法：根可做药膳，适于体虚亚健康人群。

食疗保健与药用功能：有补气升阳、固表止汗、利水消肿之功效，适用于气虚乏力、食少便溏、中气下陷、自汗等病症。

10. 甘草（豆科 Fabaceae）

Glycyrrhiza uralensis Fisch. ex DC.

识别要点：多年生草本。根与根状茎粗壮，外皮褐色，内面淡黄色，味甜。茎直立，高 0.3 ~ 1.2 m，密被腺点、腺体和柔毛。羽状复叶，长 5 ~ 20 cm；叶柄及小叶均密被褐色腺点和柔毛；小叶 5 ~ 17 枚，卵形或近圆形，长 1.5 ~ 5 cm。总状花序腋生；花紫色、白色或黄色，长 1 ~ 2.4 cm。荚果线形，弯曲呈镰刀状或环状，有瘤状突起和刺毛状腺体，密集成球状。

分布与生境：产于黑龙江、吉林、辽宁、陕西、甘肃、宁夏、青海、新疆、内蒙古、河北、河南、山西及山东，生于海拔 400 ~ 2 700 m 旱沙地、河岸沙质地、山坡草地或盐渍化土壤中。俄罗斯东部和蒙古有分布。

食用部位与食用方法：根和根状茎可做药膳。

食疗保健与药用功能：有补脾益气、止咳祛痰、清热解毒之功效。

11. 胀果甘草（豆科 Fabaceae）

Glycyrrhiza inflata Batal.

识别要点：多年生草本。根与根状茎粗壮，味甜。茎直立，高 0.5 ~ 1.5 m。羽状复叶，长 4 ~ 20 cm；叶柄、叶轴及花序梗均密被褐色腺点；小叶 3 ~ 7 枚，卵形、椭圆形或长圆形，长 2 ~ 6 cm。总状花序腋生；花紫色或淡紫色，长 0.6 ~ 1 cm。荚果椭球形或长球形，直，膨胀，被腺点、刺毛状腺体和疏柔毛。

分布与生境：产于内蒙古、甘肃及新疆，生于河岸阶地、水边、田边或荒地。亚洲中部有分布。

食用部位与食用方法：根和根状茎可做药膳。

食疗保健与药用功能：同甘草。

12. 粗毛甘草（豆科 Fabaceae）

Glycyrrhiza aspera Pall.

识别要点：多年生草本。根与根状茎较细，味甜。茎直立或铺散，高 10 ~ 30 cm，茎、叶柄、叶背、叶脉、花序梗均疏被柔毛和刺毛状腺体。羽状复叶，长 2.5 ~ 10 cm；小叶 5 ~ 9 枚，卵形、倒卵形或椭圆形，长 1 ~ 3 cm。总状花序腋生；花淡紫色或紫色，基部带绿色，长 1.3 ~ 1.5 cm。荚果念珠状，常弯曲成环状或镰刀状，无毛。

分布与生境：产于陕西、甘肃、宁夏、青海、新疆及内蒙古，生于海拔 100 ~ 800 m 田边、沟边或荒地。亚洲中部有分布。

食用部位与食用方法：根和根状茎可做药膳。

食疗保健与药用功能：同甘草。

五加科 Araliaceae

13. 竹节参（五加科 Araliaceae）

Panax japonicus (T. Nees) C. A. Mey.

识别要点：多年生草本，高 50 ~ 100 cm。主根竹鞭状，肉质。茎单生，无毛。掌状复叶，3 ~ 5 枚轮生茎顶，无毛；小叶 5 枚，倒卵状椭圆形或长椭圆形，长 5 ~ 18 cm，边缘有锯齿或重锯齿，沿脉被刺毛；叶柄长 8 ~ 11 cm。伞形花序单生茎顶，具 50 ~ 80 朵花。果实近球形，红色，直径 5 ~ 7 mm。

分布与生境：产于陕西、甘肃、青海、山西、河南、安徽、浙江、福建、江西、湖北、湖南、广西、贵州、四川、云南及西藏，生于海拔 1 200 ~ 3 600 m 山地林下或灌丛中。日本、朝鲜、缅甸、尼泊尔和越南有分布。

食用部位与食用方法：纺锤根可与肉等炖食。

食疗保健与药用功能：性微温，味甘、微苦，归肺、脾、肝三经，有活血散瘀、消肿止痛、止咳化痰之功效。

14. 三七（五加科 Araliaceae）

Panax notoginseng (Burkill) F. H. Chen ex C. Chow & W. G. Huang

识别要点：多年生草本，高 20 ~ 60 cm。主根纺锤形。茎无毛。掌状复叶，3 ~ 6 枚轮生茎顶，无毛；小叶 3 ~ 5 枚，长椭圆形、倒卵形或倒卵状长椭圆形，长 3.5 ~ 13 cm，边缘具重锯齿，沿脉被刺毛；叶柄长 5 ~ 12 cm。伞形花序单生茎顶，具 80 ~ 100 朵花，花淡黄色。果实扁球状肾形，鲜红色，直径约 1 cm。

分布与生境：产于云南东南部，生于海拔 1 200 ~ 1 800 m 山地林中。

食用部位与食用方法：纺锤根可作药膳用，适于体虚亚健康人群。

食疗保健与药用功能：有散瘀止血、消肿定痛、滋补强壮之功效，适用于咯血、吐血、衄血、便血、崩漏、外伤出血、胸腹刺痛、跌打肿痛等病症。

15. 人参（五加科 Araliaceae）

Panax ginseng C. A. Mey.

识别要点：多年生草本，高 30 ~ 60 cm。主根纺锤形。茎单生，无毛。掌状复叶，3 ~ 6 枚轮生茎顶，无毛；小叶 3 ~ 5 枚，中央小叶椭圆形或长圆状椭圆形，长 8 ~ 12 cm，侧生小叶卵形或菱状卵形，长 2 ~ 4 cm，边缘具细密锯齿，齿具刺尖；叶柄长 3 ~ 8 cm。伞形花序单生茎顶，具 30 ~ 50 朵花，花淡黄绿色。果实扁球形，鲜红色，直径 6 ~ 7 mm。

分布与生境：产于黑龙江、吉林和辽宁，生于低海拔针叶阔叶混交林下。

食用部位与食用方法：根茎为著名强壮滋补药，可作药膳，适于体虚亚健康人群。

食疗保健与药用功能：有大补元气、复脉固脱、补脾益肺、生津养血、安神益智、滋补强壮、恢复心脏功能之功效，适用于体虚欲脱、肢冷脉微、脾虚食少、肺虚喘咳、津伤口渴、内热消渴、气血亏虚、久病虚羸、惊悸失眠、阳痿宫冷等病症。

16. 明党参（伞形科 Apiaceae/Umbelliferae）

Changium smyrnioides H. Wolff

识别要点：多年生草本，高 0.5 ~ 1 m；全株无毛。主根纺锤形或长索形，深褐色或淡黄色，内部白色。茎直立，有白粉。基生叶有长柄，3 出 2 ~ 3 回羽状全裂，小羽片长 1 ~ 2 cm，3 裂、羽裂或羽状缺刻；叶柄基部鞘状抱茎。复伞形花序；伞辐 4 ~ 10 个；伞形花序有花 8 ~ 20 朵；花白色。果卵球形，长 2 ~ 3 mm，侧扁。

分布与生境：产于辽宁、河南、江苏、安徽、浙江、江西及湖北，生于海拔 100 ~ 500 m 山地灌丛、石缝或山坡草地。

食用部位与食用方法：根可作药膳，适于体虚亚健康人群。

食疗保健与药用功能：性微寒，味甘、微苦，归肺、脾、肝三经，有滋补强壮、清肺、化痰、平肝、和胃之功效。

17. 辽藁本（伞形科 Apiaceae/Umbelliferae）

Ligusticum jeholense (Nakai & Kitag.) Nakai & Kitag.

识别要点：多年生草本，高 0.4 ~ 1 m。根圆锥形，叉状分枝。茎中上部分枝。基生叶及茎下部叶叶柄长达 19 cm，基部叶鞘抱茎；叶 3 出 2 ~ 3 回羽状分裂，1 回羽片 4 ~ 6 对，小裂片卵圆形或长圆状卵形，长 2 ~ 3 cm，宽 1 ~ 2 cm，3 ~ 5 裂；茎上部叶 1 回羽裂或 3 裂。复伞形花序，直径 3 ~ 7 cm；花白色；花序梗密被毛。果长球形。

分布与生境：产于吉林、辽宁、内蒙古、河北、山西、山东及河南，生于海拔 1 100 ~ 2 500 m 的山地林下、沟边、山坡或草地。

食用部位与食用方法：根可作药膳食用，也可与肉等炖食，适于亚健康人群。

食疗保健与药用功能：性温，味辛，有镇痛、镇痉、祛风、散寒、除湿等功效，适用于风寒感冒、巅顶疼痛、风湿痹痛等病症。

18. 当归（伞形科 Apiaceae/Umbelliferae）

Angelica sinensis (Oliv.) Diels

识别要点：草本，高 0.4 ~ 1 m。根圆柱状，多分枝，须根肉质，黄褐色，有香气。茎带紫色。叶3出2 ~ 3回羽状分裂，小羽片3对，具不整齐缺锯；叶柄长 3 ~ 11 cm，基部叶鞘抱茎。复伞形花序；花白色；花序梗密被毛。果长圆形，背腹扁，侧棱翅状，翅与果等宽或稍宽，边缘淡紫色。

分布与生境：产于陕西、甘肃、湖北、四川及云南，生于海拔 2 500 ~ 3 000 m 山地林下或阴地灌丛中。

食用部位与食用方法：性温，味甘、辛，归肝、心、脾三经，根可作药膳食用，适于女性中亚健康人群。

食疗保健与药用功能：有补血、活血、调经止痛、润肠滑肠之功效。

19. 珊瑚菜（伞形科 Apiaceae/Umbelliferae）

Glehnia littoralis Fr. Schmidt ex Miq.

识别要点：多年生草本，高 20 ~ 30 cm，全株被白色柔毛。根粗壮，圆柱形，长达 70 cm。茎直立，不分枝。叶互生，2 回 3 出羽状全裂或深裂，有粗锯齿。复伞形花序，花枝密生绒毛；花小，白色。双悬果。

分布与生境：产于辽宁、河北、山东、江苏、浙江、福建、台湾、广东及海南，生于海边沙滩。日本、朝鲜及俄罗斯远东地区有分布。

食用部位与食用方法：秋末挖根，去杂洗净，可炖食或做汤。春季采幼苗及嫩茎叶，经沸水焯，换清水漂洗后可炒食或凉拌食用。

食疗保健与药用功能：根有滋养生津、清热、润肺、祛痰止咳之功效。

萝藦科 Asclepiadaceae

20. 白首乌（萝藦科 Asclepiadaceae）

Cynanchum bungei Decaisne

识别要点：草质缠绕藤本，长达 4 m，有乳汁。块根粗壮，长 3 ~ 7 cm，直径 1.5 ~ 4 cm。茎被微毛。叶对生，戟形或卵状三角形，长 3 ~ 8 cm，基部耳状心形，叶耳圆，两面被毛；无托叶。花序伞状，长达 4 cm；花白色或黄绿色，辐状。果实披针状圆柱形，无毛，长 9 ~ 10 cm，直径约 1 cm。

分布与生境：产于辽宁、陕西、甘肃、宁夏、内蒙古、河北、河南、山西、山东、四川、云南及西藏，生于海拔 1 500 m 以下山坡、沟谷或灌丛中。朝鲜有分布。

食用部位与食用方法：块根可作药膳食用，也可炖鸡等肉食，适于体虚亚健康人群。

食疗保健与药用功能：性微温，味苦、甘、涩，无毒，归肝、肾二经，为滋补珍品，可治风湿腰痛、神经衰弱、失眠等病症。

旋花科 Convolvulaceae

21. 打碗花 小旋花（旋花科 Convolvulaceae）

Calystegia hederacea Wall.

识别要点：一年生草质藤本，高 20 ~ 40 cm，全株无毛。茎平卧，具细棱。茎基部叶矩圆形，长 2 ~ 5 cm，先端圆形，基部戟形；茎上部叶三角状戟形，侧裂片常 2 裂；叶柄长 1 ~ 5 cm。花单生叶腋；花梗长 2.5 ~ 5.5 cm；花冠漏斗状，粉红色，长 2 ~ 4 cm。

分布与生境：产于全国各省区，生于平原至高海拔荒地、路边及田野。亚洲东部至东南部有分布。亚洲其他地区有分布。

食用部位与食用方法：秋末挖根，经洗净后，可炖食或炒食。将幼苗、初夏采摘嫩叶洗净，经沸水焯，清水漂洗，去除苦味后，可炒食、煮食、做汤或做粥。

食疗保健与药用功能：味微甘，性淡平，有健脾益气、调经活血、滋阴补虚之功效，适用于脾虚、消化不良、月经不调等病症。

22. 鼓子花 篱打碗花、篱天剑（旋花科 Convolvulaceae）

Calystegia silvatica (Kitaib.) Griseb. subsp. *orientalis* Brummitt

识别要点：多年生草质藤本，全株无毛。茎缠绕，具细棱。叶三角状卵形或宽卵形，长 4 ~ 12 cm，全缘或 3 裂，先端渐尖，基部戟形或心状深凹；叶柄长 2 ~ 8 cm。花单生或成对生叶腋；花梗长可达 10 cm；花冠漏斗状，白色，稀淡红色或淡紫色，长 5 ~ 7 cm。

分布与生境：产于黑龙江、吉林、辽宁、内蒙古、河北、陕西、甘肃、新疆、山东、江苏、安徽、浙江、福建、江西、湖北、湖南、广西、贵州、四川、云南及西藏，生于海拔 2 600 m 以下路边、田野、溪边草丛或林缘。

食用部位与食用方法：秋末挖根，经洗净后，可炖食或炒食。将幼苗、初夏采摘嫩叶洗净，经沸水焯、清水漂洗，去除苦味后，可炒食、煮食、做汤或做粥。

23. 七爪龙（旋花科 Convolvulaceae）

Ipomoea mauritiana Jacq.

识别要点：多年生草质缠绕藤本，长达 10 m，全株无毛。根粗壮，稍肉质。叶近圆形，长 7 ~ 18 cm，掌状 5 ~ 7 深裂，裂片披针形或椭圆形，全缘或波状；叶柄长 3 ~ 11 cm。花序腋生；花序梗长 2.5 ~ 20 cm；花梗长 0.9 ~ 2.2 cm；漏斗形花冠,淡红色或红紫色，长 5 ~ 6 cm。蒴果卵球形，长 1.2 ~ 1.4 cm。种子 4 粒。

分布与生境：产于福建、台湾、广东、海南、广西及云南，生于海拔 1100 m 以下滨海矮林、溪边、灌丛中。日本、东南亚及太平洋诸岛有分布。

食用部位与食用方法：块根富含淀粉，可提取食用。

食疗保健与药用功能：块根性寒，味苦，有健胃之功效。

24. 小野芝麻（唇形科 Lamiaceae）

Galeobdolon chinense (Benth.) C. Y. Wu

识别要点：一年生草本，高 10 ~ 60 cm。常具球形或椭球形块根。茎四棱，密被毛。单叶，对生，叶片卵形、卵状长圆形或宽披针形，长 1.5 ~ 8 cm，基部宽楔形，叶缘具圆齿状锯齿，叶面被平伏毛，叶背有茸毛；叶柄长 0.5 ~ 1.2 cm。轮伞花序，具 2 ~ 4 朵花；花冠唇形，白色，长约 2 cm。

分布与生境：产于江苏、安徽、浙江、台湾、福建、江西、湖北、湖南、广东及广西，生于海拔 300 m 以下疏林中。

食用部位与食用方法：春季或秋季采挖块根，清水洗净后，可供食用，其脆嫩无纤维，宜作腌制酱菜或泡菜，口感咸鲜清脆，亦可与其他原料一起煮食、炖食或炒食。

25. 块根小野芝麻（唇形科 Lamiaceae）

Galeobdolon tuberiferum (Makino) C. Y. Wu

识别要点：多年生草本，高 10 ~ 20 cm。主根顶端具球形或长球形块根。茎四棱，细长，被微毛。单叶，对生，叶片卵状菱形，长 1 ~ 2 cm，基部宽楔形，叶缘具圆齿状锯齿，叶面被平伏毛，叶背有硬毛；叶柄长 0.5 ~ 1.5 cm。轮伞花序，具 4 ~ 8 朵花；花冠唇形，紫红色或淡红色，长约 1.3 cm。

分布与生境：产于台湾、江西、湖北、湖南、广东北部及广西，生于海拔 300 m 以下村边阴湿地或山麓。日本有分布。

食用部位与食用方法：春季或秋季采挖块根，清水洗净后，可供食用，其脆嫩无纤维，宜作腌制酱菜或泡菜，口感咸鲜清脆，亦可与其他原料一起煮食、炖食或炒食。

26. 甘西鼠尾草（唇形科 Lamiaceae）

Salvia przewalskii Maxim.

识别要点：多年生草本，高达 60 cm。茎四棱，密被短柔毛。单叶对生，叶片三角状戟形或长圆状披针形，长 5 ~ 11 cm，先端尖，基部心形或戟形，边缘有圆齿状牙齿，叶面被细硬毛，叶背密被灰白色茸毛；叶柄长 1 ~ 4 cm，被毛。轮伞花序组成总状花序或圆锥花序，密被柔毛；花冠唇形，紫红色或红褐色，长 2.1 ~ 4 cm。

分布与生境：产于甘肃、青海、湖北、四川、云南及西藏，生于海拔 1 100 ~ 4 000 m 林缘、沟边或灌丛中。

食用部位与食用方法：同丹参。

食疗保健与药用功能：同丹参。

27. 丹参（唇形科 Lamiaceae）

Salvia miltiorrhiza Bunge

识别要点：多年生草本，高 40 ~ 80 cm。主根肉质，深红色。茎四棱，密被长毛。奇数羽状复叶，对生，小叶 3 ~ 5（~ 7）枚，小叶片卵形、椭圆状卵形或宽披针形，长 1.5 ~ 8 cm，先端尖或渐尖，基部圆或偏斜，边缘有圆齿，两面被毛；叶柄长 1.3 ~ 7.5 cm，密被倒向长柔毛。轮伞花序组成总状花序，长 4.5 ~ 17 cm，密被毛；花冠唇形，紫蓝色，长 2 ~ 2.7 cm。

分布与生境：产于辽宁、陕西、河北、河南、山西、山东、江苏、安徽、浙江、江西、湖北及湖南，生于海拔 1 300 m 以下山坡、林下草丛中或溪边。日本有分布。

食用部位与食用方法：肉质主根可煲汤做药膳食用，适于心血管亚健康人群。

食疗保健与药用功能：性微寒，味苦，归心、肝二经，有加强心肌收缩力、改善心脏功能；扩张冠状动脉，增加心肌血流量；还可抗血栓形成，提高纤溶酶活性；主要用于心脏、血管疾病的预防及治疗。

28. 南丹参（唇形科 Lamiaceae）

Salvia bowleyana Dunn

识别要点：多年生草本，高达 1 m。茎四棱，粗壮。1 回羽状复叶，对生，长 10 ~ 20 cm，叶柄长 4 ~ 6 cm；小叶 5 ~ 7 枚，顶生小叶片卵状披针形，长 4 ~ 7.5 cm，先端渐尖或尾尖，基部圆形或浅心形，边缘有齿，两面无毛。轮伞花序组成总状花序或圆锥花序，长 14 ~ 30 cm，密被柔毛及腺毛；花冠唇形，紫色或蓝紫色，长 1.9 ~ 2.4 cm。

分布与生境：产于浙江、福建、江西、湖北、湖南、广东及广西，生于海拔 1 000 m 以下山地、路旁、林下或水边。

食用部位与食用方法：同丹参。

食疗保健与药用功能：同丹参。

紫葳科 Bignoniaceae

29. 鸡肉参（紫葳科 Bignoniaceae）

Incarvillea mairei (Lévl.) Grierson

识别要点：多年生草本，高 30 ~ 40 cm；主根粗长。无茎。1 回羽状复叶；侧生小叶 2 ~ 3 对，卵形，顶生小叶宽卵圆形，长达 11 cm，宽 9 cm，具钝齿。总状花序顶生，着花 2 ~ 4 朵，花葶长达 22 cm；花梗长 1 ~ 3 cm，花紫红色或粉红色。蒴果长 6 ~ 8 cm。种子多数，膜质具翅。

分布与生境：产于青海、四川、云南及西藏，生于海拔 2 400 ~ 4 500 m 石砾堆。

食用部位与食用方法：根可作药膳食用，如炖肉等，适于亚健康人群。

食疗保健与药用功能：性温，味甘、淡，归肝、脾、肾三经，有补血、调经、健胃之功效，可治贫血、消化不良等病症。

桔梗科 Campanulaceae

30. 羊乳（桔梗科 Campanulaceae）

Codonopsis lanceolata (Sieb. & Zucc.) Trautv.

识别要点：多年生缠绕草本，长约 1 m，常有多数短细分枝，有乳汁。根肉质，常肥大，呈纺锤状，长 10 ~ 20 cm。单叶，在主茎互生，披针形或菱状窄卵形，长 0.8 ~ 1.4 cm，在小枝顶端通常 2 ~ 4 枚簇生，或近对生或轮生状，菱状卵形、窄卵形或椭圆形，长 3 ~ 10 cm，通常全缘或有疏波状齿。花单生或对生于小枝顶端；花萼裂片长 1.3 ~ 3 cm；花冠宽钟状，长 2 ~ 4 cm，直径 2 ~ 3.5 cm，黄绿色或乳白色内有紫色斑。蒴果半球形。花果期 7 ~ 8 月。

分布与生境：产于黑龙江、吉林、辽宁、河北、山东、山西、河南、江苏、安徽、浙江、福建、江西、湖北、湖南、广东、广西及贵州，生于海拔 200 ~ 1 500 m 山地灌木林下、沟边阴湿地或阔叶林内。日本、朝鲜半岛和俄罗斯远东地区有分布。

食用部位与食用方法：肉质根部经洗净、切片或切丝或切段后，可凉拌、炒食、炖食或腌制食用，也可提取淀粉，制作糕点或酿酒。嫩茎叶经沸水焯一下，换清水浸泡去异味后，可炒食或凉拌。

食疗保健与药用功能：味甘、辛，性平，有消肿排脓、清热解毒、补血催乳、祛痰之功效，适用于肺痈、乳痈、肠痈、乳少、肿毒、淋巴结核等病症。

31. 党参（桔梗科 Campanulaceae）

Codonopsis pilosula (Franch.) Nannf.

识别要点：多年生缠绕草本，长 1 ~ 2 m，有乳汁。根肉质，常肥大，呈纺锤状或纺锤状圆柱形，长 15 ~ 30 cm。单叶，在主茎及侧枝上互生，在小枝上近对生，卵形或窄卵形，长 1 ~ 6.5 cm，基部近心形，边缘具波状钝锯齿，分枝上叶渐狭，基部圆形或楔形。花单生枝端；花萼裂片长 1.4 ~ 1.8 cm；花冠宽钟状，黄绿色，内面有紫斑。蒴果半球形。花果期 7 ~ 10 月。

分布与生境：产于黑龙江、吉林、辽宁、陕西、甘肃、宁夏、青海东部、内蒙古、河北、河南、山西、山东、湖北、湖南、重庆、贵州、四川、云南及西藏，生于海拔 900 ~ 3 900 m 山地林缘、灌丛或林中。韩国、蒙古、俄罗斯远东地区有分布。

食用部位与食用方法：肉质根部为补品，秋季采挖，可作药膳食用，可炖食、煮食、做馅、泡酒等，适于亚健康人群。

食疗保健与药用功能：味甘，性平，有健脾益肺、养血生津、补气血、催乳、祛痰、止咳、止血、益气等功效，有增加血色素、红细胞、白细胞、收缩子宫、抑制心动过速等作用，适用于脾肺气虚、食少倦怠、咳嗽虚喘、气血不足、面色萎黄、心悸气短、津伤口渴、内热消渴等病症。

32. 管花党参（桔梗科 Campanulaceae）

Codonopsis tubulosa Kom.

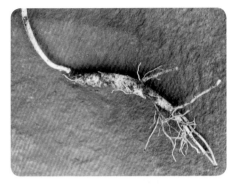

识别要点：多年生蔓性草本，长 1 ~ 3 m，有乳汁。根肉质，肥大，呈纺锤状或纺锤状圆柱形，长 10 ~ 20 cm。单叶对生，卵形、卵状披针形或窄卵形，长 2.5 ~ 8 cm，基部楔形或近圆形，边缘近全缘，两面被柔毛。花单生枝端；花萼裂片长 1 ~ 1.8 cm，密被毛；花冠管状，长 2 ~ 3.5 cm，黄绿色。蒴果半球形。花果期 7 ~ 10 月。

分布与生境：产于贵州、四川及云南，生于海拔 1 900 ~ 3 000 m 山地灌丛或草丛中。

食用部位与食用方法：肉质根部为补品，秋季采挖，可作药膳食用，可炖食、煮食、做馅、泡酒等，适于亚健康人群。

食疗保健与药用功能：民间代党参用。

33. 桔梗（桔梗科 Campanulaceae）

Platycodon grandiflorus (Jacq.) A. DC.

识别要点：多年生草本，有白色乳汁。根多肉肥厚，胡萝卜状。茎直立，不分枝，通常无毛。叶轮生、部分轮生至全部互生，叶片卵形、卵状椭圆形或披针形，长 2 ~ 7 cm，先端急尖，基部楔形或圆钝，边缘有细锯齿，两面无毛或有时叶背脉上有毛，叶背常有白粉；无叶柄或有极短的柄。花单朵顶生，或数朵集生成假总状花序或圆锥花序；花冠漏斗状钟形，蓝色或蓝紫色，长 1.5 ~ 4 cm，花冠裂片 5 片。蒴果近球形。花期 7 ~ 9 月。

分布与生境：产于黑龙江、吉林、辽宁、内蒙古、河北、山西、陕西、河南、山东、江苏、安徽、浙江、福建、江西、湖北、湖南、广东、广西、重庆、贵州、四川及云南，生于海拔 2 000 m 以下阳坡草地或灌丛中，少生于林下。日本、朝鲜半岛和俄罗斯东部有分布。

食用部位与食用方法：在早春或晚秋，挖取地下肉质根，经洗净、煮熟后剥皮，在清水中浸去苦味，撕成细丝、炒食、凉拌、炖食、制腌菜或做果脯食用。嫩茎叶经沸水焯，入清水浸泡，去除苦味后，可凉拌、炒食、做汤或盐渍。

食疗保健与药用功能：味辛、苦，性平，入肺经，有开宣肺气、祛痰排脓之功效，适用于外感咳嗽、咽喉肿痛、肺痈吐脓等病症。

34. 杏叶沙参（桔梗科 Campanulaceae）

Adenophora petiolata Pax & Hoffm. subsp. *hunanensis* (Nannf.) D. Y. Hong & S. Ge

识别要点：多年生草本，有白色乳汁。根多肉肥厚，胡萝卜状。茎直立，不分枝，高 60 ~ 120 cm。单叶，互生；茎生叶大多具柄或至少下部叶具柄；叶片卵圆形、卵形或卵状披针形，长 3 ~ 10（~ 15）cm，先端急尖或渐尖，基部宽楔形，边缘有锯齿，两面被短毛。花序分枝长，常组成大而疏散的圆锥花序；花梗极短而粗壮，长 2 ~ 3 mm；花冠钟形，蓝色、蓝紫色或紫色，长 1.5 ~ 2 cm。蒴果球形或椭球形，或近卵状。花期 7 ~ 9 月。

分布与生境：产于山西、河北、河南、陕西南部、江西、湖北、湖南、广东、广西、贵州、重庆及四川，生于海拔 2 000 m 以下山坡草地或林缘草地。

食用部位与食用方法：将肉质根部洗净，去皮、煮熟后在清水中浸去苦味，可炒食、炖肉、涮火锅、凉拌或制腌菜。

35. 轮叶沙参（桔梗科 Campanulaceae）

Adenophora tetraphylla (Thunb.) Fisch.

识别要点：多年生草本，有白色乳汁。根多肉肥厚，胡萝卜状。茎直立，不分枝。茎生叶 3 ~ 6 枚轮生，叶片卵圆形或狭卵形，长 2 ~ 14 cm，先端急尖，基部楔形，边缘有锯齿，两面疏生毛；无叶柄。花序分枝大多轮生；花细钟形，蓝色或蓝紫色；花梗短。蒴果球状圆锥形或卵状圆锥形。花期 7 ~ 9 月。

分布与生境：产于黑龙江、吉林、辽宁、内蒙古、河北、河南、山西、山东、江苏、安徽、浙江、台湾、福建、江西、湖南、广东、广西、贵州、四川及云南，生于海拔 2 000 m 以下草地或灌丛中。日本、朝鲜半岛、俄罗斯东部、越南和老挝有分布。

食用部位与食用方法：将肉质根部洗净，剥皮、煮熟后在清水中浸去苦味，可炒食、炖食、凉拌或制腌菜。嫩茎叶经沸水焯，换清水浸泡后，可做汤或炒食。

食疗保健与药用功能：味甘、微苦，性凉，有养阴清肺、祛痰止咳之功效，可治肺热燥咳、虚痨久咳、阴伤、咽干喉痛等病症。

菊科 Asteraceae/Compositae

36. 牛蒡（菊科 Asteraceae/Compositae）

Arctium lappa L.

识别要点：二年生草本，高达 2 m，全株被黄色小腺点。茎被蛛丝状毛。叶宽卵形或心形，长 20 ~ 30 cm，宽达 21 cm，叶面疏生糙毛，叶背被绒毛；叶柄长达 32 cm，被蛛丝状绒毛。头状花序排成伞房或圆锥状伞房花序，外被软骨质钩刺；花紫红色。花期 6 ~ 9 月。

分布与生境：除台湾、海南和西藏外，全国其他省区均产，生于海拔 700 ~ 3 500 m 山谷、林缘、林中、灌丛中、河边潮湿地、村庄路旁或荒地。广泛分布于欧亚大陆至日本。

食用部位与食用方法：秋冬季挖肉质根，经切片、浸泡去涩味后，可炒食、凉拌、做馅、腌咸菜或做果脯。幼嫩苗或嫩叶洗净，经沸水焯，换清水漂洗后可炒食、做汤、凉拌或盐渍食用。

食疗保健与药用功能：味苦，性寒，有祛风热、消肿毒之功效，可治风毒面肿、头晕、咽喉热肿、齿痛、咳嗽、消渴等病症。

37. 蓟 大蓟（菊科 Asteraceae/Compositae）

Cirsium japonicum DC.

识别要点：多年生草本，高 30 ～ 150 cm。肉质圆锥状根。茎被长毛。基生叶长倒卵形、倒披针形或椭圆形，长 8 ～ 20 cm，羽状深裂至几乎全裂，叶缘有针刺及刺齿；无叶柄；茎上部叶渐小。头状花序顶生；花紫色或玫瑰色。

分布与生境：产于内蒙古、河北、陕西、青海、山东、江苏、浙江、福建、台湾、江西、湖北、湖南、广东、广西、重庆、贵州、四川及云南，生于海拔 400 ～ 2 100 m 山坡林中、林缘、灌丛、草地、荒地、田间、路边或溪旁。俄罗斯远东地区、朝鲜半岛、日本及越南有分布。

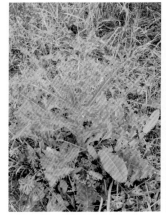

食用部位与食用方法：秋末挖取肉质根，去杂洗净，水煮后可腌制酱菜食用。嫩茎叶或嫩苗洗净，用沸水焯一下，换清水漂洗，可炒食、凉拌、做汤、和面蒸食、晒干菜或腌制咸菜食用。

食疗保健与药用功能：有凉血、散瘀之功效。

38. 菊苣（菊科 Asteraceae/Compositae）

Cichorium intybus L.

识别要点：多年生草本，高 40 ～ 110 cm，植株有乳汁；主根粗壮。基生叶莲座状，倒披针状长椭圆形，长 25 ～ 34 cm，大头状倒向羽状分裂，疏生尖锯齿；茎生叶卵状倒披针形或披针形，无叶柄。头状花序单生或集生于茎枝顶端，或排成穗状花序；花序由舌状花组成，蓝色。花期 5 ～ 9 月。

分布与生境：产于黑龙江、吉林、辽宁、河北、河南、山西、陕西、甘肃、新疆、山东、台湾，生于滨海荒地、河边、沟边或山坡。广泛分布于欧洲、亚洲及北非。

食用部位与食用方法：根及嫩叶可食，叶作生菜，根含菊糖及芳香物质。

39. 刺芋（天南星科 Araceae）

Lasia spinosa (L.) Thwait.

识别要点：多年生有刺草本，高 1 ~ 2 m。根肉质，圆柱形。茎圆柱形，直径 2 ~ 4 cm，横走。幼株叶片戟形，成年植株叶片鸟足状羽状深裂，长宽均 20 ~ 60 cm，叶背脉上有刺；叶柄长 32 ~ 125 cm，有刺。

分布与生境：产于台湾、广东、海南、广西、云南及西藏，生于海拔 1 500 m 以下田边、沟旁、阴湿草丛或竹丛中。孟加拉国、印度、马来西亚、中南半岛至印度尼西亚有分布。

食用部位与食用方法：肉质根、嫩根状茎可炒食、炖食、煮食。幼叶供蔬食。

食疗保健与药用功能：根状茎药用，性平，味辛，有健胃、消食之功效。

百合科 Liliaceae

40. 多刺天门冬（百合科 Liliaceae）

Asparagus myriacanthus F. T. Wang & S. C. Chen

识别要点：亚灌木，披散，多刺，高达 2 m。根直径约 3 mm。小枝（叶状枝）近叶状，（3 ~ ）6 ~ 14 枝成簇，长 0.6 ~ 2 cm，宽 0.5 ~ 1 mm。叶鳞片状，基部延伸为长 4.5 ~ 8 mm 硬刺。花黄绿色。浆果球形，直径 5 ~ 6 mm。花期 5 月，果期 7 ~ 9 月。

分布与生境：产于四川、云南及西藏，生于海拔 2 100 ~ 3 100 m 开旷山坡、河岸多沙荒地或灌丛下。

食用部位与食用方法：块根可食，或作药膳。

食疗保健与药用功能：有滋阴润燥、清肺热、止咳嗽之功效。

41. 天门冬（百合科 Liliaceae）

Asparagus cochinchinensis (Lour.) Merr.

识别要点：攀缘植物。根中部或近末端呈纺锤状，膨大部分长 3 ~ 5 cm，粗 1 ~ 2 cm。茎长 1 ~ 2 m，分枝具棱或窄翅；小枝（叶状枝）近叶状，常 3 枝成簇，长 0.5 ~ 8 cm，宽 1 ~ 2 mm。叶鳞片状，基部延伸为长 2.5 ~ 3.5 mm 硬刺。花淡绿色。浆果球形，直径 6 ~ 7 mm。花期 5 ~ 6 月，果期 8 ~ 10 月。

分布与生境：产于陕西、甘肃、河北、山西、山东、江苏、安徽、浙江、福建、台湾、江西、湖北、湖南、广东、海南、广西、贵州、四川、云南及西藏，生于海拔 1 800 m 以下山坡、路边、疏林下、山谷或荒地。朝鲜、日本、越南和老挝有分布。

食用部位与食用方法：块根可食，或作药膳。

食疗保健与药用功能：味甘、苦，性寒，有滋阴、润燥、生津、清肺、降火之功效，适用于阴虚发热、咳嗽吐血、肺痿、咽喉肿痛、消渴、便秘等病症。

42. 攀缘天门冬（百合科 Liliaceae）

Asparagus brachyphyllus Turcz.

识别要点：攀缘植物。块根近圆柱状，粗 7 ~ 15 mm。茎长达 1 m，小枝（叶状枝）近叶状，4 ~ 10 枝成簇，长 0.4 ~ 2 cm，宽约 0.5 mm。叶鳞片状，基部延伸为长 1 ~ 2 mm 的刺状短距。花淡紫褐色。浆果球形，成熟时红色，直径 6 ~ 7 mm。花期 5 ~ 6 月，果期 8 月。

分布与生境：产于吉林、辽宁、陕西、宁夏、甘肃、青海、内蒙古、河北、河南、山东及山西，生于海拔 800 ~ 2 000 m 山坡、田边或灌丛中。朝鲜、蒙古有分布。

食用部位与食用方法：块根可食，或作药膳。

食疗保健与药用功能：有滋补、抗衰老、祛风、除湿之功效。

43. 矮小山麦冬（百合科 Liliaceae）

Liriope minor (Maxim.) Makino

识别要点：多年生草本。根分枝多，近末端有时生成纺锤形小块根。茎很短。叶基生，密集成丛，禾叶状，长 7～20 cm，宽 2～4 cm。花葶长达 6～7 cm；总状花序长 1～3 cm；花淡紫色。果在早期开裂，露出种子。种子浆果状，球形，直径 4～5 mm。花期 6～7 月。

分布与生境：产于辽宁、陕西、河南、江苏、安徽、浙江、台湾、福建、湖北、广西北部及四川，生于海拔 600～2 600 m 林中、山边阴地或草坡。日本有分布。

食用部位与食用方法：小块根可食，或作药膳。

食疗保健与药用功能：适用于阴虚内热、津枯口渴、虚劳咳嗽、燥咳痰稠、便秘等病症。

44. 禾叶山麦冬（百合科 Liliaceae）

Liriope graminifolia (L.) Baker

识别要点：多年生草本。根分枝多，有时有纺锤形小块根。茎很短。叶基生，密集成丛，禾叶状，长 20～50 cm，宽 2～4 mm。花葶长 20～48 cm；总状花序长 6～15 cm；花白色或淡紫色。果在早期开裂，露出种子。种子成熟时蓝黑色，直径 4～5 mm。花期 6～8 月，果期 9～11 月。

分布与生境：产于陕西、甘肃、河北、河南、山西、山东、江苏、安徽、浙江、台湾、福建、江西、湖北、湖南、广东、海南、广西、贵州、四川及云南，生于海拔 2 300 m 以下山坡、山谷林下、灌丛中、石缝或草丛中。

食用部位与食用方法：小块根可食，或作药膳。

食疗保健与药用功能：有润肺止咳、滋阴生津、清心除烦之功效。

45. 山麦冬（百合科 Liliaceae）

Liriope spicata (Thunb.) Lour.

识别要点：多年生草本。根分枝多，近末端生成长圆形、椭圆形或纺锤形肉质小块根。茎很短。叶基生，密集成丛，禾叶状，长 25 ~ 60 cm，宽 4 ~ 6 mm，叶面粉绿色。花葶长 25 ~ 65 cm；总状花序长 6 ~ 20 cm；花淡紫色或淡蓝色。果在早期开裂，露出种子。种子直径约 5 mm。花期 5 ~ 7 月，果期 8 ~ 10 月。

分布与生境：产于辽宁、陕西、甘肃、河北、河南、山西、山东、江苏、安徽、浙江、福建、台湾、江西、湖北、湖南、广东、海南、广西、贵州、四川及云南，生于海拔 1 800 m 以下山坡、林下或湿地。日本和越南有分布。

食用部位与食用方法：块根可食，炒、炖或做糕点、酱菜或药膳均可。

食疗保健与药用功能：味甘，微苦，有养阴润肺、清心除烦、益胃生津之功效，可治肺燥干咳、吐血、咯血、肺痿、虚劳烦热、消渴、热病津伤、咽干口燥、便秘等病症。

46. 阔叶山麦冬（百合科 Liliaceae）

Liriope muscari (Decaisne) Bailey

识别要点：多年生草本。根分枝多，近末端有时生成纺锤形小块根，小块根长达 3.5 cm，粗 7 ~ 8 mm。茎很短。叶基生，密集成丛，禾叶状，长 25 ~ 65 cm，宽 1 ~ 3.5 cm。花葶长达 1 m；总状花序长 25 ~ 40 cm；花紫色或紫红色。果在早期开裂，露出种子。种子成熟时黑紫色，直径 6 ~ 7 mm。花期 7 ~ 8 月，果期 9 ~ 10 月。

分布与生境：产于陕西、河南、山东、江苏、安徽、浙江、福建、台湾、江西、湖北、湖南、广东、广西、贵州及四川，生于海拔 100 ~ 1 400 m 山地、山谷的疏密林下或潮湿处。日本有分布。

食用部位与食用方法：小块根可食，或作药膳。

食疗保健与药用功能：性平寒，味甘，归肺、心、胃三经，有补肺养胃、滋阴生津之功效。

47. 麦冬（百合科 Liliaceae）

Ophiopogon japonicus (L. f.) Ker Gawl.

识别要点：多年生草本。根较粗，中间或近末端生成椭球形或纺锤形小块根，小块根长 1 ~ 1.5 cm，粗 0.5 ~ 1 cm。茎很短。叶基生，密集成丛，禾叶状，长 10 ~ 50 cm，宽 1.5 ~ 3.5 mm。花葶长 6 ~ 15（~ 27）cm；总状花序长 2 ~ 5 cm；花白色或淡紫色。果在早期开裂，露出种子。种子直径 7 ~ 8 mm。花期 5 ~ 8 月，果期 8 ~ 9 月。

分布与生境：产于陕西、河北、河南、山东、江苏、安徽、浙江、台湾、福建、江西、湖北、湖南、广东、广西、贵州、四川及云南，生于海拔 200 ~ 2 800 m 山坡阴湿地、林下或溪边。日本、越南和印度有分布。

食用部位与食用方法：秋末挖取块根，经去杂、洗净后，可烧肉、做汤或煮粥食用，或作药膳。

食疗保健与药用功能：性微寒，味甘、微苦，有养阴、生津、润肺、止咳、清心除烦之功效。

芭蕉科 Musaceae

48. 象头蕉 树头芭蕉（芭蕉科 Musaceae）

Ensete wilsonii (Tutch.) Cheesman

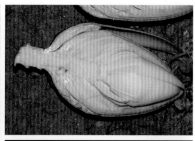

识别要点：多年草本，高 6 ~ 12 m；根状茎短；地上茎包藏于由叶鞘层层包叠形成的粗壮假茎中，假茎胸径 15 ~ 25 cm。叶螺旋状集生于茎顶，叶片长圆形，长 1.8 ~ 2.5 m，宽 60 ~ 80 cm，基部心形；叶柄长 40 ~ 60 cm。花序下垂，苞片外面紫黑色，被白粉；花淡黄色。浆果圆柱形，长 10 ~ 13 cm，直径约 4.5 cm，直；果柄长 3.5 ~ 4.5 cm，密被白色短毛，果内几乎全是种子。

分布与生境：产于广西西北部、贵州西南部及云南东南部，生于海拔 2 000 m 以下沟谷潮湿肥土地带。越南及老挝有分布。

食用部位与食用方法：根头、假茎、花可作野菜或当饭食用。

滇黄精

大百合

穿龙薯蓣

蕺菜

甘薯

野慈姑

地蚕

（二）茎类野菜

　　茎是叶、花等器官着生的轴。茎通常在叶腋处有芽，由芽发生茎的分枝。茎或枝上着生叶的部位叫节；各节之间的距离叫节间；节间中空的草本茎，称秆。茎类野菜是食用部分为茎的一类野菜。

毛竹

三白草科 Saururaceae

1. 蕺菜 鱼腥草（三白草科 Saururaceae）

Houttuynia cordata Thunb.

识别要点：多年生草本，高达 60 cm。植株揉碎后散发鱼腥气味。具下部伏地的根状茎，节上生不定根，茎上部直立，有时紫红色。叶密被腺点，宽卵形或卵状心形，长 4 ~ 10 cm，先端短骤尖，基部心形，基出脉 5（~ 7）条，叶背常带紫色；叶柄长 1 ~ 4 cm，托叶鞘长 0.5 ~ 2.5 cm。穗状花序长 1 ~ 2.5 cm，具白色花瓣状苞片。

分布与生境：产于河南、陕西、甘肃、江苏、安徽、浙江、福建、台湾、江西、湖北、湖南、广东、海南、广西、四川、贵州、云南及西藏，生于海拔 2 500 m 以下沟边、溪边、林下、湿地及田边。亚洲东部至东南部广泛分布。

食用部位与食用方法：根状茎和嫩茎叶可作蔬菜食用，可炒食、凉拌，亦可经沸水烫后腌食或制干菜食。凉拌：将根状茎或嫩茎叶洗净，切成小段，放入盆中，加入盐、酱油、白糖、醋、鸡精、香油（芝麻油）、辣椒油，拌匀即可。

食疗保健与药用功能：味辛，性凉，有清热解毒、清肺止咳、利尿消肿之功效，适用于肺热咳嗽、肺脓肿、疟疾、水肿、淋病、白带、痔疮、脱肛、湿疹、秃疮、肠炎、痢疾、疥癣、肾炎等病症，还可用于防治胃癌、贲门癌、肺癌等病症。

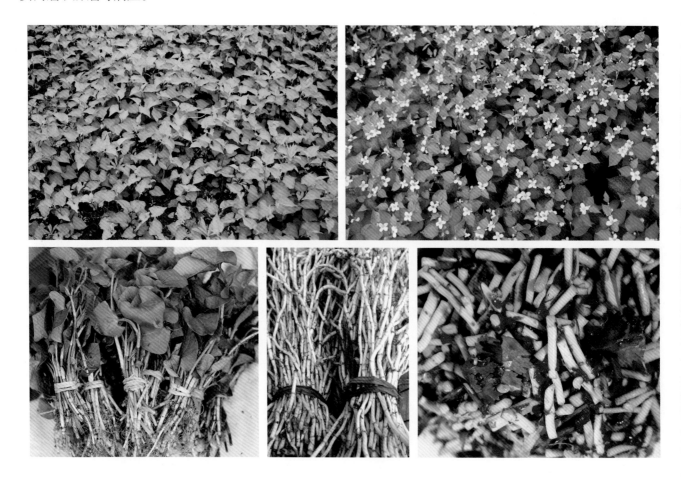

杨柳科 Salicaceae

2. 胡杨（杨柳科 Salicaceae）

Populus euphratica Oliv.

识别要点：落叶乔木。枝内富含盐分，味咸。单叶互生，叶片卵圆形、卵圆状披针形、三角状卵圆形或肾形，上部有粗齿，基部有 2 个腺点，两面均灰蓝色，无毛；叶柄微扁，约与叶片等长。雄花序细圆柱形，长 2 ~ 3 cm，花序轴有绒毛，雄蕊花药紫红色；苞片略菱形，长约 3 mm；雌花序长约 2.5 cm，花序轴有绒毛或无毛，柱头鲜红色或黄绿色。果序长达 9 cm；蒴果长卵圆形，长 1 ~ 1.2 cm，2 ~ 3 瓣裂，无毛。花期 5 月，果期 7 ~ 8 月。

分布与生境：产于内蒙古西部、山西、宁夏、甘肃、青海及新疆，多生于盆地、河谷和平原，在准噶尔盆地为海拔 250 ~ 600 m，在伊犁河谷为 600 ~ 750 m，在天山南坡上限为 1 800 m，在塔什库尔干和昆仑山为 2 300 ~ 4 114 m，在塔里木河岸最常见。蒙古、俄罗斯、中亚、埃及、叙利亚、印度、伊朗、阿富汗、巴基斯坦及土耳其有分布。

食用部位与食用方法：树皮可食，民间用于蒸馒头或做面条；嫩叶经沸水焯、清水漂洗后，可炒食。

蛇菰科 Balanophoraceae

3. 印度蛇菰（蛇菰科 Balanophoraceae）

Balanophora indica (Arn.) Griff.

识别要点：草本，高达 25 cm。根茎橙黄色至褐色，直径达 9 cm，常分枝；单个分枝近球形，宽 0.5 ~ 5.5 cm，有粗厚的方格状凸起。花茎红色，长 7.2 ~ 20 cm；鳞状苞片橙红色，10 ~ 20 枚，散生或旋转着生，宽卵形或长圆状卵形，长 3 cm，中部肉质；雄花序红色，卵状椭球形，长 5 ~ 10 cm；雄花密集。花期 10 ~ 12 月。

分布与生境：产于海南、广西及云南，生于海拔 900 ~ 1 500 m 常绿阔叶林中。印度、缅甸、越南、马来西亚至大洋洲有分布。

食用部位与食用方法：全株可作药膳食用，民间为补品，适于体虚亚健康人群。

莲科 Nelumbonaceae

4. 莲 荷花（莲科 Nelumbonaceae）
Nelumbo nucifera Gaertn.

识别要点：多年生水生草本。根状茎肥厚，横生泥中，节长。叶片盾状圆形，伸出水面，直径 25 ~ 90 cm；叶柄长 1 ~ 2 m，中空。花单生于花葶顶端；花托倒圆锥形。坚果椭球形或卵球形，黑褐色，长 1.5 ~ 2.5 cm，生于花托穴内。种子种皮红色或白色。果期 8 ~ 10 月。

分布与生境：我国南北各地均有分布，自生或在池塘及水田内栽培。俄罗斯、朝鲜、日本以及亚洲南部和大洋洲有分布。

食用部位与食用方法：根状茎粗壮部分称藕，可凉拌、炒食、做馅或炖食，也可制成藕粉；根状茎先端细长部分为藕尖，亦可炒食或凉拌。莲花可炒食或拖面炸食。坚果称莲子，去壳后可食用种子，种皮红色者称红莲，种皮白色者称白莲，可煮粥、煮汤或炖食等。

食疗保健与药用功能：生藕味甘，性寒，有除烦解渴、清热生津、健脾生肌、开胃消食、凉血、止血、散瘀之功效；熟藕性温，有补心生血、健脾开胃、滋养强壮之功效。莲花有活血止血、祛湿消风之功效。莲子味甘、涩，性平，有补脾止泻、安神养心、益肾涩精、收涩止带之功效，适用于脾虚泄泻、遗精滑精、带下清稀、虚烦心悸、失眠多梦等病症；莲心（绿色的胚）味苦，性寒，有清心安神、交通心肾、涩精止血之功效，适用于热入心包、心肾不交、失眠遗精、血热等病症。

5. 萍蓬草（睡莲科 Nymphaeaceae）

Nuphar pumila (Timm.) DC.

识别要点：多年生水生草本。根状茎肥厚，直径 2 ~ 3 cm。叶生于根状茎顶端，浮水叶卵形或宽卵形，长 6 ~ 17 cm，宽 6 ~ 12 cm，基部具弯缺，叶面无毛，叶背密被柔毛；沉水叶无毛；叶柄长 20 ~ 50 cm。

分布与生境：产于黑龙江、吉林、新疆、内蒙古、河北、河南、江苏、安徽、浙江、福建、台湾、江西、湖北、广东、广西及贵州，生于湖沼和池塘中。俄罗斯、日本，以及欧洲有分布。

食用部位与食用方法：根状茎含淀粉，可食用。

6. 睡莲（睡莲科 Nymphaeaceae）

Nymphaea tetragona Georgi

识别要点：多年生水生草本。根状茎粗短。叶漂浮，心状卵形或卵状椭圆形，长 5 ~ 12 cm，宽 3.5 ~ 9 cm，基部具深弯缺，全缘，叶面深绿色，叶背带红色或紫色；叶柄长达 60 cm。花瓣白色。

分布与生境：产于黑龙江、吉林、辽宁、内蒙古、河北、河南、山西、陕西、新疆、山东、江苏、安徽、福建、台湾、江西、湖北、湖南、广东、海南、广西、贵州、四川、云南及西藏，生于池塘或沼泽中。俄罗斯、朝鲜、日本、印度、越南等国有分布。

食用部位与食用方法：根状茎含淀粉，可食用或酿酒。

7. 延药睡莲（睡莲科 Nymphaeaceae）

Nymphaea nouchali N. L. Burm.

识别要点：多年生水生草本。根状茎粗短。叶漂浮，圆形或椭圆形，长 7 ~ 19 cm，宽 7 ~ 10 cm，基部具弯缺，具浅波状钝齿，叶面绿色，叶背带紫色；叶柄长达 50 cm。花瓣白色带青紫色、蓝色或紫红色。

分布与生境：产于安徽、台湾、湖北、广东、海南、云南等省，生于池塘或沼泽中。阿富汗、孟加拉国、尼泊尔、巴基斯坦、缅甸、印度、越南、泰国、斯里兰卡、菲律宾和印度尼西亚有分布。

食用部位与食用方法：根状茎含淀粉，可食用。

樟科 Lauraceae

8. 阴香（樟科 Lauraceae）

Cinnamomum burmannii (Nees & T. Nees) Bl.

识别要点：乔木。树皮平滑，灰褐色至黑褐色；小枝绿色或绿褐色，无毛；树皮、枝皮及叶揉碎后有桂皮香味。单叶互生，叶片卵形、矩圆形或披针形，长 5.5 ~ 10.5 cm，先端短渐尖，基部宽楔形，无毛，离基 3 出脉；叶柄长 0.5 ~ 1.2 cm，无毛。花序长（2 ~）3 ~ 6 cm，花序梗与花序轴均密被灰白色微柔毛。果卵球形，长约 8 mm；果托高 4 mm，具 6 齿。

分布与生境：产于福建、江西、广东、海南、广西、贵州及云南，生于海拔 100 ~ 1 400 m 山地林中或灌丛中。印度、缅甸、越南、印度尼西亚及菲律宾有分布。

食用部位与食用方法：树皮可作肉桂代用品；叶可做罐头香料或火锅香料。

食疗保健与药用功能：性温，味辛，归脾经，有散寒、祛风、健胃、止心气痛之功效。

9. 肉桂（樟科 Lauraceae）

Cinnamomum cassia (L.) D. Don

识别要点：常绿乔木。树皮、幼枝及叶揉碎均具肉桂香。树皮灰褐色，老树皮厚达 1.3 cm；幼枝稍四棱，黄褐色，具纵纹，密被灰黄色绒毛。叶长椭圆形或近披针形，长 8 ~ 16 cm，先端稍骤尖，基部楔形，背面疏被毛，离基 3 出脉；叶柄长 1.2 ~ 2 cm，被黄色茸毛。

分布与生境：产于福建、江西、广东、海南、广西、贵州及云南，生于海拔 1 000 ~ 1 400 m 山地林中或灌丛中。印度、缅甸、越南、印度尼西亚及菲律宾有分布。

食用部位与食用方法：树皮、叶及果可做罐头香料或火锅香料。

食疗保健与药用功能：性温，味辛，有补火助阳、散寒止痛、温经通脉之功效，适用于肾阳虚衰所致的腰膝冷痛，寒凝所致的胃痛、消化不良、腹痛吐泻、闭经等病症。

虎耳草科 Saxifragaceae

10. 大叶子 山荷叶（虎耳草科 Saxifragaceae）

Astilboides tabularis (Hemsl.) Engl.

识别要点：多年生草本。根状茎粗，暗褐色，长达 35 cm。茎下部疏生硬腺毛。基生叶 1 枚，叶片盾状着生，叶片长 20 ~ 60 cm，掌状浅裂，边缘具齿状缺刻和不规则重锯齿，被毛；叶柄长 30 ~ 60 cm，有刺状硬腺毛；茎生叶小，掌状 3 裂或 5 裂。圆锥花序顶生；花多而小，白色。蒴果长 6 ~ 7 mm。

分布与生境：产于吉林及辽宁，生于山坡林下或山谷沟边。朝鲜半岛有分布。

食用部位与食用方法：根状茎富含淀粉，秋季挖取可酿酒、制醋；春季采摘嫩芽及嫩叶柄，可食。

11. 七叶鬼灯檠（虎耳草科 Saxifragaceae）

Rodgersia aesculifolia Batalin

识别要点：多年生草本。根状茎横走，直径 2 ~ 4 cm。掌状复叶，小叶 5 ~ 7 枚，边缘有重锯齿，被毛；叶柄长 15 ~ 40 cm，基部鞘状，被长柔毛；圆锥花序，花序轴被毛。蒴果卵球形，具喙。种子多数。

分布与生境：产于陕西、甘肃、宁夏、山西、河北、河南、浙江、湖北、湖南、四川、云南及西藏，生于海拔 1 100 ~ 3 800 m 林下、灌丛中、草甸或石隙中。

食用部位与食用方法：根状茎富含淀粉、糖类，秋季挖取可酿酒、制醋。

12. 羽叶鬼灯檠（虎耳草科 Saxifragaceae）

Rodgersia pinnata Franch.

识别要点：多年生草本。根状茎粗壮。近羽状复叶，小叶 6 ~ 9 枚，顶生者 3 ~ 5 枚，下部具轮生者 3 ~ 4 枚，小叶椭圆形或长圆形，长 8 ~ 32 cm，边缘有重锯齿；叶柄长 4 ~ 32 cm，基部和小叶着生处具褐色长柔毛。花序圆锥状，花序轴被毛。

分布与生境：产于贵州、四川及云南，生于海拔 2 000 ~ 3 800 m 林下、林缘、灌丛中、草甸或石隙中。

食用部位与食用方法：根状茎富含淀粉，秋季挖取可酿酒、制醋。

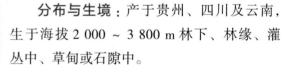

锁阳科 Cynomoriaceae

13. 锁阳（锁阳科 Cynomoriaceae）

Cynomorium songaricum Rupr.

识别要点：多年生根寄生肉质草本，全株红棕色，无叶绿素，高 15 ~ 100 cm，大部分埋于沙中。茎圆柱状，直立，棕褐色，直径 3 ~ 6 cm，被螺旋状排列脱落性鳞片叶，基部略增粗或膨大。鳞片叶卵状三角形，长 0.5 ~ 1.2 cm，宽 0.5 ~ 1.5 cm。穗状花序生于茎顶，棒状，长 5 ~ 16 cm，直径 2 ~ 6 cm，生密集的花和鳞片状苞片；花小，暗紫色，有香气。

分布与生境：产于内蒙古、陕西、甘肃、宁夏、青海及新疆，生于海拔 500 ~ 700 m 荒漠草原以及草原化荒漠与荒漠地带的河边、湖边、池边等生境，有白刺、枇杷柴生长的盐碱地区。中亚、伊朗、蒙古也有分布。

食用部位与食用方法：肉质茎含淀粉，可制糕点、酿酒及代食品。

食疗保健与药用功能：肉质茎供药用，味甘，性温，有补肾阳、益精血、润肠通便之功效，适用于阳痿遗精、腰膝酸软、肠燥便秘等病症，对瘫痪和改善性机能衰弱有一定的作用。

伞形科 Apiaceae

14. 鸭儿芹（伞形科 Apiaceae）

Cryptotaenia japonica Hassk.

识别要点：草本，高达 1 m。茎直立，有分枝，有时稍带淡紫色。基生叶或较下部的茎生叶有柄，柄长 5 ~ 20 cm，3 枚小叶；顶生小叶菱状倒卵形，近无柄，有不规则锐齿或 2 ~ 3 浅裂。花序圆锥状，花序梗不等长；伞形花序有花 2 ~ 4 朵。花梗极不等长。果线状长圆形，长 4 ~ 6 mm，宽 2 ~ 2.5 mm。花期 4 ~ 5 月，果期 6 ~ 10 月。

分布与生境：产于辽宁、河北、河南、山西、陕西、甘肃、安徽、江苏、浙江、台湾、福建、江西、湖北、湖南、广东、广西、贵州、四川及云南，生于海拔 200 ~ 2 400 m 山地、山沟及林下较阴湿地带。朝鲜、日本有分布。

食用部位与食用方法：摘去叶片，将嫩茎、叶柄切段，可炒食，或经沸水焯后可炒食、凉拌或做馅食用。

食疗保健与药用功能：味辛、苦，性平，有消炎、解毒、活血、消肿、增强人体免疫功能等功效，适用于跌打损伤、风火牙痛、皮肤瘙痒、带状疱疹、肺炎、肺脓肿、两目昏花、夜盲、百日咳、疝气、淋症等病症。

15. 短果茴芹（伞形科 Apiaceae）

Pimpinella brachycarpa (Kom.) Nakai

识别要点：多年生草本，高达 85 cm。茎 2 ~ 3 分枝。基生叶 3 裂，成 3 小叶，侧生小叶卵圆形，长 3 ~ 8 cm，宽 4 ~ 6.5 cm，顶生小叶宽卵圆形，长 5 ~ 8 cm，宽 4 ~ 6 cm，叶脉有毛，边缘有粗锯齿，稀 2 回 3 裂；茎生叶与基生叶同形，无柄，3 裂，裂片披针形。复伞形花序，伞辐 7 ~ 15 个，长 2 ~ 4 cm；伞形花序有 15 ~ 20 朵花；花瓣白色，宽卵圆形，先端微内凹。果心状卵球形。花果期 6 ~ 9 月。

分布与生境：产于吉林、辽宁、河北及山西，生于海拔 500 ~ 900 m 山地林缘、沟边。朝鲜、俄罗斯有分布。

食用部位与食用方法：嫩茎、叶柄、幼苗及嫩叶可炒食、凉拌、做馅或腌渍食用，为当地传统野菜。

16. 白芷 兴安白芷（伞形科 Apiaceae）

Angelica dahurica (Fisch. ex Hoffm.) Benth. & J. D. Hook. ex Franch. & Sav.

识别要点：草本，高达 2.5 m。根圆柱形，有分枝，直径 3 ~ 5 cm，黄褐色，有浓香。茎中空，带紫色。基生叶 1 回羽状分裂，有长柄，叶鞘管状，边缘膜质；茎上部叶 2 ~ 3 回羽状分裂，叶柄长达 15 cm，叶鞘囊状，紫色；叶宽卵状三角形，小裂片卵状长圆形，无柄，长 2.5 ~ 7 cm，有不规则白色软骨质重锯齿，小叶基部下延，叶轴成翅状。复伞形花序直径 10 ~ 30 cm，被糙毛；伞辐 18 ~ 40（~ 70）个。花期 7 ~ 8 月。

分布与生境：产于黑龙江、吉林、辽宁、内蒙古、河北、山西、陕西及台湾北部，生于海拔 500 ~ 1 000 m 林下、林缘、溪边灌丛中及山谷草地。

食用部位与食用方法：嫩茎剥皮后可做菜食。

17. 菟丝子（菟丝子科 Cuscutaceae）

Cuscuta chinensis Lam.

识别要点：寄生草本，茎黄色，纤细，直径约 1 mm。叶退化。花序侧生，少花至多密集成聚伞状团伞花序，花序无梗；花梗长约 1 mm；花萼杯状；花冠白色，壶形，长约 3 mm，花冠裂片三角状卵形，先端反折；雄蕊生于花冠喉部。蒴果球形，直径约 3 mm。

分布与生境：产于全国各省、市、自治区，生于海拔 3 000 m 以下田野、山坡、灌丛中或沙丘。常寄生在豆科、菊科、蒺藜科等植物体上。朝鲜、日本、俄罗斯、蒙古、哈萨克斯坦、斯里兰卡、阿富汗、亚洲西南、非洲及大洋洲有分布。

食用部位与食用方法：嫩茎可食，作食疗菜，置锅内加水煮至呈褐灰色稠状粥时，加酒、面粉作饼。

食疗保健与药用功能：成熟种子可入药，味辛、甘、性平，有补肾固精、养肝明目、止泻、安胎之功效，适用于肾虚腰痛、阳痿遗精、目暗昏花、便溏泄泻、肾虚、胎动不安等病症。

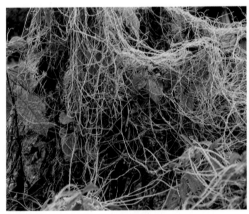 

18. 金灯藤 大菟丝子（菟丝子科 Cuscutaceae）

Cuscuta japonica Choisy

识别要点：一年生寄生缠绕草本，茎肉质，直径 1 ~ 2 mm，黄色，常被紫红色瘤点，无毛，多分枝，叶退化。穗状花序，长达 3 cm，基部常分枝；花无梗或近无梗；苞片及小苞片鳞状卵圆形，长约 2 mm；花萼碗状，肉质，长约 2 mm，常被紫红色瘤点；花冠钟状，淡红色或绿白色，长 3 ~ 5 mm，5 浅裂。果卵球形，长约 5 mm，近基部周裂。花期 8 月，果期 9 月。

分布与生境：产于全国各省、市、自治区，寄生于草本或灌木上。俄罗斯、日本、朝鲜及越南有分布。

食用部位与食用方法：嫩茎可食，作食疗菜，置锅内加水煮至呈褐灰色稠状粥时，加酒、面粉作饼。

19. 甘露子 草食蚕、地蚕（唇形科 Lamiaceae）

Stachys sieboldii Miq.

识别要点：多年生草本，高 30 ~ 120 cm。根状茎白色，顶端具念珠状或螺蛳形肥大块茎。茎四棱，被硬毛。单叶对生，叶片卵形或椭圆状卵形，长 3 ~ 12 cm，先端尖或渐尖，基部楔形或浅心形，边缘有圆齿状锯齿，两面被硬毛；叶柄长 1 ~ 3 cm，被硬毛。轮伞花序组成穗状花序，顶生，长 5 ~ 15 cm；花冠唇形，粉红色或紫红色。

分布与生境：产于辽宁、陕西、甘肃、宁夏、青海、新疆、内蒙古、河北、河南、山西、山东、江苏、江西、湖北、湖南、广东、广西、四川、云南及西藏，生于海拔 3 200 m 以下湿润或积水地。

食用部位与食用方法：春季或秋季采挖块茎，清水洗净后，可供食用，其脆嫩无纤维，宜作腌制酱菜或泡菜，口感咸鲜清脆，亦可与其他原料一起煮食、炖食或炒食。

食疗保健与药用功能：味甘，性平，有疏风清热、消肿解毒、活血祛瘀之功效，适用于肺炎、感冒发热等病症。

20. 地蚕（唇形科 Lamiaceae）

Stachys geobombycis C. Y. Wu

识别要点：多年生草本，高 40 ~ 50 cm。根状茎肥大，肉质。茎四棱，被倒向硬毛。单叶对生，叶片长圆状卵形，长 4.5 ~ 8 cm，先端钝，基部浅心形或圆形，边缘有圆齿状锯齿，两面被毛；叶柄长 1 ~ 4.5 cm，密被毛。轮伞花序组成穗状花序，顶生，长 5 ~ 18 cm；花冠唇形，淡紫色或紫蓝色。

分布与生境：产于浙江、福建、江西、湖北、湖南、广东及广西，生于海拔 200 ~ 700 m 荒地、田边及湿地。

食用部位与食用方法：肉质根状茎供食用，可作酱菜或泡菜。

食疗保健与药用功能：有益肾润肺、补血消疳功效，适用于肺痨咳嗽、小儿疳积等病状。

21. 地笋 硬毛地笋（唇形科 Lamiaceae）

Lycopus lucidus Turcz. ex Benth.

识别要点：多年生草本，高 20 ~ 70 cm。茎四棱，常不分枝，节鞘常紫红色；地下匍匐根状茎肥大，白色，具鳞叶。单叶对生，叶片长圆状披针形，长 4 ~ 8 cm，先端渐尖，基部楔形，边缘有尖齿，两面无毛，叶背有腺点；叶柄无或近无。轮伞花序球形，直径 1.2 ~ 1.5 cm；花冠唇形，白色，长约 2 mm。

分布与生境：产于黑龙江、吉林、辽宁、陕西、甘肃、内蒙古、河北、河南、山西、山东、江苏、浙江、安徽、福建、台湾、江西、湖北、湖南、广东、广西、贵州、四川及云南，生于海拔 300 ~ 2 600 m 沼泽地、沟边湿地或水边。日本及俄罗斯东部有分布。

食用部位与食用方法：地下白色根状茎肥厚，称地笋，可鲜食、炖食，或加工腌渍后凉拌食用，清脆可口。春季采幼苗、嫩茎叶，经沸水焯、换清水浸泡后，可炒食、凉拌、做汤，或加工盐渍后做干菜食用。

食疗保健与药用功能：根状茎富含淀粉、蛋白质、矿物质、多种糖，味甘、辛，性温，有活血、益气、利水消肿、调经之功效，适用于吐血、鼻出血、产后腹痛、带下、闭经、身面浮肿、风湿性关节炎等病症。嫩茎叶味苦、辛，性微温，有活血、行水之功效，适用于经闭、产后瘀滞腹痛、身面浮肿、跌打损伤、金疮等病症。

22. 肉苁蓉（列当科 Orobanchaceae）

Cistanche deserticola Ma

识别要点：多年生根寄生草本，高 0.4 ～ 1.6 m；茎肉质，常不分枝。叶肉质鳞片状，螺旋状排列；茎、叶、花淡黄色；下部叶紧密，宽卵形或三角状卵形，长 0.5 ～ 1.5 cm；上部叶较稀疏，披针形或窄披针形，无毛。穗状花序长 15 ～ 50 cm；花冠筒状钟形，长 3 ～ 4 cm，淡黄色，裂片 5 个，淡黄色或边缘淡紫色。

分布与生境：产于内蒙古、甘肃、宁夏及新疆，生于海拔 200 ～ 1 200 m 梭梭荒漠沙丘；寄主为梭梭。蒙古有分布。

食用部位与食用方法：全草可做药膳食用，可炖肉，适于亚健康人群。

食疗保健与药用功能：味甘、咸，性温，有补精血、益肾壮阳、润肠通便之效，适用于肾虚阳痿、宫冷不孕、腰膝酸软、关节冷痛、便秘等病症。

23. 盐生肉苁蓉（列当科 Orobanchaceae）

Cistanche salsa (C. A. Mey.) G. Beck

识别要点：多年生根寄生草本，高 10 ~ 45 cm；茎肉质，常不分枝。叶肉质鳞片状，螺旋状排列；叶卵形或长圆状卵形，长 0.6 ~ 1.6 cm，上部叶较稀疏，无毛。穗状花序长 8 ~ 20 cm；花冠筒状钟形，长 2.5 ~ 3 cm，筒部白色，5 浅裂，裂片淡紫色。

分布与生境：产于内蒙古、甘肃、宁夏、青海及新疆，生于海拔 700 ~ 2 700 m 荒漠草原及荒漠区湖盆低地或盐化低地；寄主有盐爪爪属、红沙属、白刺属植物。伊朗、高加索、中亚及蒙古有分布。

食用部位与食用方法：全草可作药膳食用，如炖肉等，适于亚健康人群。

食疗保健与药用功能：同肉苁蓉。

24. 列当（列当科 Orobanchaceae）

Orobanche coerulescens Steph.

识别要点：二年生或多年生寄生草本，高 15 ~ 50 cm；全株密被蛛丝状长绵毛。茎肉质，不分枝。叶鳞片状，螺旋状排列，卵状披针形，长 1.5 ~ 2 cm。穗状花序长 10 ~ 20 cm；花冠深蓝色、蓝紫色或淡紫色，长 2 ~ 2.5 cm。

分布与生境：产于黑龙江、吉林、辽宁、内蒙古、河北、山西、河南、山东、陕西、甘肃、宁夏、青海、新疆、江苏、浙江、湖北、贵州、四川、云南及西藏，生于海拔 850 ~ 4 000 m 山坡、沙丘、沟边、草地；常寄生于蒿属 *Artermisia* 植物根部。俄罗斯、朝鲜及日本有分布。

食用部位与食用方法：全草可作药膳食用，如炖肉，适于亚健康人群。

食疗保健与药用功能：味酸、苦，性凉，有补肾壮阳、强筋骨、润肠通便之功效，可治阳痿、腰酸腿痛、神经官能症及小儿腹泻等病症。

25. 草苁蓉（列当科 Orobanchaceae）

Boschniakia rossica (Cham. & Schlecht.) Fedtsch.

识别要点：多年生寄生草本，高 15 ~ 35 cm。根状茎长圆柱形。茎粗壮，2 ~ 3 条，直立，不分枝。叶密集生于近茎基部，向上渐稀，近三角形，长、宽 6 ~ 8 mm。穗状花序长 7 ~ 22 cm；花紫色或暗紫红色；花梗长 1 ~ 2 mm。

分布与生境：产于黑龙江、吉林东部、辽宁、内蒙古东北部及河北西部，生于海拔 1 500 ~ 1 800 m 山坡、林下低湿地或河边，寄生于桤木属植物根部。朝鲜、日本及俄罗斯西伯利亚地区有分布。

食用部位与食用方法：全草可做药膳食用，如炖肉，适于亚健康人群。

食疗保健与药用功能：性温，味甘、咸，有补肾壮阳、润肠通便之功效，可治肾虚阳痿、腰膝酸软、腰关节冷痛、便秘等病症。

小檗科 Berberidaceae

26. 粗毛淫羊藿（小檗科 Berberidaceae）

Epimedium acuminatum Franch.

识别要点：多年生草本，高 30 ~ 50 cm。根状茎粗短，质硬，多须根，褐色。1 回 3 出复叶，小叶 3 枚，窄卵形或披针形，长 3 ~ 10 cm，基部心形，边缘有细密刺齿，叶面无毛，叶背灰绿色或灰白色，密被粗伏毛，基脉 7 条。圆锥花序长 12 ~ 25 cm；花黄色、白色、紫红色或淡青色。花期 4 ~ 5 月。

分布与生境：产于湖北、湖南、广西、贵州、四川及云南，生于海拔 270 ~ 2 400 m 草丛、林下、灌丛、竹林下或石灰岩陡坡。

食用部位与食用方法：根状茎切片，可炖肉，食其汤汁，不食根状茎，适于亚健康人群。

食疗保健与药用功能：有补肾壮阳、强筋骨、祛风湿之功效，类同淫羊藿。

27. 淫羊藿（小檗科 Berberidaceae）

Epimedium brevicornu Maxim.

识别要点：多年生草本，高 20 ~ 60 cm。根状茎粗短，质硬、多须根，褐色。2 回 3 出复叶，小叶 9 枚；基生叶 1 ~ 3 枚，具长柄，茎生叶 2 枚，对生；小叶卵形或宽卵形，长 3 ~ 7 cm，基部深心形，边缘有细密刺齿，叶无毛，叶背苍白色，基脉 7 条。圆锥花序长 10 ~ 35 cm；花白色或淡黄色。花期 5 ~ 6 月。

分布与生境：产于陕西、甘肃、宁夏、青海、山西、河南、湖北、贵州及四川，生于海拔 550 ~ 3 500 m 林下、沟边灌丛中或山坡阴湿处。

食用部位与食用方法：根状茎切片，可炖肉。根状茎硬而不适口，可捞出，只喝汤汁、吃肉，适于亚健康人群。

食疗保健与药用功能：味辛、甘，性温，有补肾壮阳、强筋骨、祛风湿之功效，适用于肾阳虚阳痿、尿频、肝肾不足之风湿痹痛等病症。

28. 菊芋（菊科 Asteraceae/Compositae）

Helianthus tuberosus L.

识别要点：多年生草本；有块状地下茎。茎高达 3 m，被白色糙毛或刚毛。叶对生，卵圆形或卵状椭圆形，长 10 ~ 16 cm，有粗锯齿，离基 3 出脉，叶面被白色粗毛，叶背被柔毛，叶脉有硬毛，叶柄长；上部叶渐窄。头状花序单生枝端，直径 2 ~ 5 cm；边缘舌状花，中央管状花，均为黄色。花期 8 ~ 9 月。

分布与生境：原产于北美洲，我国各地有野化或栽培。

食用部位与食用方法：地下块茎富含淀粉，可加工制酱菜、咸菜或直接炒食，香脆可口。

食疗保健与药用功能：味甘，性平，有利水祛湿、益胃和中、清热凉血之功效，适用于肢面浮肿、糖尿病、小便不利等病症。

禾本科 Poaceae / Gramineae

识别要点：草本或木本（竹类）。茎秆圆形，节间多中空。叶互生，2列，叶鞘多开放，叶片条形，狭长，具纵向平行叶脉。颖果。

禾本科是世界粮食仓库，水稻、大麦、小麦、青稞、粟、稷、玉米、高粱等都是该科的农作物。除了众多的农作物外，该科有很多植物可作为野菜食用，其中最大的一类是竹类（植物学上称竹亚科）。

竹亚科 Bambusoideae Nees

识别要点：木本。茎秆圆形，节间多中空。叶二型，茎生叶（指竿箨，俗称笋壳）与营养叶异形：茎生叶（笋壳）无柄、无显著中脉；营养叶绿色，叶片通常条形，具纵向平行叶脉，中脉明显，有叶柄。

分布与生境：约1 400种，一般生长于热带和亚热带地区，亚洲和中、南美洲数量最多，非洲次之，北美洲和大洋洲很少，欧洲无野生种类。我国产534种，长江流域及其以南各省区常见。

食用部位与食用方法：大多数种类的竹笋均可食用，许多种类的竹笋味或甘甜或鲜美或清淡，可切片、切丝炒食、凉拌或做汤，或制成笋干或罐头，或腌食；但也有许多种类的竹笋味或麻或涩或苦或哈，需要经过一定处理后才适口或便于食用。通常去除麻、涩、苦、哈喇味的方法是水煮或盐水煮。具体步骤是：将水烧开，加少许盐，将竹笋切片或切丝，放在盐水中煮几分钟，然后置于清水中漂洗；再每隔1 h后换淡盐水浸泡1次，再清水漂洗。通常换2次水后可去除麻、涩、苦、哈喇味。还可将经漂洗去异味后的竹笋与辣椒一起浸泡于盐开水中，放置于酱菜坛子中制成椒盐竹笋食用。如果经过处理的竹笋仍不适口或吃后有过敏反应，则停食，其症状可消失。

食疗保健与药用功能：味甜种类的竹笋，其性微寒，味甘，有止渴利尿、清肺化痰之功效，适用于肢面浮肿、腹水、急性肾炎、喘咳、糖尿病等病症。常见竹有以下种类。

29. 车筒竹

Bambusa sinospinosa McClure

识别要点：笋壳：箨鞘背面无毛，基部有棕色刺毛；箨舌高3～6 mm，边缘有齿和毛；箨耳近等大，长圆形或倒卵形，有波状皱褶，腹面密生糙毛；箨叶卵形，背面脉间具深棕色刺毛。秆丛生，高10～24 m，直径5～15 cm，节间圆筒形；箨环密生棕色刺毛。主枝粗长，常"之"字形曲折；枝条及分枝每节有2～3刺，刺"丁"字形开展。营养叶：叶鞘近无毛；小枝有6～8枚叶；叶线状披针形，长7～17 cm，宽0.6～2 cm，侧脉4～7对，两面无毛。笋期5～6月。

分布与生境：产于福建、广东、海南、广西、贵州、四川南部及云南，生于低山丘陵地带。

食用部位与食用方法：竹笋味清淡，腌食或食用同竹亚科介绍。

30. 木竹

Bambusa rutila McClure

识别要点：笋壳：箨鞘顶端近平截，背面无毛；箨耳不等大，背面均密生毛；箨舌中部高 4 ~ 5 mm，具圆齿和纤毛状流苏；箨叶直立，三角形或三角状披针形，基部缢缩，与箨耳离生。秆：丛生，高 8 ~ 12 m，直径 4 ~ 6 cm，节稍隆起，下部节间稍膝曲，节间分枝一侧扁平或稍具凹槽，下部节间有红棕色刺毛，脱落后有凹痕；主枝粗，基部有细长弯曲棘刺，次生枝成棘刺。营养叶：叶鞘通常无毛；小枝无刺，具 10 枚叶；叶线状披针形或窄披针形，长 9.5 ~ 22 cm，宽 1.5 ~ 3 cm，上面无毛，下面有刺毛或近无毛，侧脉约 6 对。笋期 6 ~ 9 月。

分布与生境：产于福建、广东、广西、贵州南部及四川，生于丘陵、旷地或村落附近。

食用部位与食用方法：嫩竹笋可腌食。

31. 大眼竹

Bambusa eutuldoides McClure

识别要点：笋壳：箨鞘顶部宽拱形，背面无毛或有易脱落刺毛；箨耳不等大；箨舌高 3 ~ 7 mm，齿裂；箨叶直立，近三角形。秆：丛生，高 8 ~ 12 m，直径 4 ~ 7 cm，节间近无毛，稍被白粉，节几不隆起，下部数节有白色毛环。营养叶：叶鞘无毛；叶片披针形或宽披针形，长 12 ~ 25 cm，宽 14 ~ 25 mm，叶面无毛，叶背密生短柔毛，侧脉 5 ~ 9 对。笋期 7 ~ 9 月。

分布与生境：产于广东及广西，生于河流两岸沙土、冲积土、平地或丘陵缓坡。

食用部位与食用方法：竹笋味微苦，食用同竹亚科介绍。

32. 青秆竹

Bambusa tuldoides Munro

识别要点：笋壳：箨鞘顶部拱形，背面无毛，两侧边缘有数条黄白色纵条纹；箨耳不等大；箨舌高 3 ~ 4 mm；箨叶直立，三角形。秆：丛生，高 6 ~ 10 m，直径 3 ~ 5 cm，节间近无毛，圆筒形，有沟槽；下部数节的节内、节下均有白色毛环；枝条簇生。营养叶：叶鞘仅边缘一侧有毛；小枝具 6 叶；叶片披针形至狭披针形，长 10 ~ 18 cm，宽 1.5 ~ 2 mm，叶面无毛，叶背密生柔毛，侧脉 3 对。笋期 4 ~ 5 月。

分布与生境：产于福建、广东及广西，生于河流两岸、丘陵低地或溪边。

食用部位与食用方法：竹笋味清淡，食用同竹亚科介绍。

食疗保健与药用功能：竹茹（茎的中间层）有清热化痰、除烦、止呕之功效。

33. 花竹

Bambusa albolineata L. C. Chia

识别要点：笋壳：早落，箨鞘顶部宽拱形，有黄白色纵条纹，两侧被刺毛；箨耳不等大；箨舌高 1 ~ 1.5 mm，齿裂；箨叶卵形或卵状三角形。秆：丛生，高 6 ~ 10 m，直径 3 ~ 5 cm，中部节间长 50 ~ 80 cm，绿色，有白色或黄白色纵条纹。营养叶：每小枝 7 ~ 10 枚叶；叶鞘无毛；叶线形，长 7 ~ 15 cm，宽 0.9 ~ 1.5 cm，叶面粗糙，背面有毛，侧脉 4 ~ 7 对。笋期 6 ~ 9 月。

分布与生境：产于浙江、福建、台湾、江西、湖南、广东等地，生于低山丘陵、平地或溪边。

食用部位与食用方法：竹笋味清淡，食用同竹亚科介绍。

34. 孝顺竹

Bambusa multiplex (Lour.) Raeusch. ex J. A. & J. H. Schult.

识别要点：笋壳：箨鞘迟落，顶部不对称拱形，背面无毛；箨耳无或不显著；箨舌窄，高约 1 mm；箨叶直立，长三角形。秆：丛生，高 4 ~ 7 m，直径 2 ~ 3 cm，中部节间长 30 ~ 50 cm，绿色，幼时被白粉；分枝高，枝条多数簇生。营养叶：每小枝 5 ~ 10 枚叶；叶鞘无毛；叶片线状披针形，长 4 ~ 14 cm，宽 0.5 ~ 2 cm，叶面无毛，叶背密被柔毛，侧脉 4 ~ 8 对。笋期 6 ~ 9 月。

分布与生境：产于福建、台湾、湖北、湖南、广东、广西、海南、贵州、四川及云南，生于低山丘陵、平地或江边。越南有分布。

食用部位与食用方法：竹笋味微苦，腌食或食用同竹亚科介绍。

35. 粉箪竹

Bambusa chungii McClure

识别要点：笋壳：箨鞘背面基部密生易脱落深色毛；箨耳窄长；箨舌高约 1.5 mm；箨叶外翻，卵状披针形，边缘内卷，背面密生刺毛。秆：丛生，高达 18 m，直径 2 ~ 5 cm，节间长 30 ~ 60 cm，幼时有显著白粉；分枝高，枝条多数，簇生。营养叶：小枝具 6 ~ 7 枚叶；叶鞘无毛；叶片披针形或条状披针形，长 10 ~ 20 cm，宽 1 ~ 3 cm，叶背初被微毛，后无毛，侧脉 5 ~ 6 对。笋期 6 ~ 9 月。

分布与生境：产于福建、湖南、广东、广西、海南、贵州及云南，生于海拔 100 ~ 500 m 溪边或山谷。

食用部位与食用方法：竹笋味苦，腌食或食用同竹亚科介绍。

36. 料慈竹

Bambusa distegia (Keng & P. C. Keng) L. C. Chia & H. L. Fung

识别要点：笋壳：箨鞘坚韧，广矩圆形，长仅及节间一半或更短，基底宽 11 ~ 20 cm，背面有小刺毛；箨耳不显著；箨舌高 1 ~ 2 mm；箨叶不易外翻，三角形至披针形，边缘内卷，背面无毛。秆：丛生，高 7 ~ 11 m，直径 3 ~ 5 cm，节间圆筒形，长 20 ~ 60（~ 100）cm，幼时微具白粉，有白色小刺毛；分枝高，枝条多数，簇生。营养叶：末级小枝具数叶至 10 数叶；叶鞘无毛；叶片长披针形，长 5 ~ 16 cm，宽 8 ~ 16 mm，叶面无毛，叶背有微毛，侧脉 4 ~ 6 对。笋期 9 ~ 10 月。

分布与生境：产于福建、广东、广西、贵州、四川及云南，生于海拔 1 100 m 以下山麓或沟谷。

食用部位与食用方法：竹笋味微苦，腌食或食用同竹亚科介绍。

37. 慈竹

Bambusa emeiensis L. C. Chia & H. L. Fung

识别要点：笋壳：箨鞘革质，迟落，墨绿色，背面密贴生白色短柔毛和棕黑色刺毛；箨耳无；箨舌流苏状，高约 1 cm；箨叶被白色小刺毛。秆：丛生，高 5～10 m，直径 3～8 cm，中部节间圆筒形，长 20～60 cm，幼时具毛，通常无白粉；分枝枝条多数，簇生，无粗壮主枝。营养叶：末级小枝具数叶至多叶；叶鞘无毛；叶片窄披针形，长 10～30 cm，宽 1～3 cm，叶面无毛，叶背有细柔毛，侧脉 5～10 对。笋期 6～9 月或 12 月至翌年 3 月。

分布与生境：产于陕西、甘肃、湖北、湖南、贵州、四川及云南，生于海拔 800～2 100 m 平地或山地江边。

食用部位与食用方法：竹笋味较苦，腌食或食用同竹亚科介绍。

38. 黄竹

Dendrocalamus membranaceus Munro

识别要点：笋壳：箨鞘早落，长于节间，背面被白粉及易脱落黑褐色刺毛；箨耳明显，具数条毛；箨舌高 0.8 ~ 1 cm，具粗齿；箨叶窄长披针形，外翻，基部长为箨鞘顶端的 1/3 ~ 1/2，两面均被棕色硬毛。秆：丛生，高 8 ~ 15(~ 23)m，直径 7 ~ 10 cm，节间长 34 ~ 45 cm，幼时被白粉。营养叶：小枝具 3 ~ 6 枚叶；叶鞘无毛；叶片披针形，长 12.5 ~ 25 cm，宽 1.2 ~ 2 cm，两面均被柔毛，侧脉 4 ~ 7 对。笋期夏季。

分布与生境：产于云南，生于海拔 500 ~ 1 000 m 山区或河谷。缅甸、越南、老挝及泰国有分布。

食用部位与食用方法：竹笋经漂洗加工可制作成笋丝食用。

39. 大叶慈 梁山慈竹

Dendrocalamus farinosus (Keng & P. C. Keng) L. C. Chia & H. L. Fung

识别要点：笋壳：箨鞘长圆状三角形，背面被刺毛；箨耳微弱；箨舌高0.4～1 cm，先端细齿状，被长毛；箨叶长披针形，外翻。秆：丛生，高8～12 m，直径4～8 cm，节间长20～45 cm，幼时被白粉，无毛，秆环和箨环上下均有金色茸毛环，后脱落。营养叶：小枝具5～10枚叶；叶鞘无毛；叶披针形，长10～33 cm，宽1.5～6 cm，下面被白色微柔毛，侧脉5～11对。笋期9月。

分布与生境：产于广西、贵州、四川及云南，村落附近、宅旁、溪边多栽培。

食用部位与食用方法：竹笋味清淡，食用同竹亚科介绍。

40. 麻竹

Dendrocalamus latiflorus Munro

识别要点：笋壳：箨鞘早落，厚革质，宽圆铲形，背面略被小刺毛；箨耳长 5 mm；箨舌高 1 ~ 3 mm；箨叶卵形至披针形，外翻，长 6 ~ 15 cm，宽 3 ~ 5 cm，腹面被淡棕色小刺毛。秆：丛生，高 20 ~ 25 m，直径 15 ~ 30 cm，梢端弓形下弯，节间长 40 ~ 60 cm，幼时被白粉。营养叶：小枝具 6 ~ 10 枚叶；叶鞘背面疏生易脱落毛；叶片卵状披针形或长圆状披针形，长 18 ~ 40 cm，宽 4 ~ 10 cm，两面无毛，侧脉 11 ~ 15 对。笋期 7 ~ 9 月。

分布与生境：产于浙江、台湾、福建、湖南、广东、海南、广西、贵州、四川及云南。缅甸及越南有分布。

食用部位与食用方法：笋味甜美，可制成笋干、罐头食用。

41. 泡竹

Pseudostachyum polymorphum Munro

识别要点：笋壳：箨鞘三角形，背部贴生刺毛；箨耳不明显；箨舌短；箨叶直立，长三角形，先端渐长锥尖。秆：散生，高 5 ~ 10 m，直径 1.2 ~ 2 cm；节间长 13 ~ 20 cm，幼嫩时粉绿色，节下被一圈白粉；分枝常于竿之第 5 节以上开始。营养叶：小枝具 3 ~ 6 枚叶；叶鞘初被毛，后脱落无毛；叶片矩圆状披针形，长 12 ~ 35 cm，宽 2 ~ 7 cm，先端渐尖，尖头扭曲，两面无毛。笋期 7 ~ 9 月。

分布与生境：产于广东、广西、贵州及云南，生于海拔 200 ~ 1 200 m 山坡、丘陵、溪边、常绿灌丛或疏林中。印度、缅甸和越南有分布。

食用部位与食用方法：竹笋可制笋干或酸笋，参见竹亚科介绍。

42. 酸竹

Acidosasa chinensis C. D. Chu & C. S. Chao ex P. C. Keng

识别要点：笋顶端扁平。笋壳：箨鞘褐红色，背部被易脱落刺毛，疏生斑点，边缘具纤毛，网脉明显；无箨耳和繸毛；箨舌短，具毛；箨叶披针形，长 1.5 ~ 4.5 cm，宽不及 1 cm，直立。秆：散生，高 8 m，直径 3 ~ 5 cm，中部节间长约 20 cm，幼时密被刺毛，具细纵棱，秆环与箨环均微隆起；中部每节分枝 3 个，上部有时 5 个，无明显主枝。营养叶：每小枝 2 ~ 5 枚叶；叶鞘无毛；叶长圆状披针形或披针形，长 11 ~ 30 cm，宽 2 ~ 6.5 cm，有锯齿，无毛，侧脉 6 ~ 11 对。笋期 4 ~ 5 月。

分布与生境：产于广东南部海拔约 700 m 山区，生于疏林下或开旷地。

食用部位与食用方法：竹笋味酸，故名酸竹。竹笋经漂洗加工可制作成笋丝食用或腌制后食用。

43. 黄甜竹

Acidosasa edulis (T. H. Wen) T. H. Wen

识别要点：笋壳：秆箨鲜时绿色，边缘带紫色，具毛；箨耳镰形，边缘毛长达 1.2 cm；箨舌高 3 ~ 4 mm，顶端具毛；箨叶紫色，窄披针形，反曲。秆：散生，高达 12 m，直径达 6 cm，中部节间长 25 ~ 40 cm；新秆无毛，节下有白粉，秆环隆起，箨环无毛；每节分枝 3 个，斜举。营养叶：每小枝 4 ~ 5 枚叶；叶片矩圆状披针形或披针形，长 11 ~ 18 cm，宽 1.7 ~ 2.8 cm，下面基部具细毛，侧脉 6 ~ 7 对。笋期 6 ~ 8 月。

分布与生境：产于福建。

食用部位与食用方法：竹笋味鲜美，供食用或加工成笋干，为夏季笋用竹种。

44. 巴山木竹

Arundinaria fargesii E. G. Camus

识别要点：笋壳：箨鞘短于成长后的节间，背部有贴生小刺毛；箨耳、繸毛不明显；箨舌高 2 ~ 4 mm；箨叶披针形，直立。秆：散生，高 5 ~ 8 m，直径 4 ~ 5 cm，中空甚小，中部节间长 40 ~ 60 cm；新秆被白粉，秆环微隆起，箨环被一圈棕色毛。营养叶：每小枝 4 ~ 6 叶；叶鞘仅幼时被毛；叶片带状披针形或长卵状披针形，长 10 ~ 20 cm，宽 1.5 ~ 2.5 cm，近无毛，侧脉 5 ~ 8 对。笋期 4 ~ 5 月。

分布与生境：产于陕西、甘肃、湖北及四川，生于大巴山脉至秦岭一带海拔 1 100 ~ 2 000 m 山区。

食用部位与食用方法：竹笋味微苦，经漂洗加工可制作成笋丝食用或腌制后食用。

45. 摆竹

Indosasa shibataeoides McClure

识别要点：笋壳：大竹的箨鞘具脱落性，淡橘红色、淡紫红色或黄色，具黑褐色条纹，疏被刺毛和白粉；箨耳较小，具毛；箨舌隆起，先端具毛；箨叶三角形或三角状披针形，基部常缢缩，绿色，具紫色脉纹。秆：散生，高达 15 m，直径 10 cm，中部节间长 40 ~ 50 cm；新秆深绿色，无毛，节下具白粉；老秆绿黄色或黄色，常具褐紫色斑点或斑纹，秆中部每节分枝 3 个，枝开展。营养叶：每小枝通常具 1 枚叶；叶鞘紫色，无毛；叶椭圆状披针形，长 8 ~ 22 cm，宽 1.5 ~ 3.5 cm，两面无毛，侧脉 4 ~ 6 对。笋期 4 月。

分布与生境：产于湖南南部、广东及广西，生于海拔 300 ~ 1 200 m 山区。

食用部位与食用方法：竹笋味清淡，食用同竹亚科介绍。

46. 中华大节竹

Indosasa sinica C. D. Chu & C. S. Chao

识别要点：笋壳：箨鞘绿黄色，具隆起纵脉纹，密被毛；箨耳较小，两面有毛，繸毛卷曲，长 1 ~ 1.5 cm；箨舌高 2 ~ 3 mm，背部有毛；箨叶绿色，三角状披针形，反曲，两面密被毛。秆：散生，高达 10 m，直径约 6 cm，秆壁甚厚，中空小，中部节间长 35 ~ 50 cm；新秆绿色，密被白粉，疏生刺毛；老秆带褐色或深绿色，秆环甚隆起，屈膝状；每节分枝 3 个，秆环隆起呈屈膝状。营养叶：每小枝 3 ~ 9 枚叶；叶鞘无毛；叶带状披针形，长 12 ~ 22 cm，宽 1.5 ~ 3 cm，无毛，侧脉 5 ~ 6 对。笋期 4 月。

分布与生境：产于广西、贵州南部及云南，多生于低海拔地区，成片生长或散生。

食用部位与食用方法：竹笋味苦，浸漂后可食用。

47. 刺黑竹

Chimonobambusa purpurea Hsueh & T. P. Yi

识别要点：笋壳：箨鞘紫褐色，有毛，具灰白色斑点；箨耳不发育；箨舌不明显；箨叶长 1～3 mm。秆：高 4～8 m，直径 1～5 cm，中部节间长 18～25 cm，圆筒形；新秆带紫色，无毛，无白粉；老秆绿色或黄绿色，平滑，中部以下各节具气生根刺。营养叶：每小枝 2～4 枚叶；叶带状披针形，长 9～15 cm，宽 1～2 cm，侧脉 3～6 对，小横脉明显。笋期 9～10 月。

分布与生境：产于陕西南部、湖北及四川，常生于海拔 1 000 m 以下荒山、村旁或林下。

食用部位与食用方法：竹笋味清淡，食用同竹亚科介绍。

48. 筇竹

Chimonobambusa tumidissinoda Hsueh & T. P. Yi ex Ohrnberger

识别要点：笋壳：箨鞘早落，短于节间，紫红色或绿紫色，被毛；无箨耳，繸毛长 2 ~ 3 mm；箨舌先端密生白色纤毛；箨叶锥状披针形，长 0.5 ~ 1.7 cm，直立，易脱落。秆：高 3 ~ 6 m，直径 1 ~ 3 cm，中部节间长 15 ~ 25 cm，圆筒形，秆壁厚，基部数节近实心；新秆绿色，无毛；秆环隆起，肿胀成圆脊状，有关节，易脆断；无气生根刺。营养叶：每小枝具 2 ~ 4 枚叶；叶鞘边缘有毛；叶窄披针形，长 5 ~ 14 cm，宽 0.6 ~ 1.2 cm，无毛，下面灰绿色，侧脉 2 ~ 4 对。笋期 4 月。

分布与生境：产于四川南部及云南东北部，生于海拔 1 400 ~ 2 200 m 地带。

食用部位与食用方法：著名笋用竹种，竹笋味鲜美，肉厚质脆，供鲜食或制笋干。

49. 金佛山方竹

Chimonobambusa utilis (Keng) P. C. Keng

识别要点：笋壳：箨鞘短于节间，疏生毛，具灰白色斑点；箨耳缺；箨舌高 0.5 ~ 1.2 mm；箨叶锥状三角形，长 4 ~ 7 mm。秆：高达 10 m，直径 2 ~ 4 cm，中部节间长 20 ~ 30 cm，圆筒形，基部数节略方形；新秆密被毛，中下部各节具气生根刺，箨环密被毛。营养叶：每小枝 2 ~ 3 枚叶；叶鞘无毛；叶长椭圆状披针形，长 7 ~ 15 cm，宽 1.2 ~ 3 cm，无毛，下面微具白粉，侧脉 4 ~ 8 对。笋期 9 月。

分布与生境：产于贵州、四川及云南东北部，生于海拔 1 000 ~ 2 100 m 山区，常组成大面积纯林。

食用部位与食用方法：竹笋味鲜美，供鲜食或制笋干。

50. 方竹

Chimonobambusa quadrangularis (Fenzi) Makino

识别要点：笋壳：箨鞘短于节间，黄褐色，具灰色斑点，疏生毛；箨耳不发育；箨舌不明显；箨叶锥形，长 2.5 ~ 3.5 mm。秆：高 3 ~ 8 m，直径 1 ~ 4 cm，近方形，中部节间长 10 ~ 26 cm；新秆密被刺毛和茸毛；老秆具刺毛，脱落后，中部以下各节具气生根刺。营养叶：每小枝 2 ~ 4 枚叶；叶鞘无毛；叶带状披针形，长 10 ~ 20 cm，宽 1.2 ~ 2 cm，无毛，侧脉 4 ~ 6 对。笋期 9 ~ 10 月。

分布与生境：产于江苏、安徽、浙江、台湾、福建、江西、湖南、广东北部、广西北部、贵州、四川及云南西北部，多生于海拔 1 000 m 以下沟谷阴湿地或林下。

食用部位与食用方法：竹笋味鲜美，供鲜食或制笋干。

51. 金竹

Phyllostachys sulphurea (Carr.) A. & C. Riv.

识别要点：笋壳：箨鞘无毛，有斑点，有绿色脉纹；无箨耳和繸毛；箨舌绿色，有毛；箨叶带状披针形，外面有橘红色边带，内面有黄色边带，下垂。秆：散生，高 7 ~ 8 m，直径 3 ~ 4 cm，中部节间长 20 ~ 30 cm；新秆金黄色，节间具绿色纵条纹，微被白粉；老秆节下有白粉环；箨环隆起。营养叶：每小枝 2 ~ 6 枚叶；叶鞘几无毛；叶带状披针形或披针形，长 6 ~ 16 cm，宽 1 ~ 2.2 cm，常有淡黄色纵条纹。笋期 4 ~ 5 月。

分布与生境：产于陕西、山东、河南、江苏、安徽、浙江、福建、江西、湖北、湖南、广西、贵州及四川，混生于刚竹林中。

食用部位与食用方法：竹笋味略带苦涩，经浸泡漂洗或腌制后可食用。

52. 毛环竹

Phyllostachys meyeri McClure

识别要点：笋壳：箨鞘淡紫褐色或黄褐色，微有白粉，无毛，上部有斑点或斑块，斑点紫黑色；无箨耳和繸毛；箨舌无毛；箨叶带状，外面褐紫色或内面绿紫色，有黄色窄边带，下垂。秆：散生，高达 11 m，直径 7 cm，中部最长节间达 35 cm；新秆绿色，节下有白粉，蓝绿色；箨环带紫色；老秆绿色至灰绿色，秆环微隆起。营养叶：每小枝 2 ～ 3 叶；叶鞘无毛；叶披针形或带状披针形，长 6.5 ～ 15 cm，宽 1 ～ 1.5 cm，下面基部疏生毛。笋期 4 ～ 5 月。

分布与生境：产于河南南部、江苏、安徽、浙江、福建、江西、湖北、湖南、广西、贵州及云南。

食用部位与食用方法：竹笋稍有哈喇味，浸泡漂洗或腌制后可食用。

53. 人面竹

Phyllostachys aurea Carr. ex A. & C. Riv.

识别要点：笋壳：箨鞘淡褐黄色，无毛，疏被斑点或斑块；无箨耳和繸毛；箨舌短，有毛；箨叶带状披针形，下垂。秆：散生，高 5～8 m，直径 2～3 cm，近基部或中部以下数节常畸形缩短，节间肿胀或缢缩，节有时斜歪，中部正常节间长 15～20 cm，最长节间达 25 cm；新秆绿色，微有白粉，无毛，箨环有一圈细毛；老秆黄绿色或黄色，秆环与箨环均微隆起。营养叶：每小枝 2～3 枚叶；叶鞘无毛；叶带状披针形或披针形，长 6～12 cm，宽 1～1.8 cm，下面近基部有毛或无毛。笋期 4 月。

分布与生境：产于山东、河南、陕西南部、江苏、安徽、浙江、福建、江西、湖北、湖南、广东、广西、贵州、四川及云南，多生于海拔 700 m 以下山地。

食用部位与食用方法：竹笋味鲜美，供鲜食或制笋干。

54. 石绿竹

Phyllostachys arcana McClure

识别要点：笋壳：箨鞘黄绿色或带绿色，边缘橘黄色，被白粉，具毛，有紫色脉纹，散生紫黑色斑点，基部有斑块；无箨耳和繸毛；箨舌高 4 ~ 8 mm，有纤毛；箨叶带状，绿色，有紫色脉纹，平直，反曲。秆：散生，高达 8 m，直径 3 cm，部分竹秆下部"之"字形曲折，中部节间长 25 cm；新秆微被白粉，节紫色，节间下部有紫色斑块。营养叶：每小枝 2 枚叶，稀 1 枚叶；叶鞘无毛；叶带状披针形，长 7 ~ 11 cm，宽 1.1 ~ 1.6 cm，无毛。笋期 4 月上旬。

分布与生境：产于河南、陕西南部、甘肃南部、江苏、安徽、浙江、湖北、湖南、四川南部及云南，生于海拔 1 000 m 以下山地及丘陵。

食用部位与食用方法：竹笋味清淡，食用同竹亚科介绍。

55. 淡竹
Phyllostachys glauca McClure

识别要点：笋壳：箨鞘淡红褐色或绿褐色，有多数紫色脉纹，无毛，被斑点；无箨耳和繸毛；箨舌高 1 ~ 3（4）mm，具齿和毛；箨叶带状披针形，绿色，有多数紫色脉纹，平直，下部者开展，上部者下垂。秆：散生，高达 18 m，直径达 9 cm；中部节间长 30 ~ 45 cm；新秆密被白粉，无毛；老秆绿色或灰黄绿色，节下有白粉环。营养叶：每小枝 2 ~ 3 枚叶；叶鞘口有毛；叶带状披针形或披针形，长 8 ~ 16 cm，宽 1.2 ~ 2.4 cm，下面近基部有毛。笋期 4 月。

分布与生境：产于陕西、山东、山西、河南、江苏、安徽、浙江、福建及湖南，生于低山、丘陵、平地和河漫滩。

食用部位与食用方法：竹笋味清淡，食用同竹亚科介绍。

56. 早园竹

Phyllostachys propinqua McClure

识别要点：笋壳：箨鞘淡褐色或淡红褐色，有白粉，无毛，下部秆箨有斑点，深褐色；无箨耳和繸毛；箨舌具齿和毛；箨叶带状，绿色，外面带紫褐色，反曲。秆：散生，高 5 ~ 8 m，直径 3 ~ 4 cm；中部节间长 20 ~ 30 cm；新秆鲜绿色，节下被白粉；老秆秆环微隆起。营养叶：每小枝 2 ~ 3 枚叶；叶鞘无毛；叶片带状披针形或披针形，长 7 ~ 16 cm，宽 1.3 ~ 2 cm，下面基部有毛。笋期 4 ~ 5 月。

分布与生境：产于河南、安徽、江苏、浙江、福建、江西、湖北、湖南、广西、贵州、四川及云南，生于山坡下部及河漫滩。

食用部位与食用方法：竹笋味清淡，食用同竹亚科介绍。

57. 曲竿竹 甜竹

Phyllostachys flexuosa (Carr.) A. & C. Riv.

识别要点：笋壳：箨鞘绿褐色，具紫色脉纹及纵条纹，无毛，无白粉，有深褐色斑点；无箨耳和繸毛；箨舌有毛或近无毛；箨叶带状，较短，绿褐色，下垂。秆：散生，高 5 ~ 6 m，直径 2 ~ 4 cm，中部节间长 25 ~ 30 cm；新秆绿色，被白粉，节下明显，秆环微隆起。营养叶：每小枝 2 ~ 4 枚叶；叶鞘无毛；叶披针形或带状披针形，长 5 ~ 9 cm，宽 1 ~ 1.5 cm，下面有白粉，近基部有毛。笋期 4 月下旬至 5 月上旬。

分布与生境：产于山东、河北、山西、河南、陕西、江苏、安徽及浙江，多生于平地及低山下部。

食用部位与食用方法：竹笋味甘美，供鲜食或制笋干。

58. 红哺鸡竹 红壳竹

Phyllostachys iridescens C. Y. Yao & S. Y. Chen

识别要点：笋壳：箨鞘淡红褐色，无毛，密被小斑点；无箨耳和繸毛；箨舌深紫色，被长毛；箨叶带状，绿色，有紫色脉纹，下垂。秆：散生，高 10 ~ 12 m，直径 6 ~ 7 cm，中部节间长达 30 cm；新秆绿色，微被白粉，无毛；老秆绿色或黄绿色，秆环微隆起。营养叶：每小枝 2 ~ 4 枚叶；叶鞘口有脱落性毛；叶披针形或带状披针形，长 8 ~ 13 cm，宽 1.2 ~ 1.8 cm，下面基部有毛或近无毛。笋期 4 月中下旬。

分布与生境：产于江苏、安徽及浙江，多生于平原或低山地区。

食用部位与食用方法：竹笋味鲜美可口，供鲜食或制笋干。

59. 乌哺鸡竹

Phyllostachys vivax McClure

识别要点：笋壳：箨鞘淡褐黄色，密被黑褐色斑点及斑块；无箨耳和繸毛；箨舌高约 2 mm；箨叶带状披针形，皱折，反曲，基部宽约为箨舌宽度的 1/4 ~ 1/2。秆：散生，高 10 ~ 15 m，直径 4 ~ 8 cm，中部节间长 25 ~ 35 cm；新秆绿色，微被白粉，无毛；老秆灰绿色或黄绿色，节下有白粉环，秆壁有细纵脊，秆环微隆起。营养叶：每小枝 2 ~ 4 枚叶；叶鞘口有毛；叶带状披针形，长 9 ~ 18 cm，宽 1.1 ~ 1.5（~ 2）cm，下面基部有毛或近无毛。笋期 4 月中下旬至 5 月上旬。

分布与生境：产于山东、河南、江苏、安徽、浙江、福建及湖北，多生于平原农村房前屋后。

食用部位与食用方法：竹笋味鲜美，可鲜食或制笋干。

60. 早竹
Phyllostachys violascens (Carr.) A . & C. Riv.

识别要点：笋壳：箨鞘淡黑褐色或褐绿色，无毛，初多少有白粉，密被斑点，有脉纹；无箨耳和繸毛；箨舌具毛；箨叶窄带状披针形，皱折。秆：散生，高 8 ~ 10 m，直径 4 ~ 6 cm，中部节间长 15 ~ 25 cm，常一侧肿胀，不匀称；新秆节部紫褐色，密被白粉，无毛；老秆绿色、带黄绿色或灰绿色，有时有隐约黄色纵条纹，秆环和箨环均中度隆起。营养叶：每小枝 2 ~ 3 枚叶，稀 5 ~ 6 枚叶；叶鞘口有脱落性毛；叶带状披针形，长 6 ~ 18 cm，宽 1 ~ 2.2 cm，下面近基部有毛或近无毛。笋期 3 月下旬至 4 月初。

分布与生境：产于江苏、安徽、浙江、福建、江西及湖南，多生于平地、河边岸旁。

食用部位与食用方法：竹笋味鲜美，笋期早，持续时间长，产量高，可鲜食或制笋干。

61. 毛竹 茅竹、楠竹

Phyllostachys edulis (Carr.) J. Houzeau

识别要点：笋壳：箨鞘长于节间，褐紫色，密被毛和斑点；箨耳小，繸毛发达；箨舌宽短，两侧下延；箨叶较短，长三角形或披针形，多绿色。秆：散生，高达 20 m，直径 12 ~ 16（~ 30）cm，基部节间长 1 ~ 6 cm，中部节间长达 40 cm；新秆密被细柔毛，有白粉；老秆无毛，节下有白粉环。营养叶：每小枝具 2 ~ 3 枚叶；叶鞘口有脱落性毛；叶披针形，长 4 ~ 11 cm，宽 0.5 ~ 1.2 cm。笋期 3 月下旬至 4 月。

分布与生境：产于陕西、河南、江苏、安徽、浙江、福建、台湾、江西、湖北、湖南、广东、广西、贵州、四川及云南东北部，多生于海拔 1 600 m 以下山地。

食用部位与食用方法：笋味鲜美，可炒食或加工成玉兰片、笋干、笋衣等。

食疗保健与药用功能：性微寒，味甘，有清热化痰、利隔爽胃、消渴益气、助消化增食欲、降血压、防止血管硬化之功效。

62. 假毛竹

Phyllostachys kwangsiensis W. Y. Hsiung, Q. H. Dai & J. K. Liu

识别要点：笋壳：箨鞘长于节间，褐紫色，疏生深褐色小斑点，被紫褐色毛；箨耳不明显，繸毛紫色；箨舌短，密生紫色毛；箨叶紫褐色，带状披针形，长达 30 cm。秆：散生，高 8 ~ 16 m，直径 4 ~ 10 cm，节间长 25 ~ 35 cm；新秆绿色，密被毛，箨环上下均有白粉。营养叶：每小枝具 1 ~ 4 枚叶；叶鞘口有脱落性毛；叶带状披针形，长 10 ~ 15 cm，宽 0.8 ~ 1.5 cm，下面粉绿色。笋期 4 月。

分布与生境：产于广西，生于阔叶林中；广东、湖南、江苏、浙江有栽培。

食用部位与食用方法：竹笋可炒食或制笋干、笋衣等。

63. 紫竹

Phyllostachys nigra (Lodd. ex Lindl.) Munro

识别要点：笋壳：秆箨短于节间，淡红褐色或绿褐色，密被毛，无斑点；箨耳长椭圆形，紫黑色，有毛；箨舌紫色，与箨鞘顶部等宽；箨叶三角形或三角状披针形，绿色，有多数紫色脉纹。秆：散生，高 3 ~ 8 m，直径 2 ~ 4 cm，中部节间长 25 ~ 30 cm；新秆淡绿色，密被细柔毛，有白粉，箨环有毛；1 年后秆紫黑色，无毛；秆环与箨环均隆起。营养叶：每小枝具 2 ~ 3 枚叶；叶鞘口有脱落性毛；叶披针形，长 4 ~ 10 cm，宽 1 ~ 1.5 cm。笋期 4 月下旬。

分布与生境：产于湖南、广东等地，广泛栽培于山东、陕西、江苏、安徽、浙江、福建、江西、湖北、湖南、广东、广西、贵州、四川及云南，多生于海拔 1 000 m 以下山地及平原。

食用部位与食用方法：竹笋供食用，可炒食或加工成玉兰片、笋干、笋衣等。

64. 红壳雷竹

Phyllostachys incarnata T. H. Wen

识别要点：笋壳：箨鞘背面肉红色，有小斑点或大块深色斑；箨耳发达，镰形，紫褐色，边缘有弯曲毛；箨舌高，紫褐色，有毛；箨叶三角形至线状三角形，不皱曲，直立或外翻。秆：散生，高达 8 m，直径约 4.5 cm，中部节间长 20 cm；新秆有白粉，无毛，秆环较平坦。营养叶：每小枝 3 ~ 4 枚叶；叶鞘仅边缘有毛；叶片长达 13 cm，宽 1.5 cm，下面有毛。笋期 4 ~ 5 月。

分布与生境：产于浙江南部及福建，常作笋用竹栽培，笋期长，产量高。

食用部位与食用方法：竹笋味鲜美，可鲜食或制笋干。

65. 白哺鸡竹

Phyllostachys dulcis McClure

识别要点：笋壳：箨鞘淡黄色，疏生毛及小斑点；箨耳边缘有弯曲毛；箨舌宽为箨叶的2倍，有毛；箨叶宽带状，淡紫红色，皱折，开展，不下垂。秆：散生，高达7 m，直径4～5 cm，中部节间长约24 cm；新秆无毛，节下有白粉环，秆环微隆起。营养叶：每小枝2～4枚叶；叶鞘无毛；叶宽带状披针形，长10～16 cm，宽1.5～2.5 cm，下面密生细毛。笋期4月下旬。

分布与生境：产于江苏南部、安徽东南部、浙江、福建及江西东北部，为平原竹种。

食用部位与食用方法：竹笋味鲜美，可鲜食或制笋干。

66. 灰水竹

Phyllostachys platyglossa Z. P. Wang & Z. H. Yu

识别要点：笋壳：箨鞘褐红色，有白粉，斑点稀疏，边缘有毛；箨耳矩圆形，长 0.5 ~ 1 cm，繸毛长，弯曲；箨舌高不及 2 mm，黑紫色，密生纤毛；箨叶三角状披针形或带状，绿色带紫色，皱折。秆：散生，高达 8 m，直径约 3 cm，秆中部最长节间达 35 cm；新秆带紫色，密被白粉，无毛；老秆绿色，微被白粉。营养叶：每小枝 2 ~ 3 枚叶，稀 1 枚叶；叶鞘边缘幼时有毛；叶长 8.5 ~ 14 cm，宽 1.4 ~ 2.1 cm，下面基部疏生毛。笋期 4 月中下旬。

分布与生境：产于江苏南部、安徽东南部及浙江西北部，生于平原粉沙土上。

食用部位与食用方法：竹笋味清淡，食用同竹亚科介绍。

67. 桂竹

Phyllostachys reticulata (Rupr.) K. Koch

识别要点：笋壳：箨鞘黄褐色，密被近黑色斑点，疏生硬毛；箨耳有弯曲繸毛；箨舌先端有毛；箨叶带状，橘红色有绿色边带，下垂。秆：散生，高达 20 m，直径 14～16 cm，秆中部节间长 25～40 cm；秆深绿色，无白粉，无毛。营养叶：每小枝初 5～6 枚叶，后 2～3 枚叶；叶鞘口有毛；叶带状披针形，长 7～15 cm，宽 1.3～2.3 cm，下面有白粉，近基部有毛。笋期 5 月下旬。

分布与生境：产于山东、山西、河南、陕西、甘肃、江苏、安徽、浙江、福建、台湾、江西、湖北、湖南、广东、广西、贵州、四川及云南，多生于山坡下部和平地土层深厚的地方，为黄河流域至长江流域各地重要竹种。

食用部位与食用方法：竹笋味稍有不适口感，经浸泡漂洗或腌制后可食用。

68. 甜笋竹
Phyllostachys elegans McClure

识别要点：笋壳：箨鞘绿色带紫色，被白粉及脱落性毛，有斑点；箨耳绿紫色，具毛；箨舌淡绿紫色，边缘生毛；箨叶带状，绿紫色，外翻，皱曲。秆：散生，高 4.5 ~ 8 m，直径 3 cm，幼秆被白粉；中部节间长 12 ~ 15 cm，无毛，秆环隆起。营养叶：每小枝 2 ~ 3 枚叶；叶鞘口有毛；叶片披针形或带状披针形，长 4.5 ~ 12 cm，宽 1 ~ 1.7 cm，下面生短毛。笋期 4 月中旬。

分布与生境：产于浙江、湖南、广东、海南等省，生于林中。

食用部位与食用方法：竹笋味较佳，可鲜食或制笋干。

69. 篌竹

Phyllostachys nidularia Munro

识别要点：笋壳：箨鞘短于节间，绿色，有时上部带白色条纹，中下部有紫色条纹，有白粉，无斑点，无毛；箨耳长 2 ~ 3.5 cm，紫褐色，弯曲包被笋体；箨舌几无毛；箨叶宽三角形或三角状披针形，绿色，有紫红色脉纹，直立。秆：散生，高达 10 m，直径 4 ~ 8 cm，中部节间长达 40 cm；秆绿色，有时带紫色，秆环较平，槽宽平。营养叶：每小枝 1 枚叶，稀 2 枚叶；叶长 7 ~ 13 cm，宽 1.3 ~ 2 cm。笋期 4 月中下旬。

分布与生境：产于陕西南部、河南、江苏、安徽、浙江、江西、湖北、湖南、广东、广西、贵州、四川及云南，多生于海拔 1 300 m 以下山区、河漫滩或低山平原，常与灌木混生。

食用部位与食用方法：竹笋味鲜美，可鲜食或制笋干。

70. 水竹

Phyllostachys heteroclada Oliv.

识别要点：笋壳：箨鞘短于节间，有紫色脉纹，无毛或疏生刺毛，无斑点，边缘有毛；箨耳小，具长毛；箨舌有毛；箨叶三角形或三角状披针形，绿色，直立。秆：散生，高达 8 m，直径 2 ~ 5 cm，分枝角度大，中部节间长 30 cm；新秆被白粉，疏生倒毛；秆绿色，秆环较平。营养叶：每小枝 2 枚叶，稀 3 枚叶；叶鞘口有脱落性毛；叶长 6.5 ~ 11 cm，宽 1.3 ~ 1.6（~ 2）cm，下面基部有毛。笋期 4 月中下旬。

分布与生境：产于陕西南部、甘肃南部、山东、河南、江苏、安徽、浙江、福建、江西、湖北、湖南、广东、广西、贵州、四川及云南，多生于海拔 1 300 m 以下山沟、溪边或河旁。

食用部位与食用方法：竹笋味清淡，食用同竹亚科介绍。

在禾本科除了竹亚科植物的竹笋可作为野菜食用外，还有许多大型（高 1.5 ~ 4 m）野生草本植物的地下嫩根状茎常含糖分而味甜，或颖果较大或较多，富含淀粉，或嫩茎粗大肥嫩，可食。

71. 菰 <small>茭瓜、茭白</small>

Zizania latifolia (Griseb.) Turcz. ex Stapf

识别要点：多年生，水生或沼生，具匍匐根茎。须根粗壮。秆高 1 ~ 2 m，直径约 1 cm，多节，基部节生不定根。叶鞘长于节间，肥厚，有小横脉；叶舌膜质，长约 1.5 cm，顶端尖；叶片长 50 ~ 90 cm，宽 1.5 ~ 3 cm。圆锥花序长 30 ~ 50 cm，分枝多数簇生，上升，果期开展。颖果圆柱形，长约 1.2 cm。

分布与生境：产于黑龙江、吉林、辽宁、内蒙古、河北、河南、山东、陕西、甘肃、江苏、安徽、浙江、台湾、福建、江西、湖北、湖南、广东、海南、广西、贵州、四川及云南，多生于湖边或池塘边水中。亚洲温带地区、日本、俄罗斯及欧洲有分布。

食用部位与食用方法：秆基嫩茎为真菌寄生后，粗大肥嫩，称茭瓜，是美味蔬菜。颖果称菰米，可食用，有营养保健价值。

72. 芦苇

Phragmites australis (Cav.) Trin. ex Steud.

识别要点：多年生，根状茎发达。秆高 1 ~ 3（~ 8）m，直径 1 ~ 4 cm，具 20 多节，最长节间位于下部第 4 ~ 6 节，长 20 ~ 25（~ 40）cm，节下被蜡粉。叶鞘下部者短于上部者，长于节间；叶舌边缘密生一圈长约 1 mm 纤毛，两侧缘毛长 3 ~ 5 mm，易脱落；叶片长 30 cm，宽 2 cm。圆锥花序长 20 ~ 40 cm，宽约 10 cm，分枝多数，长 5 ~ 20 cm，着生稠密下垂的小穗。

分布与生境：产于全国各省区，生于江河湖泽、池塘沟渠沿岸和低湿地。为全球广泛分布的多型种。在各种有水源的空旷地带，常形成连片芦苇群落。

食用部位与食用方法：白色嫩根状茎俗称芦根，可食用。《洪湖赤卫队》及《沙家浜》中的新四军曾以此充饥。

食疗保健与药用功能：味甘，性寒，有清热生津、止呕、止咳之功效，适用于热病伤津、口渴（用鲜品效果更佳）、胃热呕吐、肺热及风热咳嗽等病症。

73. 甜根子草

Saccharum spontaneum L.

识别要点：具发达横走的长根状茎。秆高 1 ~ 2 m，直径 4 ~ 8 mm，中空，5 ~ 10 节，节具短毛，节下常有白色蜡粉，紧接花序以下被白色柔毛。叶鞘鞘口具柔毛，叶舌长约 2 mm，褐色，先端具纤毛；叶线形，长 30 ~ 70 cm，宽 4 ~ 8 mm，无毛，灰白色，边缘锯齿状粗糙。圆锥花序长 20 ~ 40 cm，稠密，主轴密生丝状柔毛；总状花序轴节间长约 5 mm，边缘与外侧面疏生长丝毛。

分布与生境：产于河南、陕西、甘肃、新疆、江苏、安徽、

台湾、福建、江西、湖北、湖南、广东、海南、广西、贵州、四川、云南及西藏，生于海拔 2 000 m 以下平原、山坡、河旁、溪边、砾石沙滩。东南亚、澳大利亚东部至日本、欧洲南部有分布。

食用部位与食用方法：嫩根状茎及嫩茎味甜，可食。

食疗保健与药用功能：味甘，性凉，有清热止咳、利尿之功效，适用于感冒发热、口干、咳嗽、小便不利等病症。

74. 南荻

Miscanthus lutarioriparius L. Liu ex Renvoize & S. L. Chen

识别要点：多年生高大竹状草本，根状茎横走。秆深绿色或带紫色至褐色，常被宿存蜡粉，高 5.5 ~ 7.2 m，直径 2 ~ 3.5（~ 4.7）cm，具 42 ~ 47 节，节部膨大，秆环隆起，分枝长约 1 m，下部节间长 20 ~ 24 cm。叶鞘淡绿色，与节间近等长；叶带状，长 90 ~ 98 cm，宽约 4 cm，边缘锯齿较短。圆锥花序长 30 ~ 40 cm，主轴长达花序中部，具 100 枚以上总状花序；总状花序轴节部长约 5.5 mm。

分布与生境：产于长江中下游以南各省，生于海拔 30 ~ 40 m 江洲湖滩、江岸、河边或堤旁。

食用部位与食用方法：白色嫩根状茎可食。

75. 荻

Miscanthus sacchariflorus (Maxim.) Hackel

识别要点：具被鳞片长匍匐根状茎，节部有粗根与幼芽。秆高 1 ~ 1.5 m，直径约 5 mm，10 多节，节密生柔毛。叶鞘无毛；叶宽线形，长 20 ~ 50 cm，宽 0.5 ~ 1.8 cm，上面基部密生柔毛，余无毛，边缘锯齿状粗糙，基部常缢缩成柄。圆锥花序伞房状，长 10 ~ 20 cm，宽约 10 cm；主轴无毛，分枝 10 ~ 20 枚，腋间生柔毛；总状花序轴节间长 4 ~ 8 mm。

分布与生境：产于黑龙江、吉林、辽宁、河北、山东、山西、河南、陕西、宁夏、甘肃、安徽、浙江、湖北、贵州、四川等省区，生于山坡草地、平原岗地、河岸湿地。日本、朝鲜半岛及俄罗斯西伯利亚有分布。

食用部位与食用方法：白色嫩根状茎可食。

76. 白茅 丝茅、茅根

Imperata cylindrica (L.) Raeuschel

　　识别要点：多年生，具多节的长根状茎。秆直立，高 25 ~ 90 cm，2 ~ 4 节，节裸露，具白柔毛。叶鞘无毛或上部及边缘具柔毛，鞘口具疣基柔毛，鞘常集于秆基，老时纤维状；叶线形或线状披针形，长 10 ~ 40 cm，宽 2 ~ 8 mm，边缘粗糙，上面被柔毛；顶生叶长 1 ~ 3 cm。圆锥花序穗状，长 6 ~ 15 cm，宽 1 ~ 2 cm，分枝密集。

　　分布与生境：产于黑龙江、辽宁、内蒙古、河北、河南、山东、山西、陕西、甘肃、新疆、江苏、安徽、浙江、台湾、福建、江西、湖北、湖南、广东、海南、广西、贵州、四川、云南及西藏，为南方草地优势植物，是森林砍伐或火烧迹地的先锋植物，也是空旷地、果园、撂荒地、田坎、堤岸和路边常见杂草。非洲东南部、马达加斯加、阿富汗、伊朗、印度、斯里兰卡、马来西亚、印度尼西亚、菲律宾、日本及大洋洲有分布。

　　食用部位与食用方法：根状茎具果糖、葡萄糖等，味甜，可炒食、炖食或做汤食用，亦可与糖、醋调料腌食。

　　食疗保健与药用功能：味甘，性寒，有清热利尿、止血凉血之功效，适用于血热出血、热淋、水肿及胃热呕吐、肺热咳嗽等病症。

天南星科 Araceae

77. 花魔芋 魔芋（天南星科 Araceae）

Amorphophallus konjac K. Koch

识别要点：多年生草本，块茎扁球形，直径 7.5 ~ 25 cm，暗红褐色。鳞片叶 2 ~ 3 枚，披针形；正常叶绿色，1 枚，直径达 1 m，掌状 3 全裂，每裂片再 2 回羽状分裂，小裂片互生，大小不等，矩圆状椭圆形，外侧下延成翅状；叶柄长 0.5 ~ 1.5 m，黄绿色，具光泽，有黑色、绿褐色或白色斑块。佛焰状苞片漏斗状，长 20 ~ 30 cm，管部绿色，边缘紫红色，内面深紫红色；花序长为佛焰苞 2 倍。

分布与生境：产于陕西、甘肃、宁夏、江苏、安徽、江西、湖北、湖南、广东、贵州、四川及云南，生于海拔 200 ~ 3 000 m 疏林下、林缘或溪边湿润地或栽培。喜马拉雅山区至泰国、越南有分布。

食用部位与食用方法：块茎富含淀粉，可加工制成魔芋豆腐食用。魔芋豆腐制作方法：将魔芋去皮，打成浆粉，与米粉混合，先用冷水调匀，慢慢均匀倒入开水中，不断搅拌使成糊状，原料倒完后继续搅拌 10 min，并煮 30 min，然后将配好的碱水一根线似地倒入锅中，慢倒快搅，使颜色由灰绿色转为灰白色或灰黑色。碱水倒毕后继续搅一段时间，使碱胶充分混合，微火再煮 30 min，用手触摸豆腐表面，以不粘手为度。否则碱不够，需再加。停火后闷 30 min，加入冷水，用刀划成几大块，捞起滤干。将锅洗净，放入魔芋豆腐，再加水，大火猛煮，换几次水，直至水中无涩味方能食用。

食疗保健与药用功能：味辛，性温，有毒，有化痰散积、化瘀消肿、解毒之功效，能减肥、降血压、降血糖、降胆固醇，可治痰咳、积滞、疟疾、经闭、跌打损伤、丹毒、烫伤、便秘、眼睛蛇咬伤等病症。

注意事项：块茎有毒，必须用碱水漂洗，煮熟后方可食用。碱水可用生石灰水，或稻草灰水，或烧碱水，或苏打粉水制作，起凝胶剂作用。

78. 芋 芋头（天南星科 Araceae）

Colocasia esculenta (L.) Schott

识别要点：湿生草本，块茎通常卵形，生多数小块茎。叶 2 ~ 3 枚或更多；叶片卵状，长 20 ~ 50 cm，先端短尖或短渐尖，侧脉 4 对，斜伸达叶缘，后裂片圆形，合生长度 1/3 ~ 1/2，弯缺较钝，深 3 ~ 5 cm，基脉相交成 30° 角；叶柄长 20 ~ 90 cm，绿色。

分布与生境：原产我国、印度和马来半岛。我国南北各地广为栽培，亦有逸为野生。埃及、菲律宾、印度尼西亚等热带地区盛行栽种。

食用部位与食用方法：块茎富含淀粉，可食，作羹菜，代粮或制淀粉；叶柄可剥皮煮食或晒干贮用。

泽泻科 Alismataceae

79. 野慈姑 慈姑（泽泻科 Alismataceae）

Sagittaria trifolia L.

识别要点：多年生沼生草本。具匍匐茎或球茎；球茎小，最长 2 ~ 3 cm。叶基生，挺水；叶片箭形，大小变异很大，顶端裂片与基部裂片间不缢缩，顶端裂片短于基部裂片，基部裂片尾端线尖；叶柄基部鞘状。花序圆锥状或总状，总花梗长 20 ~ 70 cm，花多轮。

分布与生境：除西藏外，全国其他省区均产，生于湖泊、沼泽、池塘、沟渠或水田中。广布亚洲各地。

食用部位与食用方法：秋季挖采球茎，洗净后可炒食、煲汤、煮食或蒸煮后蘸白糖吃。嫩茎叶也可炒食。

食疗保健与药用功能：味辛，性寒，有清热解毒、活血通淋、润肺止咳、消痈散结之功效，适用于恶疮丹毒、黄疸、肺热咳嗽等病症。

注意事项：球茎有小毒，不宜生食。

棕榈科（Arecaceae/Palmae）

识别要点：木本。茎常不分枝，单生或丛生。叶在芽时折叠（扇）状，成熟后通常羽状分裂或掌状分裂，叶柄基部残存，常有具纤维的鞘。

分布与生境：2 800 余种，主产于北半球热带地区，生于林中。

食用部位与食用方法：植株顶部受保护的芽称棕心，质地细嫩、美味可口，为世界名贵蔬菜，可熟食或罐制食用；若遇有麻、苦、涩味的棕心，则可采用与竹笋去麻、苦、涩味相同的方法进行处理，然后食用。有些种类的果实、树干髓心等可食。常见有以下种类。

注意事项：采集野生棕榈科植物的棕心时，需将其砍倒取心，会导致资源逐渐减少。因此，需注意保护野生资源或发展人工栽培。

80. 黄藤

Daemonorops jenkinsiana (Griff.) Mart.

识别要点：常绿藤本。茎初直立，后攀缘。叶羽状全裂；顶端延伸为具爪状刺纤鞭；叶轴具刺，在下部腹面的为直刺，背面沿中央为单刺，上部为 2 ~ 5 个合生刺；叶柄背面具疏刺，腹面密被合生短刺；叶鞘具多数细长、轮生的刺；羽片多数，等距排列，线状剑形，先端钻状尖，长 30 ~ 45 cm，具 3（~ 5）肋，具刚毛，边缘具细密纤毛。雌雄异株；花序直立，花前为佛焰苞所包，长 25 ~ 30 cm；雄花序分枝密集，长约 3 cm；雌花序分枝长 2 ~ 4 cm。

分布与生境：产于福建、广东、海南、广西及贵州，生于海拔 1 000 m 以下的低地雨林。尼泊尔、不丹、印度、孟加拉国、缅甸、越南、老挝、柬埔寨和泰国有分布。

食用部位与食用方法：茎髓可取淀粉供食用。

81. 江边刺葵

Phoenix roebelenii O'Brien

识别要点：常绿，茎丛生，栽培时常单生，高 1 ~ 3 m，直径约 10 cm，具宿存三角状叶柄基部。叶长 1.5 ~ 2 m，羽状全裂；羽片 2 列，线形，较软，长 20 ~ 40 cm，两面深绿色，背面沿叶脉被灰白色鳞秕，下部羽片成细长软刺。雌雄异株。

分布与生境：产于云南，生于海拔 480 ~ 900 m 澜沧江、怒江岸边；台湾、福建、广东、广西有栽培。缅甸、老挝、越南、泰国和印度有分布。

食用部位与食用方法：嫩芽（棕心）可作蔬菜食用。

82. 棕榈 棕树

Trachycarpus fortunei (Hook.) H. Wendl.

识别要点：乔木状，高 3 ~ 10 m 或更高，树干圆柱形，被叶柄基部密集的网状纤维。叶片 3/4 圆形或近圆形，深裂成 30 ~ 50 片具皱折的线状剑形裂片，裂片长 60 ~ 70 cm，先端 2 短裂或 2 齿；叶柄长 75 ~ 80 cm 或更长，两侧具细圆齿。花序多次分枝，生于叶腋，雌雄异株；雌花序长 80 ~ 90 cm，花序梗长约 40 cm，有 3 个佛焰苞。

分布与生境：产于陕西、甘肃、安徽、浙江、福建、湖北、湖南、广东、广西、贵州、四川及云南，生于海拔 2 400 m 以下林中，常见栽培。不丹、尼泊尔、印度、缅甸和越南有分布。

食用部位与食用方法：嫩芽（棕心）可做蔬菜；佛焰状花苞称"棕鱼"，可食用。煅烧成炭可入药，即棕榈炭，有止血之功效，适用于多种出血症。

83. 棕竹
Rhapis excelsa (Thunb.) Henry

识别要点：丛生灌木，高 1.5 ～ 3 m。茎圆柱形，有节，直径 2 ～ 3 cm，上部被网状纤维叶鞘所包。叶掌状，4 ～ 10 深裂，裂片条状披针形，长 20 ～ 30 cm，具 2 ～ 5 肋脉，先端平截，边缘或中脉有短齿刺，横脉多而明显；叶柄长 8 ～ 20 cm，稍扁平，叶鞘淡黑色，裂成粗纤维质网状。花序长达 30 cm，具 2 ～ 3 枚分枝花序。浆果球形，直径 0.8 ～ 1 cm。

分布与生境：产于福建、广东、广西、海南、贵州、四川及云南，生于海拔 300 ～ 500 m 山地疏林中，常见栽培。日本有分布。

食用部位与食用方法：嫩芽（棕心）可作蔬菜。

84. 董棕
Caryota obtusa Griff.

识别要点：乔木状，高 5 ～ 12 m，直径 25 ～ 30 cm。茎单生，黑褐色，具环状叶痕。叶长 3.5 ～ 5 m，弓状下弯；羽片宽楔形或窄斜楔形，长 15 ～ 29 cm；叶柄长 1.3 ～ 2 m，基部直径约 5 cm，被脱落性棕黑色毡状茸毛，叶鞘边缘具网状棕黑色纤维。佛焰苞长 30 ～ 45 cm；花序长 1.5 ～ 2.5 m。

分布与生境：产于广西西南部及云南，生于海拔 500 ～ 1 800 m 石灰岩山地或沟谷林中。印度、斯里兰卡、缅甸、越南、老挝、柬埔寨及泰国有分布。

食用部位与食用方法：幼树茎尖可作蔬菜；茎髓心含淀粉，可供食用。嫩叶可炒食。

85. 鱼尾葵

Caryota maxima Bl. ex Mart.

识别要点：乔木状，高 10 ~ 15（~ 20）m，直径 15 ~ 35 cm。茎单生。叶长 3 ~ 4 m；羽片长 15 ~ 20 cm，宽 3 ~ 10 cm，互生，稀顶部的近对生，最上部的 1 枚较大，楔形，先端 2 ~ 3 裂，侧边的较小，半菱形，外缘直，内缘上半部或 1/4 以上弧曲成不规则齿缺，延伸成短尖或尾尖。佛焰苞与花序无糠秕状鳞秕，花序长 3 ~ 3.5（~ 5）m，具多数穗状分枝花序，长 1.5 ~ 2.5 m。

分布与生境：产于福建、广东、海南、广西、贵州及云南，生于海拔 200 ~ 1 800 m 山坡或沟谷林中。亚热带地区有分布。

食用部位与食用方法：茎髓心含淀粉，可作桄榔粉代用品。

86. 短穗鱼尾葵

Caryota mitis Lour.

识别要点：小乔木状，高 5 ~ 8 m，直径 8 ~ 15 cm。茎丛生。叶长 3 ~ 4 m，下部羽片小于上部羽片，羽片楔形或斜楔形，外缘直，内缘 1/2 以上弧曲成不规则齿缺，延伸成尾尖或短尖；叶柄被褐黑色毡状茸毛，叶鞘边缘具网状棕黑色纤维。佛焰苞与花序被糠秕状鳞秕，花序长 25 ~ 40 cm，具密集穗状分枝花序。花期 4 ~ 6 月。

分布与生境：产于广东、海南及广西，生于海拔 1 000 m 以下山谷林中。越南、缅甸、印度、马来西亚、菲律宾及印度尼西亚有分布。

食用部位与食用方法：茎髓心含淀粉，供食用；花序液汁含糖分，供制糖或酿酒。

87. 山棕 矮桄榔
Arenga engleri Becc.

识别要点：丛生灌木，高 2 ~ 3 m。叶羽状全裂，长 2 ~ 3 m，羽片互生，长 30 ~ 55 cm，宽 2 ~ 3 cm，基部羽片较窄短，上部的较宽短，线形，基部窄，一侧有耳垂，顶部具细齿，中部以上边缘具啮蚀状齿，顶部羽片先端宽，具啮蚀状齿；叶柄基部上面具凹槽，下面凸圆，余近半圆柱形，叶轴三棱形，与叶柄均被黑色鳞秕，叶鞘为黑色网状纤维。花序生于叶间，长 30 ~ 50 cm，分枝多，长约 30 cm，螺旋状排列于花序轴上。花雌雄同株；雄花长约 1.5 cm，黄色，有香气；雌花近球形。果实近球形，具钝 3 棱，成熟时红色，长 1.7 cm。

分布与生境：产于台湾、福建及广西，生于海拔 900 m 以下林中。日本琉球群岛有分布。

食用部位与食用方法：茎干顶芽可鲜食配菜或制罐头。

香蒲科 Typhaceae

识别要点：多年生沼生、水生或湿生草本。根状茎横走，须根多。地上茎直立，叶 2 列，互生；鞘状叶很短，基生；线形叶直立或斜上，全缘；叶鞘长。穗状花序，棒形或烛状；雄花序生于上部至顶端，雌花序位于下部，与雄花序相接或相互远离。

分布与生境：1 属，约 16 种，分布于热带至温带地区。我国有 11 种。生于沼泽、池塘、湖泊、河边、湿地或沟渠。

食用部位与食用方法：本属植物根状茎顶端白色幼嫩部分和嫩叶基部均可作蔬菜食用。常见有以下种类。

88. 东方香蒲 香蒲（香蒲科 Typhaceae）

Typha orientalis Presl

识别要点：多年生水生或沼生草本；根状茎乳白色。茎高达 2 m。叶线形，长 40 ~ 70 cm，宽 4 ~ 9 mm；叶鞘抱茎。雌雄花序紧密连接；雄花序长 2.7 ~ 9.2 cm；雌花序长 4.5 ~ 15.2 cm。花果期 5 ~ 8 月。

分布与生境：产于黑龙江、吉林、辽宁、陕西、内蒙古、山西、山东、河北、河南、江苏、安徽、浙江、台湾、江西、湖北、湖南、广东、广西、贵州、四川、云南及西藏，生于湖泊、池塘、沟渠、沼泽或河流缓流带。日本、俄罗斯、菲律宾及大洋洲有分布。

食用部位与食用方法：根状茎顶端和嫩叶基部可作蔬菜食用。

食疗保健与药用功能：花粉可入药，有化瘀止血、利尿之功效，适用于各种内外出血症及血淋、尿血等病症。

89. 宽叶香蒲（香蒲科 Typhaceae）

Typha latifolia L.

识别要点：多年生水生或沼生草本；根状茎乳黄色，顶端白色。茎高 1 ~ 2.5 m。叶线形，长 45 ~ 95 cm，宽 5 ~ 15 mm；叶鞘抱茎。雌雄花序紧密连接；雄花序长 3.5 ~ 12 cm；雌花序长 5 ~ 22.5 cm。花果期 5 ~ 8 月。

分布与生境：产于黑龙江、吉林、辽宁、陕西、甘肃、新疆、内蒙古、河北、河南、浙江、湖北、湖南、贵州、四川、云南及西藏，生于湖泊、池塘、沟渠、沼泽或河流缓流浅水带。日本、俄罗斯、巴基斯坦、亚洲其他地区、欧洲、美洲及大洋洲有分布。

食用部位与食用方法：根状茎顶端和嫩叶基部质地脆嫩，颜色洁白，清香爽口，可炒、炝、烧、炖、煮、做汤、调馅或腌制成咸菜食用。

90. 无苞香蒲（香蒲科 Typhaceae）

Typha laxmannii Lepech.

识别要点：多年生水生或沼生草本；根状茎乳黄色或浅褐色，顶端白色。茎高 0.8 ~ 1.3 m。叶窄线形，长 50 ~ 90 cm，宽 2 ~ 4 mm；叶鞘紧抱茎。雌雄花序远离；雄花序长 6 ~ 14 cm；雌花序长 4 ~ 6 cm。花果期 6 ~ 9 月。

分布与生境：产于黑龙江、吉林、辽宁、陕西、甘肃、宁夏、青海、新疆、内蒙古、河北、山西、山东、河南、江苏及四川西北部，生于湖泊、池塘、沟渠、沼泽、湿地、水沟或河流缓流浅水带。俄罗斯、巴基斯坦、欧洲等地有分布。

食用部位与食用方法：根状茎顶端和嫩叶基部可作蔬菜食用。

91. 水烛（香蒲科 Typhaceae）

Typha angustifolia L.

识别要点：多年生水生或沼生草本；根状茎乳黄色或灰黄色，顶端白色。茎高 1.5 ~ 3 m。叶线形，长 0.5 ~ 1.2 m，宽 4 ~ 9 mm；叶鞘抱茎。雌雄花序相距 2.5 ~ 7 cm；雌花序长 15 ~ 30 cm。花果期 6 ~ 9 月。

分布与生境：产于黑龙江、吉林、辽宁、陕西、甘肃、青海、新疆、内蒙古、河北、河南、山东、江苏、安徽、浙江、福建、台湾、湖北、广东、海南、广西、贵州及云南西北部，生于湖泊、河流或池塘、沼泽或沟渠。尼泊尔、印度、巴基斯坦、日本、俄罗斯、欧洲、美洲及大洋洲有分布。

食用部位与食用方法：根状茎顶端和嫩叶基部可炒食。

食疗保健与药用功能：花粉可入药，同东方香蒲。

92. 小香蒲（香蒲科 Typhaceae）

Typha minima Funck ex Hoppe

识别要点：多年生水生或沼生草本；根状茎姜黄色或黄褐色，顶端乳白色。茎高 16 ~ 65 cm。叶线形，长 15 ~ 40 cm，宽约 2 mm；叶鞘抱茎。雌雄花序远离；雌花序长 2 ~ 5 cm。花果期 5 ~ 8 月。

分布与生境：产于黑龙江、吉林、辽宁、陕西、甘肃、新疆、内蒙古、河北、河南、山西、山东、湖北及四川，生于池塘、水沟边浅水处、干后湿地或低洼处。阿富汗、巴基斯坦、亚洲北部、俄罗斯及欧洲有分布。

食用部位与食用方法：根状茎顶端和嫩叶基部可炒食。

莎草科 Cyperaceae

93. 水葱（莎草科 Cyperaceae）

Schoenoplectus tabernaemontani (C. C. Gmel.) Palla

识别要点：多年生水生草本；具粗壮匍匐根状茎。秆实心，圆柱状，高 1 ~ 2 m，平滑，单生于匍匐根状茎节上，基部有叶鞘 3 ~ 4 枚，鞘膜质，最上部叶鞘具叶片。叶片线形，长 1.5 ~ 11 cm。

分布与生境：产于黑龙江、吉林、辽宁、内蒙古、河北、山西、河南、陕西、甘肃、宁夏、青海、新疆、山东、江苏、安徽、浙江、台湾、湖北、湖南、广东、广西、贵州、四川、云南及西藏，生于海拔 300 ~ 3 200 m 湖泊或浅水塘。亚洲中部至东部、美洲及大洋洲有分布。

食用部位与食用方法：采嫩笋芽、嫩秆，去杂洗净，可炒食、做汤或作配料。

食疗保健与药用功能：性平，味甘、淡，有利水消肿之功效，适用于水肿胀满、小便不利等病症。

百合科 Liliaceae

94. 白背牛尾菜（百合科 Liliaceae）

Smilax nipponica Miq.

识别要点：一年生或多年生草本，直立或稍攀缘。具根状茎，地上茎长 1 m，中空，无刺。单叶互生，叶片卵形或长圆形，长 4 ~ 20 cm，基部心形或近圆形，叶背苍白色，常有粉尘状微毛，具 5 条主脉和网状细脉；叶柄脱落点位于上部，卷须位于基部至近中部。伞形花序；花绿黄色或白色。浆果直径 7 ~ 9 mm，熟时黑色。

分布与生境：产于辽宁、山东、河南、安徽、浙江、台湾、福建、江西、湖北、湖南、广东、贵州、四川及云南，生于海拔 200 ~ 1 400 m 林下、水边或山坡草丛中。日本及朝鲜有分布。

食用部位与食用方法：根状茎富含淀粉，经去杂洗净、刮去外皮后，可煮食或与肉类炖食或酿酒。嫩芽、幼叶经洗净、沸水焯、清水浸泡后，可炒食、凉拌或做汤。

食疗保健与药用功能：根状茎性平，味苦，有舒筋活血、通络止痛之功效，适用于腰腿筋骨痛。

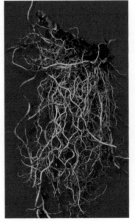

95. 牛尾菜（百合科 Liliaceae）

Smilax riparia A. DC.

识别要点：多年生草质藤本。具根状茎，地上茎长 1 ~ 2 m，中空，无刺。单叶互生，有时在幼枝上近对生，叶片卵形、椭圆形或长圆状披针形，长 7 ~ 15 cm，叶背绿色，具 5 条主脉和网状细脉；叶柄脱落点位于上部，卷须位于中部以下。伞形花序；花淡绿色。浆果直径 7 ~ 9 mm，熟时黑色。

分布与生境：产于黑龙江、吉林、辽宁、内蒙古、河北、河南、山西、陕西、甘肃、山东、江苏、安徽、浙江、台湾、福建、江西、湖北、湖南、广东、海南、广西、贵州、四川及云南，生于海拔 2 100 m 以下林内、灌丛或草丛中。日本、朝鲜及菲律宾有分布。

食用部位与食用方法：根状茎富含淀粉，经去杂洗净、刮去外皮后，可煮食或与肉类炖食或酿酒。嫩芽、幼叶经洗净、沸水焯、清水浸泡去除异味后，可炒食、凉拌、做汤、拖面炸食。

食疗保健与药用功能：根状茎性平，味甘苦，归肝、肺二经，有补气活血、祛痰止咳、舒筋通络之功效。

96. 黑果菝葜（百合科 Liliaceae）

Smilax glaucochina Warb.

识别要点：攀缘灌木。茎长 0.5 ~ 4 m，常疏生刺。叶互生，常椭圆形，长 5 ~ 8 cm，背面苍白色，具 3 ~ 5 条主脉和网状细脉；叶柄基部有卷须。伞形花序；花绿黄色。浆果直径 7 ~ 8 mm，熟时黑色。花期 3 ~ 5 月，果期 10 ~ 11 月。

分布与生境：产于陕西、甘肃、山西、河南、江苏、安徽、浙江、台湾、江西、湖北、湖南、广东、广西、贵州及四川，生于海拔 1 600 m 以下林内、灌丛或山坡。

食用部位与食用方法：根状茎富含淀粉，经去杂洗净、刮去外皮后，可煮食或与肉类炖食或酿酒。

食疗保健与药用功能：有清热之功效。

97. 土茯苓（百合科 Liliaceae）

Smilax glabra Roxb.

识别要点：攀缘灌木。根状茎块状，直径 2 ~ 5 cm；茎长达 4 m，无刺。叶互生，椭圆形，长 5 ~ 8 cm，背面苍白色，具 3 ~ 5 枚主脉和网状细脉；叶柄基部有卷须。伞形花序；花绿黄色。浆果直径 7 ~ 8 mm，熟时黑色。花期 3 ~ 5 月，果期 10 ~ 11 月。

分布与生境：产于陕西、甘肃、河南、江苏、安徽、浙江、福建、台湾、江西、湖北、湖南、广东、海南、广西、贵州、四川、云南及西藏，生于海拔 1 800 m 以下林内、灌丛、山坡、河岸、山谷及林缘。印度、缅甸、越南和泰国有分布。

食用部位与食用方法：根状茎富含淀粉，经去杂洗净、刮去外皮后，可煮食或与肉类炖食或制糕点或酿酒。

食疗保健与药用功能：味甘、淡，性平，有解毒、除湿、利关节之功效，适用于火毒疔疮、湿疹湿疮、风湿热痹、关节疼痛等病症。

98. 抱茎菝葜（百合科 Liliaceae）

Smilax ocreata A. DC.

识别要点：攀缘灌木。茎长达 7 m，常疏生刺。叶互生，卵形或椭圆形，长 9 ~ 20 cm，具 3 ~ 5 条主脉和网状细脉；叶柄基部两侧具耳状鞘，鞘穿茎状抱茎或抱枝，有卷须。圆锥花序长 4 ~ 10 cm，由 2 ~ 4（~ 7）枚伞形花序组成；花黄绿色，稍带淡红色。浆果直径 7 ~ 8 mm，熟时暗红色，具粉霜。花期 3 ~ 6 月，果期 7 ~ 10 月。

分布与生境：产于台湾、湖北、广东、海南、广西、贵州、四川、云南及西藏，生于海拔 2 200 m 以下林内、灌丛、阴湿坡地或山谷中。越南、缅甸、尼泊尔、不丹及印度有分布。

食用部位与食用方法：根状茎富含淀粉，经去杂洗净、刮去外皮后，可煮食或与肉类炖食或酿酒。

食疗保健与药用功能：有清热解毒、利湿之功效。

99. 肖菝葜（百合科 Liliaceae）

Heterosmilax japonica Kunth

识别要点：攀缘灌木，全株无毛。叶互生，卵形、卵状披针形或心形，长 6 ~ 20 cm，基部心形，具 3 ~ 5 条主脉和网状支脉；叶柄近下部有卷须和窄鞘。伞形花序。浆果扁球形，直径 6 ~ 10 mm，成熟时黑色。花期 6 ~ 8 月，果期 7 ~ 11 月。

分布与生境：产于陕西、甘肃、安徽、浙江、福建、台湾、江西、湖北、湖南、广东、海南、广西、贵州、四川及云南，生于海拔 500 ~ 1 800 m 山坡密林中或路边杂木林下。不丹、印度和日本有分布。

食用部位与食用方法：根状茎富含淀粉，经去杂洗净、刮去外皮后，可煮食或与肉类炖食或酿酒。

食疗保健与药用功能：性平，味甘，有清热解毒、利湿之功效。

 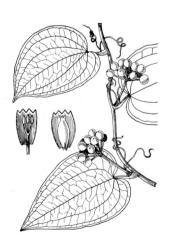

百合科 Liliaceae

贝母属 Fritillaria L.

识别要点：多年生草本。鳞茎深埋土中，由鳞片和鳞茎盘组成，近卵球形或球形，稀莲座状，外有鳞茎皮，鳞片白粉质。茎直立，不分枝。茎生叶对生、轮生或散生，先端常卷曲，基部半抱茎。花常钟形，俯垂，在果期直立，辐射对称，单朵顶生或多朵成总状或伞形花序，具叶状苞片。花被片6枚，2轮排列；雄蕊6枚。蒴果具6条棱，棱上常有翅。

分布与生境：约130种，主要分布于北半球温带地区。我国有24种。

食用部位与食用方法：鳞茎可食用或作药膳食用。常见有以下种类。

100. 伊贝母（百合科 Liliaceae）

Fritillaria pallidiflora Schrenk ex Fischer & C. A. Meyer

识别要点：植株高达48 cm。鳞茎较大，直径1 ~ 4 cm。叶互生，有时近对生或近轮生；茎生叶5 ~ 17枚，最下叶宽披针形、椭圆形或长圆形，长5 ~ 7 cm，宽2 ~ 4 cm，先端不卷曲。花1 ~ 5朵，钟形，黄色或淡黄色，内面具红色或暗红色斑点，不成方格状。蒴果棱上具宽翅。花期5月。

分布与生境：产于新疆北部，生于海拔1 300 ~ 2 500 m山地云杉林下或草坡灌丛中。中亚、天山地区及克什米尔地区有分布。

食用部位与食用方法：同属的介绍。

食疗保健与药用功能：鳞茎味苦、甘，性微寒，归肺、心二经，有清热润肺、化痰止咳之功效，适用于风热、干咳少痰、阴虚劳嗽、咳痰带血、燥热咳嗽等病症。

101. 川贝母（百合科 Liliaceae）

Fritillaria cirrhosa D. Don.

识别要点：植株高达 60 cm。鳞茎球形或宽卵球形，直径 1 ~ 2 cm。叶常对生，少兼有散生或轮生，线形或线状披针形，长 4 ~ 12 cm，宽 3 ~ 5 mm，先端卷曲或不卷曲。花通常单生，黄色或黄绿色，具多少不一的紫色斑点及方格纹，有时紫色斑点或方格纹多而超过黄绿色面积。蒴果棱上具窄翅。花期 5 ~ 7 月。

分布与生境：产于甘肃、青海、四川、云南及西藏，生于海拔 3 200 ~ 4 600 m 高山灌丛、草甸或冷杉林中。

克什米尔地区、巴基斯坦、阿富汗、印度、尼泊尔、不丹及缅甸有分布。

食用部位与食用方法：同属的介绍。

食疗保健与药用功能：鳞茎味苦、甘，性微寒，归肺、心二经，有清热润肺、止咳、化痰之功效，适用于虚劳咳嗽、干咳少痰、咳痰带血、肺热燥咳等病症。

102. 太白贝母（百合科 Liliaceae）

Fritillaria taipaiensis P. Y. Li

识别要点：植株高达 50 cm。茎生叶 5 ~ 10 枚，对生，中部兼有轮生或散生，线形或线状披针形，长 7 ~ 13 cm，宽 2 ~ 8 mm，先端直伸或卷曲。花 1 ~ 2 朵，黄绿色，具紫色斑点，紫色斑点密集成片状而使得花被片呈紫色。蒴果棱上具翅。花期 5 ~ 6 月。

分布与生境：产于陕西、甘肃、宁夏、山西、河南、湖北及四川，生于海拔 2 000 ~ 3 200 m 山坡草地、灌丛内或山沟石壁阶地草丛中。

食用部位与食用方法：同属的介绍。

食疗保健与药用功能：鳞茎性微寒，味甘苦，有清肺、化痰、止咳之功效。

103. 天目贝母（百合科 Liliaceae）

Fritillaria monantha Migo

识别要点：植株高达 60 ~ 100 cm。鳞茎具 2 ~ 3 枚鳞片，直径 1.2 ~ 2 cm。叶对生、轮生兼有散生、椭圆状披针形、长圆形或披针形，长 5 ~ 12 cm，宽 1.5 ~ 4 cm，先端不卷曲或少卷曲。花 1 ~ 4 朵，淡黄色或淡紫色，具黄褐色或紫色方格纹或斑点。蒴果棱上具翅。花期 4 ~ 6 月。

分布与生境：产于河南、安徽、浙江、江西、湖北、湖南、贵州及四川东部，生于海拔 100 ~ 1 600 m 林下、水边或潮湿地、石灰岩土壤及河滩地。

食用部位与食用方法：同属的介绍。

食疗保健与药用功能：鳞茎性微寒，味苦，有清肺止咳化痰、散结消肿之功效。

104. 新疆贝母（百合科 Liliaceae）

Fritillaria walujewii Regel

识别要点：植株高达 50 cm。鳞茎直径 1 ~ 2.5 cm。叶革质，对生或轮生，最下叶披针形，先端钝，最上叶先端尖而卷曲，长 5 ~ 12 cm，宽 0.4 ~ 2 cm。花单生，白绿色或淡紫色，内面淡褐紫色，稍具白色斑点和微弱小方格纹。蒴果长圆柱形。花期 4 ~ 5 月。

分布与生境：产于青海及新疆，生于海拔 1 300 ~ 2 000 m 山地草原、草甸、灌木丛下或云杉林间空地。

食用部位与食用方法：同属的介绍。

食疗保健与药用功能：同伊贝母。

105. 黄花贝母（百合科 Liliaceae）

Fritillaria verticillata Willd.

识别要点：植株高 50 ~ 100 cm。鳞茎直径约 2 cm。叶自茎 1/3 处着生，对生或轮生，最下叶较宽，向上渐窄，长 5 ~ 9 cm，宽 0.2 ~ 1 cm，通常先端卷曲。花 1 ~ 5 朵，白色或淡黄色，稀淡紫色，内面无斑纹，或具紫褐色方格纹。蒴果具 2 ~ 4 cm 宽的翅。花期 4 ~ 6 月。

分布与生境：产于新疆北部，生于海拔 1 300 ~ 2 000 m 山坡灌丛下或草甸中。俄罗斯及中亚有分布。

食用部位与食用方法：同属的介绍。

食疗保健与药用功能：同伊贝母。

106. 浙贝母（百合科 Liliaceae）

Fritillaria thunbergii Miq.

识别要点：植株高达 80 cm。鳞茎直径 1.5 ~ 3 cm，鳞片 2 枚。叶对生、轮生或散生，披针形或线状披针形，长 7 ~ 11 cm，宽 1 ~ 2.5 cm，先端稍卷曲。花 1 ~ 6 朵，淡黄色，内面有时具不明显方格。蒴果棱上具翅。花期 3 ~ 4 月，果期 5 月。

分布与生境：产于河南东南部、江苏、安徽、浙江、湖北及湖南，生于海拔 600 m 以下竹林内或稍荫蔽处。

食用部位与食用方法：同属的介绍。

食疗保健与药用功能：鳞茎味苦，性寒，有清肺化痰、散结消肿之功效，适用于风热、燥热、痰热咳嗽及疮痈、肺痈等病症。

107. 平贝母（百合科 Liliaceae）

Fritillaria ussuriensis Maxim.

识别要点：植株高达 1 m。鳞茎具 2 枚鳞片，直径 1 ~ 1.5 cm，周围具少数小鳞片。叶轮生或对生，茎生叶达 17 枚，最下 3 枚轮生，在中上部常兼有少数散生，线形或披针形，长 7 ~ 14 cm，宽 3 ~ 6.5 mm，先端不卷曲或稍卷曲。花 1 ~ 3 朵，紫色，具黄色小方格。蒴果无翅。花期 5 ~ 6 月。

分布与生境：产于黑龙江、吉林及辽宁东部，喜生于海拔 500 m 以下富含腐殖质较湿润少土壤林下、灌丛间、草甸或河谷地域。朝鲜半岛和俄罗斯远东地区有分布。

食用部位与食用方法：同属的介绍。

食疗保健与药用功能：鳞茎有清肺、化痰、止咳之功效。

108. 甘肃贝母（百合科 Liliaceae）

Fritillaria przewalskii Maxim.

识别要点：植株高达 50 cm。鳞茎直径 0.6 ～ 1.3 cm。茎生叶 4 ～ 7 枚，最下叶多对生，稀互生，上部叶互生或兼有对生，线形，长 3 ～ 9 cm，宽 3 ～ 6 mm，先端常不卷曲或稍卷曲。花单生，稀 2 朵花，淡黄色，具深黑紫色斑点或紫色方格纹。蒴果具窄翅。花期 6 ～ 7 月。

分布与生境：产于甘肃、青海及四川，生于海拔 2 800 ～ 4 400 m 灌丛或草地中。

食用部位与食用方法：同属的介绍。

食疗保健与药用功能：同平贝母。

109. 暗紫贝母（百合科 Liliaceae）

Fritillaria unibracteata P. K. Hsiao & K. C. Hsia

识别要点：植株高达 40 cm。鳞茎具 2 枚鳞片，直径 6 ～ 8 mm。茎生叶最下 2 枚对生，余互生或兼有对生，线形或线状披针形，长 3.6 ～ 5.5 cm，宽 3 ～ 5 mm，先端不卷曲。花单生，稀 2 ～ 5 朵，深紫色，内面黄绿色，无紫色斑点或顶端具 "V" 形紫红色带，或具较稀的紫红色斑点和斑块，内面具密集紫红色斑纹；花被片矩圆形或倒卵状矩圆形。蒴果棱具窄翅。花期 5 ～ 6 月。

分布与生境：产于甘肃、青海及四川，生于海拔 3 200 ～ 4 700 m 灌丛草甸中。

食用部位与食用方法：同属的介绍。

食疗保健与药用功能：鳞茎有清肺、止咳、化痰之功效。

110. 梭砂贝母（百合科 Liliaceae）

Fritillaria delavayi Franch.

识别要点：植株高达 35 cm。鳞茎由 2 ~ 3 枚鳞片组成，直径 1 ~ 2 cm。茎生叶 3 ~ 5 枚，生于植株中部或上部，散生或最上面 2 枚对生，窄卵形或卵状椭圆形，长 2 ~ 7 cm，先端不卷曲。花单生，淡黄色，具红褐色斑点或小方格。蒴果棱上具窄翅，宿存花被直立。花期 6 ~ 7 月。

分布与生境：产于青海、四川、云南及西藏，生于海拔 3 400 ~ 5 600 m 沙石地或流沙岩石缝中。不丹及印度北部有分布。

食用部位与食用方法：同属的介绍。

食疗保健与药用功能：鳞茎有清肺、化痰、止咳之功效。

111. 安徽贝母（百合科 Liliaceae）

Fritillaria anhuiensis S. C. Chen & S. F. Yin

识别要点：植株高达 50 cm。鳞茎直径 1 ~ 2 cm，由 2 ~ 3 枚肾形大鳞片包着 6 ~ 50 枚小鳞片组成。叶多对生，或轮生，披针形或狭椭圆形，长 10 ~ 15 cm，宽 0.5 ~ 3 cm，先端不卷曲。花 1 ~ 2（~ 4）朵，淡黄白色或黄绿色，具紫色斑点或方格；花被片矩圆形或窄椭圆形。蒴果棱上具宽翅，翅宽 0.5 ~ 1 cm。花期 3 ~ 4 月。

分布与生境：产于河南、安徽及湖北，生于海拔 600 ~ 900 m 山坡灌丛、草地或沟谷林下。

食用部位与食用方法：同属的介绍。

食疗保健与药用功能：同天目贝母。

112. 轮叶贝母（百合科 Liliaceae）

Fritillaria maximowiczii Freyn

识别要点：植株高达 50 cm。鳞茎具 4 ～ 5 枚或更多鳞片，周围有许多粒状小鳞片，直径 1 ～ 2 cm。叶 3 ～ 6 枚，排成 1 轮，稀 2 轮，披针形或线形，长 4.5 ～ 10 cm，宽 3 ～ 13 mm，先端不卷曲。花单生，稀 2 朵，外面紫红色，内面红色，稍具黄色方格纹。蒴果具翅。花期 6 月。

分布与生境：产于黑龙江、吉林、辽宁、内蒙古及河北，生于海拔 1 400 ～ 1 500 m 林下、林缘、灌丛间阴湿地或山坡草丛间。俄罗斯东部有分布。

食用部位与食用方法：同属的介绍。

食疗保健与药用功能：同川贝母。

113. 大百合（百合科 Liliaceae）

Cardiocrinum giganteum (Wall.) Makino

识别要点：多年生草本。基生叶叶柄基部膨大形成鳞茎；有小鳞茎数枚，小鳞茎高 3.5 ~ 4 cm，直径 1.2 ~ 2 cm，无鳞片。茎高达 2 m，中空。基生叶卵状心形或近宽长圆状心形，茎生叶卵状心形，长 15 ~ 20 cm，宽 12 ~ 15 cm。总状花序有花 10 ~ 16 朵；花被片长 12 ~ 15 cm，白色，内面具淡紫红色条纹。花期 6 ~ 7 月。

分布与生境：产于陕西、甘肃、河南、湖北、湖南、广东、广西、贵州、四川、云南及西藏，生于海拔 1 200 ~ 3 600 m 山地林下。不丹、尼泊尔、印度和缅甸有分布。

食用部位与食用方法：鳞茎可食用或药用。

食疗保健与药用功能：性平，味淡，有清热止咳、宽胸利气之功效，适用于肺痨咯血、咳嗽痰喘、小儿高烧、胃痛及反胃、呕吐等病症。

114. 荞麦叶大百合（百合科 Liliaceae）

Cardiocrinum cathayanum (Wils.) Stearn

识别要点：多年生草本。基生叶叶柄基部膨大形成鳞茎，有小鳞茎数枚，小鳞茎高 2.5 cm，直径 1.2 ~ 1.5 cm。茎高达 1.5 m。叶卵状心形或卵形，长 10 ~ 22 cm，宽 6 ~ 16 cm，基部心形。花 3 ~ 5 朵，成总状花序。花乳白色或淡绿色，内具紫纹；花被片长 13 ~ 15 cm。蒴果近球形，直径 4 ~ 5 cm，成熟时红棕色。花期 8 ~ 9 月。

分布与生境：产于河南、江苏、安徽、浙江、福建、江西、湖北、湖南及贵州，生于海拔 600 ~ 2 200 m 山坡林下阴湿处。

食用部位与食用方法：鳞茎可食用或药用。

食疗保健与药用功能：性凉，味甘、淡，有清热止咳、解毒消肿之功效。

百合属 *Lilium* L.

识别要点：多年生草本。鳞茎具多数肉质鳞片，白色。叶散生，稀轮生，全缘。花单生或总状花序，稀近伞形或伞房状；苞片叶状。花艳丽；花被片 6 枚，2 轮排列，离生，常多少靠合成喇叭形或钟形；雄蕊 6 枚；柱头 3 裂。蒴果长球形，室背开裂。种子多数，扁平。

分布与生境：约 115 种，分布于北半球温带和高山地区。我国 55 种。

食用部位与食用方法：鳞茎通常可食用或作药膳食用。常见有以下种类。

115. 东北百合（百合科 Liliaceae）
Lilium distichum Nakai ex Kamibayashi

识别要点：鳞茎卵球形，高 2.5 ～ 3 cm，直径 3.5 ～ 4 cm；鳞片长 1.5 ～ 2 cm。茎高达 1.2 m，有小乳头状突起。叶 1 轮，7 ～ 9（～ 20）枚生于茎中部，稀散生，倒卵状披针形或长圆状披针形，长 8 ～ 15 cm，宽 2 ～ 4 cm，无毛。花 2 ～ 12 朵，成总状花序。花淡橙红色，有紫红色斑点；花被片长 3.5 ～ 4.5 cm，反卷。蒴果倒卵球形，长约 2 cm。花期 7 ～ 8 月，果期 9 月。

分布与生境：产于黑龙江、吉林及辽宁，生于海拔 200 ～ 1 800 m 山坡、林下、路边或溪边。

食用部位与食用方法：鳞茎富含淀粉，可食用或药用。

食疗保健与药用功能：鳞茎性平，味甘，有养阴润肺、止咳祛痰、清心安神之功效。

116. 毛百合（百合科 Liliaceae）

Lilium dauricum Ker-Gawl.

识别要点：鳞茎卵球形，高约 1.5 cm，直径约 2 cm；鳞片长 1 ~ 1.4 cm。茎高达 70 cm，有棱。叶散生，茎顶有 4 ~ 5 枚轮生，基部簇生白色绵毛，边缘有小乳头状突起。花 1 ~ 2 朵，顶生，橙红色或红色，有紫红色斑点，长 7 ~ 9 cm，外面有白色绵毛。蒴果长 4 ~ 5.5 cm。花期 6 ~ 7 月，果期 8 ~ 9 月。

分布与生境：产于黑龙江、吉林、辽宁、内蒙古、河北及河南，生于海拔 400 ~ 1 500 m 山坡灌丛下、疏林中、路边及湿润草甸。日本、朝鲜、蒙古及俄罗斯有分布。

食用部位与食用方法：鳞茎含淀粉，可食用或药用。

食疗保健与药用功能：同东北百合。

117. 药百合（百合科 Liliaceae）

Lilium speciosum Thunb. var. *gloriosoides* Baker

识别要点：鳞茎近扁球形，高 2 cm，直径 5 cm；鳞片长 2 cm。茎高达 1.2 m，无毛。叶散生，宽披针形、长圆状披针形或卵状披针形，长 2.5 ~ 10 cm，宽 2.5 ~ 4 cm，边缘具小乳头状突起。花 1 ~ 5 朵，成总状或近伞形花序。花下垂；花被片长 6 ~ 7.5 cm，白色，下部有紫红色斑块和斑点。蒴果近球形，直径 3 cm。花期 7 ~ 8 月，果期 10 月。

分布与生境：产于河南、安徽、浙江、台湾、江西、湖北、湖南及广西，生于海拔 600 ~ 900 m 阴湿林下及山坡草丛中。

食用部位与食用方法：鳞茎含淀粉，可食用或药用。

食疗保健与药用功能：有养阴润肺、清心安神之功效。

118. 湖北百合（百合科 Liliaceae）

Lilium henryi Baker

识别要点：鳞茎近球形，高约 5 cm；鳞片长 3.5 ~ 4.5 cm。茎高达 2 m，具紫色条纹。叶两型，中、下部叶长圆状披针形，长 7.5 ~ 15 cm，宽 2 ~ 2.7 cm，无毛，全缘，柄长约 5 mm；上部叶卵圆形，长 2 ~ 4 cm，宽 1.5 ~ 2.5 cm，无柄。花序具 2 ~ 12 朵花；花被片披针形，长 5 ~ 7 cm，宽达 2 cm，全缘，反卷，橙色，疏生黑色斑点。蒴果长球形，长 4 ~ 4.5 cm。

分布与生境：产于河南、福建、江西、湖北、贵州、重庆及四川，生于海拔 700 ~ 1 000 m 山坡、林缘或沟谷两边。

食用部位与食用方法：鳞茎、花蕾、花瓣均可炒食。

119. 宝兴百合（百合科 Liliaceae）

Lilium duchartrei Franch.

识别要点：鳞茎卵球形，高 1.5 ~ 3 cm，直径 1.5 ~ 4 cm；鳞片长 1 ~ 2 cm。茎高达 1.5 m。叶散生，披针形或长圆状披针形，长 4.5 ~ 5 cm，宽约 1 cm，边缘或背面具小乳头状突起，叶腋簇生白毛。花单生或多朵，成总状或近伞房花序。花下垂，香；花被片长 4 ~ 6 cm，反卷，白色，有紫红色斑点。蒴果椭球形，长 2.5 ~ 3 cm。花期 7 月，果期 9 月。

分布与生境：产于陕西南部、甘肃南部、湖北西南部、四川、云南及西藏东部，生于海拔 1 500 ~ 3 800 m 高山草地、林缘或灌丛中。

食用部位与食用方法：鳞茎含淀粉，可食用或药用。

食疗保健与药用功能：有养阴润肺、清心安神之功效。

120. 山丹（百合科 Liliaceae）

Lilium pumilum Redouté

识别要点：鳞茎卵球形或圆锥形，高 2.5 ~ 4.5 cm，径 2 ~ 3 cm；鳞片长 1 ~ 3.5 cm。茎高达 0.6 m，有小乳头状突起及带紫色条纹。叶散生茎中部，线形，长 3.5 ~ 9 cm，宽 1.5 ~ 3 mm，边缘具乳头状突起。花单生或多朵，成总状花序。花下垂，鲜红色，常无斑点；花被片长 4 ~ 4.5 cm，反卷。蒴果长球形，长 2 cm。花期 7 ~ 8 月，果期 9 ~ 10 月。

分布与生境：产于黑龙江、吉林、辽宁、陕西、甘肃、宁夏、青海、内蒙古、河北、山西、山东、安徽、河南、湖北及四川，生于海拔 400 ~ 2 600 m 山坡草地或林缘。俄罗斯、蒙古及朝鲜有分布。

食用部位与食用方法：鳞茎含淀粉，可炒食、煮粥、炖食或制作蜜饯，也可蒸熟后晒干备用。

食疗保健与药用功能：味甘、微苦，性平，有养阴、润肺止咳、清心安神之功效。

121. 川百合（百合科 Liliaceae）

Lilium davidii Duchartre ex Elwes

识别要点：鳞茎扁球形或宽卵球形，高 2 ~ 4 cm，直径 2 ~ 4.5 cm；鳞片长 2 ~ 3.5 cm。茎高达 1 m，密被小乳头状突起，有的带紫色。叶散生，茎中部较密，线形，长 7 ~ 12 cm，宽 2 ~ 3（~ 6）mm，边缘反卷并具乳头状突起。花单生或多朵成总状花序。花下垂，橙黄色，近基部有紫黑色斑点；花被片长 5 ~ 6 cm，反卷。蒴果窄长球形，长 3.5 cm。花期 7 ~ 8 月，果期 1 月。

分布与生境：产于陕西、甘肃、山西、河南、湖北西部、贵州、四川及云南，生于海拔 800 ~ 3 200 m 山坡草地、林下潮湿处或林缘。

食用部位与食用方法：鳞茎可食用或药用。

食疗保健与药用功能：鳞茎可作滋补镇咳药。

122. 卷丹（百合科 Liliaceae）

Lilium tigrinum Ker-Gawl.

识别要点：鳞茎近宽球形，高约 3.5 cm，直径 4～8 cm；鳞片长 2.5～3 cm。茎高达 1.5 m，有紫色条纹，具白色绵毛。叶散生，长圆状披针形或披针形，长 6.5～9 cm，宽 1～1.8 cm，近无毛，边缘具乳头状突起。花 3～6 朵或更多，下垂，橙红色，有紫黑色斑点；花被片长 6～10 cm。蒴果窄长卵球形，长 3～4 cm。花期 7～8 月，果期 9～10 月。

分布与生境：产于吉林、辽宁、陕西、甘肃、青海、河北、山西、山东、河南、江苏、安徽、浙江、福建、江西、湖北、湖南、广西、四川、贵州、云南及西藏，生于海拔 400～2 500 m 山坡灌木林下、草地或水边。朝鲜及日本有分布。

食用部位与食用方法：鳞茎富含淀粉，可炒食或做羹。

食疗保健与药用功能：鳞茎性寒，味甘，有润肺止咳、清心安神之功效。

123. 淡黄花百合（百合科 Liliaceae）

Lilium sulphureum Baker ex J. D. Hook.

识别要点：鳞茎球形，高 3～5 cm，直径 5.5 cm；鳞片长 2.5～5 cm。茎高达 1.2 m，有小乳头状突起。叶披针形，长 7～13 cm，宽 1.3～1.8（～3.2）cm，上部叶腋具褐色珠芽。花通常 2 朵，喇叭形，香；花被片白色或淡黄色，长 17～19 cm。花期 6～7 月。

分布与生境：产于广西、贵州、四川及云南，生于海拔 1 900 m 以下山坡路边、疏林下或草坡。缅甸有分布。

食用部位与食用方法：同百合。

食疗保健与药用功能：同百合。

124. 野百合（百合科 Liliaceae）

Lilium brownii F. E. Brown ex Miellez

识别要点：鳞茎球形，直径 2 ~ 4.5 cm，鳞片长 1.8 ~ 4 cm。茎高达 2 m，有的有紫纹。叶披针形、窄披针形或线形，长 7 ~ 15 cm，宽 0.6 ~ 2 cm，无毛。花单生或几朵成近伞形，喇叭形，香；花被片乳白色，外面稍紫色，向外张开或先端外弯，长 13 ~ 18 cm。蒴果长 4.5 ~ 6 cm。花期 5 ~ 6 月，果期 9 ~ 10 月。

分布与生境：产于陕西、甘肃、河北、河南、山西、山东、江苏、安徽、浙江、福建、江西、湖北、湖南、广东、广西、贵州、四川及云南，生于海拔 100 ~ 2 200 m 山坡、灌丛、溪边或石缝中。

食用部位与食用方法：鳞茎富含淀粉，可炒食、做汤、做馅、熬羹，或加工成百合干及百合粉。

食疗保健与药用功能：鳞茎味甘、淡，性平，有养阴润肺、止咳、清心安神之功效，适用于肺痨久咳、咯血、虚烦惊悸、失眠多梦、精神恍惚等病症。

125. 薤头 薤（百合科 Liliaceae）

Allium chinense G. Don

识别要点：多年生草本，具葱蒜味。鳞茎数枚聚生，窄卵状，直径 1 ~ 1.5 cm，外皮白色或带红色，膜质，不开裂。叶棱柱状，具 3 ~ 5 条纵棱，中空，与花葶近等长，宽 1 ~ 3 mm。花葶侧生，圆柱状，高达 40 cm，下部被叶鞘。伞形花序近半球形；花淡紫色或暗紫色。花果期 10 ~ 11 月。

分布与生境：河南、安徽、浙江、福建、江西、湖北、湖南、广东、海南、广西及贵州等地有野生。

食用部位与食用方法：鳞茎与嫩叶可作蔬菜食用，鳞茎可盐渍、糖渍或做泡菜，也可炒食。

食疗保健与药用功能：鳞茎味辛、苦，性温，归心、肺、胃、大肠四经，有理气宽胸、通阳散结、行气导滞之功效，适用于痰浊闭阻的胸闷、心痛、胃肠气滞等病症。

126. 二苞黄精（百合科 Liliaceae）

Polygonatum involucratum (Franch. & Sav.) Maxim.

识别要点：多年生草本，根状茎圆柱形，粗 3 ~ 5 mm。植株无毛。茎高达 50 cm，具 4 ~ 7 枚叶。叶互生，卵形、卵状椭圆形或长圆状椭圆形，长 5 ~ 10 cm，弧形叶脉。花腋生，花序具 2 朵花，花被绿白色或淡黄绿色，长 2.3 ~ 2.5 cm，下部合生成筒。浆果球形，直径约 1 cm。花期 5 ~ 6 月，果期 8 ~ 9 月。

分布与生境：产于黑龙江、吉林、辽宁、陕西、内蒙古、河北、河南、山西及山东，生于海拔 700 ~ 1 400 m 以下阴湿山坡。日本、朝鲜和俄罗斯远东地区有分布。

食用部位与食用方法：嫩根状茎可食。

食疗保健与药用功能：有健脾润肺、益气养阴之功效。

127. 五叶黄精（百合科 Liliaceae）

Polygonatum acuminatifolium Kom.

识别要点：多年生草本，根状茎细圆柱形，粗 3 ~ 4 mm。茎高 20 ~ 30 cm，具 4 ~ 5 枚叶。叶互生，椭圆形或长圆状椭圆形，长 7 ~ 9 cm，弧形叶脉。花腋生，花序具 1 ~ 2 朵花，花被白绿色，长 2 ~ 2.7 cm，下部合生成筒。浆果球形。花期 5 ~ 6 月。

分布与生境：产于吉林、辽宁及河北，生于海拔 1 100 ~ 1 400 m 林下。俄罗斯远东地区有分布。

食用部位与食用方法：嫩根状茎可食。

食疗保健与药用功能：有养阴润燥、生津止渴之功效。

128. 小玉竹（百合科 Liliaceae）

Polygonatum humile Fisch. ex Maxim.

识别要点：多年生草本，根状茎细圆柱形，粗 3 ~ 5 mm。茎高 20 ~ 50 cm，具 7 ~ 9 枚叶。叶互生，椭圆形、长椭圆形或卵状椭圆形，长 5.5 ~ 8.5 cm，弧形叶脉。花腋生，花序具 1 朵花，花被白色，顶端带绿色，长 1.5 ~ 1.7 cm，下部合生成筒。浆果球形，成熟时蓝黑色，直径约 1 cm。

分布与生境：产于黑龙江、吉林、辽宁、内蒙古、河北、河南、山西及山东，生于海拔 800 ~ 2 200 m 林下或山坡草地。日本、朝鲜和俄罗斯有分布。

食用部位与食用方法：同玉竹。

食疗保健与药用功能：同玉竹。

注意事项：同玉竹。

129. 玉竹（百合科 Liliaceae）

Polygonatum odoratum (Mill.) Druce

识别要点：多年生草本，根状茎圆柱形，粗 5 ~ 14 mm。茎高 30 ~ 50 cm，具 7 ~ 12 枚叶。叶互生，椭圆形或卵状长圆形，长 5 ~ 12 cm，叶背灰白色，弧形叶脉。花腋生，花序具 1 ~ 4 朵花，花被黄绿色或白色，长 1.3 ~ 2 cm，下部合生成筒。浆果球形，成熟时蓝黑色，直径 0.7 ~ 1 cm。花期 5 ~ 6 月，果期 7 ~ 9 月。

分布与生境：产于黑龙江、吉林、辽宁、陕西、甘肃、宁夏、青海、内蒙古、河北、河南、山西、山东、江苏、安徽、台湾、福建、江西、湖北、湖南、广西及四川，生于海拔 500 ~ 3 000 m 林下或山野阴坡。欧亚大陆温带地区广泛分布。

食用部位与食用方法：嫩根状茎经去杂后，可煮食、蒸食或与肉类炖食，有清凉味。幼苗或包卷呈锥状的嫩茎叶经沸水焯后可炒食或做汤。

食疗保健与药用功能：味甘，性平，入肺、胃二经，有养阴润燥、清心除烦、生津止渴之功效，适用于热病伤阴、咳嗽烦渴、口燥咽干、干咳少痰、虚劳发热、消谷易饥、小便频数等病症，能美容养颜、延年益寿，是极好的健美、抗衰老食品。

注意事项：果实有毒，不可食。

130. 热河黄精（百合科 Liliaceae）

Polygonatum macropodium Turcz.

识别要点：多年生草本，根状茎圆柱形，粗 1 ～ 2 cm。茎高 30 cm。叶互生，卵形或卵状椭圆形，长 4 ～ 10 cm，弧形叶脉。花腋生，花序具 3 ～ 12 朵花，花被白色或带红色，长 1.5 ～ 2 cm，下部合生成筒。浆果球形，成熟时深蓝色，直径 0.7 ～ 1.1 cm。

分布与生境：产于吉林、辽宁、内蒙古、河北、山西及山东，生于海拔 400 ～ 1 500 m 林下或山野阴坡。

食用部位与食用方法：嫩根状茎可食。

食疗保健与药用功能：有养阴润燥、生津止渴之功效。

131. 长梗黄精（百合科 Liliaceae）

Polygonatum filipes Merr. ex C. Jeffrey & McEwan

识别要点：多年生草本，根状茎念珠状或节间长，粗 1 ～ 1.5 cm。茎高 30 ～ 70 cm。叶互生，长圆状披针形或椭圆形，长 6 ～ 12 cm，弧形叶脉。花腋生，花序具 2 ～ 7 朵花；花序梗长 3 ～ 8 cm，花被淡黄绿色，长 1.5 ～ 2 cm，下部合生成筒。浆果球形，直径约 8 mm。

分布与生境：产于江苏、安徽、浙江、福建、江西、湖北、湖南、广东及广西，生于海拔 200 ～ 600 m 林下、灌丛或草坡。

食用部位与食用方法：采嫩根状茎去杂、洗净、刮去外皮后，可炒食、做粥或与肉类炖食。

食疗保健与药用功能：有养阴润燥、生津止渴、滋补强身之功效。

132. 多花黄精（百合科 Liliaceae）

Polygonatum cyrtonema Hua

识别要点：多年生草本，根状茎念珠状或结节成块，稀近圆柱形，粗 1 ~ 2 cm。茎高 50 ~ 100 cm。叶互生，椭圆形、卵状披针形或长圆状披针形，长 10 ~ 18 cm，弧形叶脉。伞形花序腋生，通常具 2 ~ 7 朵花；花序梗长 1 ~ 6 cm，花被黄绿色，长 1.8 ~ 2.5 cm，下部合生成筒。浆果球形，直径约 1 cm。

分布与生境：产于陕西、甘肃、河南、江苏、安徽、浙江、福建、江西、湖北、湖南、广东、广西、贵州及四川，生于海拔 500 ~ 2 100 m 林下、灌丛或山坡阴处。

食用部位与食用方法：采嫩根状茎去杂、洗净、刮去外皮后，可炒食、煮粥、炖肉。

食疗保健与药用功能：性平，味甘，归脾、肺、肾三经，有养阴润燥、生津止渴、健脾益肾、滋补强身之功效，适用于脾胃气虚、体倦乏力、胃阴不足、肺虚燥咳、腰膝酸软、内热消渴等病症。

133. 滇黄精（百合科 Liliaceae）

Polygonatum kingianum Coll. & Hemsl.

识别要点：多年生草本，根状茎近圆柱形或近念珠状，粗 1 ~ 3 cm。茎高达 3 m，顶端攀缘状。叶轮生，每轮 3 ~ 10 枚，线形、线状披针形或披针形，长 6 ~ 20（~ 25）cm，先端拳卷，弧形叶脉。花腋生，花序通常具 2 ~ 4 朵花，花粉红色，长 1.5 ~ 2.5 cm，下部合生成筒。浆果球形，成熟时红色，直径 1 ~ 1.5 cm。花期 3 ~ 5 月，果期 9 ~ 10 月。

分布与生境：产于湖南、广西、贵州、四川及云南，生于海拔 700 ~ 3 600 m 林下、灌丛或阴湿草坡，有时生于岩石上。

食用部位与食用方法：嫩根状茎可食。

食疗保健与药用功能：性平，味甘，归脾、肺、肾三经，有益气养阴、补脾润肺之功效，适用于脾胃虚弱、体倦乏力、口干食少、肺虚燥咳、精血不足、内热消渴等病症。

134. 轮叶黄精（百合科 Liliaceae）

Polygonatum verticillatum (L.) All.

　　识别要点：多年生草本，根状茎节间长 2 ~ 3 cm，粗 0.7 ~ 1.5 cm。茎高 40 ~ 80 cm。叶常 3 枚轮生，少对生或互生，长圆状披针形、线状披针形或线形，长 6 ~ 10 cm，弧形叶脉。花腋生，花序 1 ~ 2（~ 4）朵花，花淡黄色或淡紫色，长 0.8 ~ 1.2 cm，下部合生成筒。浆果球形，成熟时红色，直径 6 ~ 9 mm。花期 5 ~ 6 月，果期 8 ~ 10 月。

　　分布与生境：产于陕西、甘肃、宁夏、青海、内蒙古、山西、河南、湖北西部、四川、云南及西藏，生于海拔 2 100 ~ 4 000 m 林下或山坡草地。

　　食用部位与食用方法：嫩根状茎可食。

　　食疗保健与药用功能：有益气养阴、补脾润肺之功效。

135. 黄精（百合科 Liliaceae）

Polygonatum sibiricum Redouté

识别要点：多年生草本，根状茎圆柱状，节膨大，节间粗 1 ~ 2 cm。茎高 50 ~ 90 cm，有时呈攀缘状。叶 4 ~ 6 枚轮生，线状披针形，长 8 ~ 15 cm，先端拳卷或弯曲，弧形叶脉。花腋生，花序 2 ~ 4 朵花，花乳白色或淡黄色，长 0.9 ~ 1.2 cm，下部合生成筒。浆果球形，成熟时黑色，直径 7 ~ 10 mm。花期 5 ~ 6 月，果期 8 ~ 9 月。

分布与生境：产于黑龙江、吉林、辽宁、陕西、甘肃、宁夏、青海、内蒙古、河北、河南、山西、山东、江苏、安徽、浙江、湖北及四川，生于海拔 800 ~ 2 800 m 林下、灌丛或阴坡。朝鲜、蒙古和俄罗斯西伯利亚地区有分布。

食用部位与食用方法：嫩根状茎可炒食、蒸食、与肉类炖食或做汤。

食疗保健与药用功能：味甘，性平，归脾、肺、肾三经，有补气养阴、润肺、补脾肾之功效，适用于脾胃气虚、胃阴不足、虚损寒热、肺痨咳血、病后体虚食少、筋骨软弱、风湿疼痛等病症。

136. 卷叶黄精（百合科 Liliaceae）

Polygonatum cirrhifolium (Wall.) Royle

识别要点：多年生草本，根状茎圆柱形，粗 1 ~ 1.5 cm。茎高 30 ~ 90 cm。叶 3 ~ 6 枚轮生，线形或线状披针形，长 4 ~ 12 cm，先端拳卷或钩状，弧形叶脉。花腋生，轮生，常具 2 朵花，花淡紫色，长 0.8 ~ 1.1 cm，下部合生成筒。浆果球形，成熟时红色或紫红色，直径 8 ~ 9 mm。花期 5 ~ 7 月，果期 9 ~ 10 月。

分布与生境：产于陕西、甘肃、宁夏、青海、河南、湖北、广西、贵州、四川、云南及西藏，生于海拔 2 000 ~ 4 000 m 林下、山坡或草地。尼泊尔和印度北部有分布。

食用部位与食用方法：嫩根状茎可食。

食疗保健与药用功能：有润肺养阴、健脾益气、祛痰止血、消肿解毒之功效。

137. 湖北黄精（百合科 Liliaceae）

Polygonatum zanlanscianense Pamp.

识别要点：多年生草本，根状茎念珠状或姜块状，粗 1 ~ 2.5 cm。茎高达 1 m 以上，上部稍攀缘。叶 3 ~ 6 枚轮生，椭圆形、长圆状披针形、披针形或线形，长（5 ~ ）8 ~ 15 cm，先端拳卷或稍弯曲，弧形叶脉。花序腋生，具 2 ~ 6（~ 11）朵花，白色、淡黄绿色或淡紫色，长 6 ~ 9 mm，下部合生成筒。浆果球形，成熟时紫红色或黑色，直径 6 ~ 7 mm。花期 6 ~ 7 月，果期 8 ~ 10 月。

分布与生境：产于陕西、甘肃、宁夏、河南、江苏、安徽、浙江、江西、湖北、湖南、广西、贵州及四川，生于海拔 800 ~ 2 700 m 林下或山坡阴湿地。

食用部位与食用方法：嫩根状茎可食。

食疗保健与药用功能：有益气养阴、补脾润肺之功效。

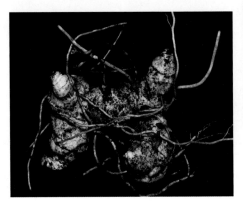

138. 长叶竹根七 （百合科 Liliaceae）

Disporopsis longifolia Craib.

识别要点：多年生草本，根状茎肉质，念珠状，粗 1 ~ 2 cm。茎高达 1 m。叶互生，椭圆形、椭圆状披针形或窄椭圆形，长 10 ~ 20（~ 27）cm，弧形叶脉。花 5 ~ 10 朵簇生叶腋，白色，长 8 ~ 10 mm，下部合生成筒。浆果卵状球形，成熟时白色，直径 1.2 ~ 1.5 cm。花期 5 ~ 6 月，果期 10 ~ 12 月。

分布与生境：产于广东、广西及云南，生于海拔 100 ~ 1 800 m 林下、林缘或灌丛中。泰国、老挝和越南有分布。

食用部位与食用方法：根状茎可食，或作药膳。

食疗保健与药用功能：性平，味甘、微辛，有补中、益气养阴、润心肺、填精髓之功效。

139. 深裂竹根七 （百合科 Liliaceae）

Disporopsis pernyi (Hua) Diels

识别要点：多年生草本，根状茎肉质，圆柱状，粗 0.5 ~ 1.5 cm。茎高达 40 cm，具紫色斑点。叶互生，披针形、长圆状披针形、椭圆形或近卵形，长 5 ~ 13 cm，弧形叶脉。花 1 ~ 3 朵簇生叶腋，白色，俯垂，长 1.2 ~ 2 cm，基部合生。浆果近球形，成熟时暗紫色，直径 0.7 ~ 1 cm。花期 4 ~ 5 月，果期 11 ~ 12 月。

分布与生境：产于浙江、台湾、福建、江西、湖北、湖南、广东、广西、贵州、四川及云南，生于海拔 300 ~ 2 500 m 林下石缝、阴湿山谷或水边。

食用部位与食用方法：根状茎可食，或作药膳。

食疗保健与药用功能：有养阴润肺、生津止渴、祛风除湿、清热解毒之功效，适用于虚咳多汗、口干、产后虚弱等病症。

140. 竹根七（百合科 Liliaceae）

Disporopsis fuscopicta Hance

识别要点：多年生草本，根状茎肉质，念珠状，粗 1 ~ 1.5 cm。茎高达 50 cm。叶互生，卵形、椭圆形或长圆状披针形，长 4 ~ 9（~ 15）cm，弧形叶脉。花 1 ~ 2 朵生叶腋，白色，长 1.5 ~ 2.2 cm，下部合生成筒。浆果近球形，直径 0.7 ~ 1.4 cm。花期 4 ~ 5 月，果期 11 月。

分布与生境：产于福建、江西、湖北、湖南、广东、广西、贵州、四川及云南，生于海拔 500 ~ 2 400 m 林下或山谷中。

食用部位与食用方法：根状茎可食，或作药膳。

食疗保健与药用功能：性平，味甘、微辛，有清热解毒、养阴清肺、祛痰止咳、活血祛瘀之功效。

薯蓣科 Dioscoreaceae

141. 穿龙薯蓣（薯蓣科 Dioscoreaceae）

Dioscorea nipponica Makino

识别要点：缠绕草质藤本。地下根状茎横生，圆柱状，栓皮片状剥离。茎左旋，近无毛。单叶互生，掌状心形，长 10 ~ 15 cm，叶背无毛或有疏毛，侧脉网状。穗状花序。蒴果三棱形，棱呈翅状。种子四周有不等宽薄翅。

分布与生境：产于黑龙江、吉林、辽宁、内蒙古、河北、河南、山西、陕西、甘肃、青海、宁夏、山东、安徽、浙江、江西、湖北、贵州及四川，生于海拔 100 ~ 1 800 m 河谷山坡灌丛、疏林及林缘。日本、朝鲜及俄罗斯远东地区有分布。

食用部位与食用方法：根状茎可食。嫩茎叶经沸水焯后可炒食、凉拌或和面蒸食。

食疗保健与药用功能：根状茎有祛风湿、舒筋活血、止咳平喘、祛痰之功效。

142. 甘薯 甜薯（薯蓣科 Dioscoreaceae）

Dioscorea esculenta (Lour.) Burkill

　　识别要点：缠绕草质藤本。地下块茎顶端常有多分枝，分枝末端为卵球形块茎，淡黄色，光滑。茎左旋，基部有刺，被"丁"字形柔毛。单叶互生，宽心形，长达 15 cm，宽达 17 cm，基出脉 3 ~ 7 条，侧脉网状。穗状花序。蒴果三棱形，棱呈翅状。种子圆形，周生翅。

　　分布与生境：产于台湾、广东、海南及广西。亚洲东南部有野生。

　　食用部位与食用方法：块茎可食，味甜。

　　食疗保健与药用功能：性平，味甘，有补虚乏、益气力、健脾胃、强肾阴之功效。

143. 毛胶薯蓣（薯蓣科 Dioscoreaceae）

Dioscorea subcalva Prain & Burkill

　　识别要点：缠绕草质藤本。地下块茎圆柱状，鲜时断面白色。茎左旋，有曲柔毛。单叶互生，卵状心形或圆心形，长 4.5 ~ 11 cm，宽 4 ~ 13.5 cm，基出脉 3 ~ 7 条，侧脉网状。穗状花序。蒴果三棱形，棱呈翅状。种子圆形，向蒴果顶端延伸出宽翅。

　　分布与生境：产于湖南西部、广西、贵州、四川及云南，生于海拔 700 ~ 3 200 m 山谷、山坡灌丛、林缘或路边较湿润处。

　　食用部位与食用方法：块茎可食，或作药膳。

　　食疗保健与药用功能：有健脾祛湿、补肺益肾之功效。

144. 白薯莨 （薯蓣科 Dioscoreaceae）

Dioscorea hispida Dennst.

识别要点：缠绕草质藤本。地下块茎卵球形，褐色，鲜时断面白色或微带蓝色。茎左旋，长达 30 m，有三角状皮刺。掌状复叶互生，有 3 枚小叶，顶生小叶倒卵形或卵状椭圆形，长 6 ~ 13 cm，侧生小叶较小，全缘，基出脉 3 ~ 7 条，侧脉网状；叶柄长达 30 cm，密被柔毛。穗状花序组成圆锥花序，长达 50 cm，密被柔毛。蒴果三棱形，密被柔毛。种子翅向蒴果基部伸长。

分布与生境：产于福建、台湾、广东、海南、广西、云南及西藏，生于海拔 1 500 m 以下沟边灌丛中或林缘。

食用部位与食用方法：块茎可食，或作药膳。

食疗保健与药用功能：性寒，味苦，有止血、消肿、解毒之功效。

145. 日本薯蓣 野山药（薯蓣科 Dioscoreaceae）

Dioscorea japonica Thunb.

识别要点：缠绕草质藤本。地下块茎长圆柱形，垂直生长，断面白色或有时带黄白色。茎右旋。单叶，在茎下部互生，在中上部常对生，叶三角状披针形、长椭圆状窄三角形或长卵形，长 3 ~ 19 cm，全缘，基部心形，基出脉 3 ~ 7 条，侧脉网状；叶腋有珠芽（又称零余子）。穗状花序。蒴果三棱形。种子四周有翅。

分布与生境：产于陕西、河南、江苏、安徽、浙江、福建、台湾、江西、湖北、湖南、广东、广西、贵州及四川，生于海拔 100 ~ 1 200 m 阳坡、山谷、溪边、路旁林下或草丛中。朝鲜及日本有分布。

食用部位与食用方法：块茎可食，去皮后可炒、炖、炸、馏或作药膳食用。珠芽可炒食。

食疗保健与药用功能：味甘，性平，有健脾补肺、固肾益精和促进白细胞之功能，适用于治疗腹泻虚劳、遗精、慢性支气管炎、糖尿病等病症。

146. 薯蓣 山药（薯蓣科 Dioscoreaceae）

Dioscorea polystachya Turcz.

识别要点：缠绕草质藤本。地下块茎长圆柱形，垂直生长，长达 1 m，断面白色。茎右旋。单叶，在茎下部互生，在中上部有时对生，稀轮生，叶卵状三角形、宽卵形或戟形，长 3 ~ 9（~ 13）cm，边缘常 3 裂，基部心形，基出脉 3 ~ 7 条，侧脉网状；叶腋常有珠芽（又称零余子）。穗状花序，或组成圆锥花序。蒴果三棱形，被白粉。种子四周有翅。

分布与生境：产于吉林、辽宁、陕西、甘肃、河北、河南、山西、山东、江苏、安徽、浙江、台湾、福建、江西、湖北、湖南、广东、广西、贵州、四川及云南，生于海拔 100 ~ 2 500 m 山坡、山谷林下或溪边灌丛中。朝鲜及日本有分布。

食用部位与食用方法：块茎可食，去皮后可炒食、炖食、煮粥、做汤、炸食、馏食、做糕点、做糖葫芦、作药膳或晒干备用。珠芽可炒食。

食疗保健与药用功能：味甘，性平，归脾、肺、肾三经，有健脾胃、固肾益精、补中益气之功效，适用于脾虚食少、肺虚咳喘、肾虚遗精、身体虚弱、食欲减退、虚痨咳嗽、腹泻等病症，是极好的滋补保健食品，常吃可延年益寿。

147. 闭鞘姜 （闭鞘姜科 Costaceae）

Costus speciosus (Koen.) Smith

识别要点：多年生草本，高达 3 m。叶矩圆形或披针形，长 15 ~ 20 cm，先端渐尖或尾尖，基部近圆形，下面密被绢毛；叶鞘闭合，呈管状。穗状花序顶生，椭圆形或卵圆形，长 5 ~ 15 cm；苞片卵形，革质，红色，长 2 cm，被柔毛；小苞片长 1.2 ~ 1.5 cm，淡红色，花萼红色，萼管长 1.8 ~ 2 cm；花冠管长 1 cm，裂片长圆状椭圆形，长约 5 cm，白色或顶部红色；唇瓣宽喇叭形，白色，长 6.5 ~ 9 cm；雄蕊花瓣状，长约 4.5 cm，白色，基部橙黄色。蒴果稍木质，长 1.3 cm，成熟时红色。花期 7 ~ 9 月，果期 9 ~ 11 月。

分布与生境：产于台湾、福建、江西、广东、海南、广西及云南，生于海拔 1 700 m 以下疏林下、山谷阴湿地、路边草丛、荒坡或沟边。亚洲热带地区广泛分布。

食用部位与食用方法：嫩茎叶可炒食、煮汤或凉拌。

食疗保健与药用功能：性微寒，味辛、酸，有小毒，有利水消肿、解毒之功效，适用于百日咳、肝硬化腹水、肾炎水肿等病症。

148. 黑果山姜（姜科 Zingiberaceae）

Alpinia nigra (Gaertn.) Burtt

识别要点：多年生草本，高达 3 m。叶披针形或椭圆状披针形，长 25 ~ 40 cm，宽 6 ~ 8 cm，先端渐尖，基部楔形，无毛；无柄或近无柄，叶舌长 4 ~ 6 mm。圆锥花序顶生，长达 30 cm，分枝开展，长 2 ~ 8 cm，花序轴与分枝被柔毛；花在分枝上呈近伞形排列；苞片卵形；花梗长 3 ~ 5 mm；小苞片漏斗形，宿存；花萼筒状，长 1.1 ~ 1.5 cm，被短柔毛；花冠管长 1 cm，裂片长圆形，长约 1.2 cm，被短柔毛；唇瓣倒卵形，长 1.5 cm，先端 2 裂，具瓣柄。蒴果球形，直径 1.2 ~ 1.5 cm；果梗长 0.5 ~ 1 cm。花果期 7 ~ 8 月。

分布与生境：产于云南，生于海拔 900 ~ 1 100 m 密林中阴湿地。印度至斯里兰卡有分布。

食用部位与食用方法：嫩茎可食，经剥去叶鞘，斜切，可煮熟后做菜或做汤。

149. 山姜（姜科 Zingiberaceae）

Alpinia japonica (Thunb.) Miq.

识别要点：多年生草本，高达 70 cm。具横生、分枝的根状茎。叶常 2 ~ 3 枚，披针形、倒披针形或窄长椭圆形，长 25 ~ 40 cm，宽 4 ~ 7 cm，两端渐尖，先端具小尖头，两面被柔毛；叶柄长 0 ~ 2 cm，叶舌 2 裂。总状花序顶生，长 15 ~ 30 cm，花序轴被柔毛；花常 2 朵聚生；花梗长 2 mm；花萼长 1 ~ 1.2 cm，被柔毛；花冠管长 1 cm，裂片长约 1 cm，被柔毛；唇瓣白色，具红色脉纹，先端 2 裂。蒴果球形或椭球形，直径 1 ~ 1.5 cm。花期 4 ~ 8 月。

分布与生境：产于江苏、安徽、浙江、台湾、福建、江西、湖北、湖南、广东、广西、贵州、四川及云南，生于林下阴湿地。日本有分布。

食用部位与食用方法：嫩茎可食，经剥去叶鞘，斜切，可煮熟后做菜或做汤。

食疗保健与药用功能：味辛，性温、归脾、胃二经，有温中散寒、祛风活血之功效，适用于脘腹冷痛、肺寒咳喘、风湿痹痛、月经不调等病症。

150. 郁金（姜科 Zingiberaceae）

Curcuma aromatica Salisb.

识别要点：多年生草本，高约 1 m。根状茎肉质，椭球形或长椭球形，内部黄色，芳香。叶基生，矩圆形，长 33 ~ 60 cm，先端细尾状，基部渐窄，叶面无毛，叶背有柔毛；叶柄与叶片近等长。花葶单独由根状茎抽出，穗状花序圆锥形，长约 15 cm，有花的苞片淡绿色，上部无花的苞片白色带淡红色；花冠漏斗形，白色带粉红色。花期 4 ~ 6 月。

分布与生境：产于浙江、福建、广东、海南、广西、贵州、四川、云南及西藏，生于林下。东南亚各地有分布。

食用部位与食用方法：嫩茎可做汤或煮粥的佐料。

食疗保健与药用功能：性寒，味辛、苦，归肝、心、肺三经，有行气散郁、破瘀止痛之功能，适用于胸闷胁痛、胃腹胀痛、黄疸、吐血、尿血、月经不调等病症。

151. 黄姜花（姜科 Zingiberaceae）

Hedychium flavum Roxb.

识别要点：多年生草本，高达 2 m。具块状根状茎，地上茎直立。叶长圆状披针形或披针形，长 20 ~ 40 cm，先端长渐尖，基部尖，叶面光滑，叶背有柔毛；无柄，叶舌长 2 ~ 3 cm。穗状花序顶生，椭球形，长 10 ~ 20 cm；苞片覆瓦状排列，紧密，卵圆形，长 4 ~ 5 cm；花黄色，有香味；花萼管被毛；唇瓣黄色，有橙色斑点。花期 8 ~ 9 月。

分布与生境：产于广西、贵州、四川、云南及西藏，生于海拔 900 ~ 1 200 m 山谷密林中。印度、缅甸和泰国有分布。

食用部位与食用方法：嫩茎可食。

152. 圆瓣姜花（姜科 Zingiberaceae）

Hedychium forrestii Diels

识别要点：多年生草本，高达 1.5 m。叶矩圆形、披针形或矩圆状披针形，长 35 ~ 50 cm，先端尾尖，基部渐窄，无毛；无柄或具短柄，叶舌长 2.5 ~ 3.5 cm。穗状花序圆柱状，长 20 ~ 30 cm，花序轴被柔毛；苞片矩圆形，长 4.5 ~ 6 cm，被疏柔毛，每苞片有 2 ~ 3 朵花；花白色，有香味；花萼管较苞片短；花冠管长 4 ~ 5.5 cm，裂片线形，长 3.5 ~ 4 cm；侧生退化雄蕊矩圆形，宽约 3.5 cm；唇瓣圆形，宽约 3 cm，先端 2 裂，基部收缩成瓣柄。蒴果长约 2 cm。花期 8 ~ 10 月，果期 10 ~ 12 月。

分布与生境：产于广西、贵州、四川、云南及西藏，生于海拔 200 ~ 900 m 林内或灌丛中。越南有分布。

食用部位与食用方法：嫩茎可食。

兰科 Orchidaceae

153. 角盘兰（兰科 Orchidaceae）

Herminium monorchis (L.) R. Br.

识别要点：草本，高 5.5 ~ 35 cm。块茎肉质，球形，直径 6 ~ 10 mm。茎下部具 2 ~ 3 枚叶，其上具 1 ~ 2 枚小叶；叶窄椭圆状披针形或窄椭圆形，长 2.8 ~ 10 cm，宽 0.8 ~ 2.5 cm，先端尖。总状花序顶生，长达 15 cm；花多数，黄绿色，垂头，钩手状。

分布与生境：产于黑龙江、吉林、辽宁、陕西、甘肃、宁夏、青海、内蒙古、河北、河南、山西、山东、安徽、四川、云南及西藏，生于海拔 600 ~ 4 500 m 山坡林下、灌丛中、山坡草地或河滩沼泽草地。欧洲、亚洲中部至西部喜马拉雅地区、朝鲜半岛、日本、蒙古及俄罗斯西伯利亚地区有分布。

食用部位与食用方法：块茎可食，或作药膳。

食疗保健与药用功能：性凉，味甘，有滋阴补肾、养胃、调经之功效，适用于肾虚、头晕失眠、烦燥口渴、食欲不振、须发早白、月经不调等病症。

154. 手参（兰科 Orchidaceae）

Gymnadenia conopsea (L.) R. Br.

识别要点：草本，高 20 ~ 60 cm。块茎椭球形，下部掌状分裂，裂片细长。茎具 4 ~ 5 枚叶，其上具 1 至数枚小叶；叶线状披针形、窄长圆形或带形，长 5.5 ~ 15 cm，宽 1 ~ 2 cm。总状花序顶生，长 5.5 ~ 15 cm；花密而多数，粉红色，稀粉白色。花期 6 ~ 8 月。

分布与生境：产于黑龙江、吉林、辽宁、陕西、甘肃、内蒙古、河北、河南、山西、四川、云南及西藏，生于海拔 200 ~ 4 700 m 山坡林下、草地或砾石滩草丛中。日本、俄罗斯西伯利亚地区至欧洲有分布。

食用部位与食用方法：块茎可食，或作药膳。

食疗保健与药用功能：性凉，味甘、微苦，有补肾益精、理气、止痛之功效，适用于肺虚咳喘、虚劳消瘦、神经衰弱、肾虚腰腿酸软等病症。

155. 西南手参（兰科 Orchidaceae）

Gymnadenia orchidis Lindl.

识别要点：草本，高 15 ~ 50 cm。块茎卵状椭球形，下部掌状分裂。茎具 3 ~ 5 枚叶，其上具 1 至数枚小叶；叶椭圆形或椭圆状披针形，长 4 ~ 16 cm。总状花序顶生，长 4 ~ 14 cm；花密而多数，紫红色或粉红色，稀带白色。花期 7 ~ 9 月。

分布与生境：产于陕西、甘肃、青海、湖北西部、四川、云南及西藏，生于海拔 2 800 ~ 4 100 m 灌丛中和草地。克什米尔、不丹和印度有分布。

食用部位与食用方法：块茎可食，或作药膳。

食疗保健与药用功能：性平，味甘，归肺、脾、胃三经，有补肾益精、生津润肺、理气、止痛之功效，适用于久病体虚、肺虚咳嗽、失血、久泻、阳痿等病症。

156. 短距手参（兰科 Orchidaceae）

Gymnadenia crassinervis Finet.

识别要点：草本，高 7 ~ 55 cm。块茎椭球形，长 2 ~ 4 cm，下部掌状分裂。茎具 3 ~ 5 枚叶，其上具 1 ~ 2 枚小叶；叶窄椭圆形或长圆形，长 4.5 ~ 10 cm，宽 1.2 ~ 2.3 cm。总状花序顶生，长 4 ~ 7 cm；花密而多数，粉红色，稀带白色。花期 6 ~ 7 月。

分布与生境：产于四川、云南及西藏，生于海拔 2 000 ~ 3 800 m 山坡杜鹃林下或山坡石缝中。

食用部位与食用方法：块茎可食，或作药膳。

食疗保健与药用功能：同西南手参。

157. 裂瓣玉凤花（兰科 Orchidaceae）

Habenaria petelotii Gagnep.

识别要点：草本，高 35 ~ 60 cm。块茎肉质，长球形。茎中部集生 5 ~ 6 枚叶，向上具多枚小叶；叶椭圆形或椭圆状披针形，长 3 ~ 15 cm，基部鞘状抱茎。总状花序顶生；苞片窄披针形；花淡绿色或白色，3 ~ 12 朵，疏生；花瓣深裂至基部，裂片线形，长 1.4 ~ 2.0 cm，宽 1.5 ~ 2 mm；距筒状，长 1.3 ~ 2.5 cm。花期 7 ~ 9 月。

分布与生境：产于安徽、浙江、福建、江西、湖南、广东、广西、贵州、四川及云南，生于海拔 300 ~ 1 600 m 山坡或沟谷林下。越南有分布。

食用部位与食用方法：块茎可食，或作药膳。

158. 长距玉凤花（兰科 Orchidaceae）

Habenaria davidii Franch.

识别要点：草本，高 60 ~ 75 cm。块茎肉质，长球形。茎 5 ~ 7 枚叶；叶卵形、卵状长圆形或长圆状披针形，长 5 ~ 12 cm，基部抱茎。总状花序顶生；苞片披针形；花 4 ~ 15 朵；花瓣白色，下部花瓣深裂，侧裂片外侧边缘篦齿状，细裂片 7 ~ 10 片，丝状；距细圆筒状，下垂，长 4.5 ~ 6.5 cm。花期 6 ~ 8 月。

分布与生境：产于湖北、湖南、贵州、四川、云南及西藏，生于海拔 600 ~ 3 200 m 山坡林下、灌丛中或草地。

食用部位与食用方法：块茎可食，或作药膳。

食疗保健与药用功能：有利尿消肿、补肾之功效，适用于腰痛、疝气等病症。

159. 鹅毛玉凤花（兰科 Orchidaceae）

Habenaria dentata (Swatz) Schlechter

识别要点：草本，高 35 ~ 85 cm。块茎肉质，长圆状卵球形或长球形。茎疏生 3 ~ 5 枚叶，其上具散生小叶数枚；叶长椭圆形，长 5 ~ 15 cm，叶鞘肥厚，基部鞘状抱茎。总状花序顶生；苞片披针形；花多数，白色；花瓣唇瓣宽倒卵形，3 裂，侧裂片前部具锯齿，中裂片线状披针形；距细圆筒状，长达 4 cm。花期 6 ~ 8 月。

分布与生境：产于河南、安徽、浙江、福建、台湾、江西、湖北、湖南、广东、广西、贵州、四川、云南及西藏，生于海拔 200 ~ 2 300 m 山坡林下或沟边。尼泊尔、印度、缅甸、越南、老挝和柬埔寨有分布。

食用部位与食用方法：块茎可食，或作药膳。

食疗保健与药用功能：有利尿消肿、补肾之功效，适用于腰痛、疝气等病症。

160. 天麻（兰科 Orchidaceae）

Gastrodia elata Bl.

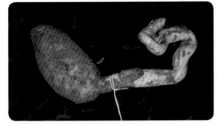

识别要点：腐生草本，高 0.3 ~ 1.5 m。根状茎块茎状，稍肉质，椭球形或卵球形，横生，长 3 ~ 15 cm，节较密。茎直立，橙黄色或蓝绿色，无绿叶，下部被数枚膜质鞘。总状花序顶生，长 10 ~ 30 cm，具 30 ~ 50 朵花；花扭转，橙黄色或黄白色，近直立。蒴果倒卵状椭球形，长 1.4 ~ 1.8 cm。花果期 5 ~ 7 月。

分布与生境：产于吉林、辽宁、陕西、甘肃、内蒙古、河北、河南、山西、江苏、安徽、浙江、台湾、福建、江西、湖北、湖南、贵州、四川、云南及西藏，生于海拔 400 ~ 3 200 m 疏林下、林中空地、林缘、灌丛边缘。日本、朝鲜、俄罗斯西伯利亚地区、尼泊尔、不丹和印度有分布。

食用部位与食用方法：根状茎可做火锅食材，或炖肉，或作药膳。

食疗保健与药用功能：味甘，性平，有熄风镇痉、平抑肝阳、祛风通络之功效，适用于头痛、头昏、眼花、风寒湿痹、小儿惊风等病症。

注意事项：真假天麻的识别。干燥的真天麻为块茎状根状茎，椭球形或卵球形，略扁，长 3 ~ 15 cm，宽 1.5 ~ 6 cm，厚 0.5 ~ 2 cm；表面黄白色至淡黄棕色，有纵向皱纹及多轮横向环纹，横向环纹即为根状茎的节部，常可在节部分辨出潜伏芽；顶端有红棕色至棕色鹦嘴状的芽或残留茎基，另一端有圆脐形疤痕；质地坚硬，不易折断，断面较平坦，为黄白色至淡棕色，角质样，气微，味甘。假天麻较多，常用紫茉莉根（长圆锥形，常有分枝，质坚硬而不易折断，断面不平坦，味淡，有刺喉感）、大理菊根（长纺锤形，表面灰白色或类白色，未去皮的黄棕色，质硬而不易折断，断面类白色，臭，味淡）、土豆（椭球形，已压扁，表面黄白色或浅黄棕色，较光滑，有纵皱纹，底部无圆脐形疤痕，质坚硬而难折断，断面平坦，无气味，味淡）、商陆根（外表皮粗糙，久嚼麻舌，有毒）等制成。

石斛属 *Dendrobium* Sw.

识别要点：附生草本，有根状茎；地上茎较长，通常不分枝，具多节，纤细或膨大成种种形状。叶互生，通常多枚，扁平、圆柱形或两侧扁，基部具关节和鞘。总状花序常生于茎上部节上，侧生；花大，艳丽。

分布与生境：分布于亚洲热带和亚热带地区至大洋洲。我国有 74 种。

食用部位与食用方法：国产具细茎的类群为我国中药"石斛"的主要药材来源。常见有以下种类。

161. 石斛（兰科 Orchidaceae）

Dendrobium nobile Lindl.

识别要点：茎直立，稍扁圆柱形，长 10 ~ 60 cm，上部常多少回折状弯曲。叶长圆形，长 6 ~ 11 cm，宽 1 ~ 3 cm，先端不等 2 裂，基部具抱茎鞘。花序长 2 ~ 4 cm，生于茎中部以上有叶或已落叶的老茎上，具 1 ~ 4 朵花；花白色，上部淡紫红色。

分布与生境：产于台湾、湖北、广东、海南、广西、贵州、四川、云南及西藏，生于海拔 500 ~ 1 700 m 山地疏林中树干或沟谷岩石上。印度、喜马拉雅和中南半岛有分布。

食用部位与食用方法：茎可做药膳。

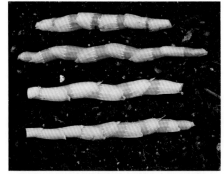

食疗保健与药用功能：味甘，性微寒，有养阴清热、益胃生津止渴之功效，适用于热病津伤口渴、肾虚所致的目暗昏花、腰膝酸软、糖尿病等病症，鲜用药力更佳。

162. 细茎石斛（兰科 Orchidaceae）

Dendrobium moniliforme (L.) Sw.

识别要点：茎直立，细圆柱形，长 10 ~ 30 cm。叶披针形或长圆形，长 3 ~ 4.5 cm，宽 0.5 ~ 1 cm，先端稍不等 2 裂，基部具抱茎鞘。花序 2 至数个，生于茎中部以上有叶或已落叶的老茎上，具 1 ~ 3 朵花；花黄绿色、白色或带淡紫红色。

分布与生境：产于陕西、甘肃、河南、安徽、浙江、福建、台湾、江西、湖北、湖南、广东、广西、贵州、四川及云南，生于海拔 600 ~ 3 000 m 阔叶林中树干或山谷岩石上。朝鲜半岛、日本、不丹、尼泊尔、印度、缅甸和越南有分布。

食用部位与食用方法：茎为中药石斛的重要原植物之一，可做药膳。

163. 黄石斛 铁皮石斛（兰科 Orchidaceae）

Dendrobium catenatum Lindl.

识别要点：茎直立，圆柱形，长 3 ~ 60 cm。叶长圆状披针形，长 3 ~ 7 cm，宽 1 ~ 1.5 cm，先端多少一侧钩转，基部具抱茎鞘，边缘和背面中肋常带紫色；叶鞘常具紫色斑点。花序生于已落叶的老茎上部，具 2 ~ 3 朵花；花黄绿色。

分布与生境：产于河南、安徽、浙江、台湾、福建、广西、四川及云南，生于海拔 1 600 m 以下疏林中树干或沟谷半阴湿岩石上。日本有分布。

食用部位与食用方法：茎可做药膳，与其他食材（鸡、枸杞、红枣等）一起炖食；或细嚼鲜食、切片泡茶、榨汁等。

食疗保健与药用功能：味甘，性微寒，归胃、肾二经，有益胃生津、滋阴清热、补脾益肺、安神、护肝、利胆、明目、滋养肌肤、抗衰老、延年益寿之功效，适用于热病津伤、口干燥渴、胃阴不足、食少干呕、病后虚热不退、阴虚火旺、骨蒸劳热、目暗不明、筋骨痿软等病症。

其他种类（在此只列出名称，详情参见野果卷）

仙人掌 *Opuntia dillenii* (Ker Gawl.) Haw.

单刺仙人掌 *Opuntia monacantha* Haw.

量天尺 *Hylocereus undatus* (Haw.) Britt. & Rose

榆树 *Ulmus pumila* L.

刺葵 *Phoenix loureiroi* Kunth

桄榔 *Arenga westerhoutii* Griff.

梨果仙人掌 *Opuntia ficus indica* (L.) Mill.

胭脂掌 *Opuntia cochenillifera* (L.) Mill.

昙花 *Epiphyllum oxypetalum* (DC.) Haw.

水椰 *Nypa fructicans* Wurmb.

蒲葵 *Livistona chinensis* (Jacq.) R. Br. ex Martius

菝葜 *Smilax china* L.

拟鼠麹草

垂柳

香椿

马齿苋

芦荟

（三）叶类野菜

　　叶是植物制造食物和蒸发水分的器官，一枚完全叶由叶片、叶柄和托叶组成。叶片是叶的扁阔部分；叶柄是叶着生于茎／枝上的连接部分，起支持叶片的作用；托叶是叶柄基部两侧的附属物，在芽时起保护叶的作用，其形态多种。叶类野菜是食用部分为叶的一类野菜。

莼菜

紫苏

胡椒科 Piperaceae

1. 假蒟（胡椒科 Piperaceae）

Piper sarmentosum Roxb.

识别要点：多年生匍匐草本，长达 10 m，能育小枝近直立，节部膨大。单叶互生，叶片卵形或近圆形，上部叶卵形或卵状披针形，长 7 ~ 14 cm，宽 5 ~ 11 cm，掌状叶脉，叶脉 7 条，最上 1 对离基 1 ~ 2 cm；叶柄长 1 ~ 3 cm。穗状花序与叶对生。

分布与生境：产于福建、广东、海南、广西、贵州、云南及西藏，生于海拔 1 000 m 以下村旁湿地或林下。东南亚有分布。

食用部位与食用方法：采嫩茎叶，经沸水焯后，可炒食。

食疗保健与药用功能：叶味苦，性温，有祛风散寒、行气止痛、活络、消肿之功效，适用于风寒咳嗽、风湿痹痛、脘腹胀满、泄泻痢疾等病症。

杨柳科 Salicaceae

2. 旱柳（杨柳科 Salicaceae）

Salix matsudana Koidz.

识别要点：落叶乔木。枝细长，直立或斜展，无毛；无顶芽。叶互生，叶片窄而长，披针形，长 5 ~ 10 cm，叶背苍白或带白粉，有细腺齿，幼叶有丝状柔毛；叶柄长 5 ~ 8 mm；有托叶。花序与叶同时开放。花期 4 月。

分布与生境：产于黑龙江、吉林、辽宁、陕西、甘肃、宁夏、青海、新疆、内蒙古、河北、河南、山西、山东、江苏、安徽、浙江、福建、江西、湖北、湖南、广东、广西、贵州、四川及云南，生于海拔 3 600 m 以下丘陵或平原地区，多有栽培。俄罗斯东部有分布。

食用部位与食用方法：在春季将新摘的淡黄色嫩柳芽洗净，放入沸水中焯几分钟，去除苦味，沥干晾凉或用凉水将其拔凉；加入盐、蒜末、黄酱、味精等调拌均匀，淋入香油即可食用。亦可用沥干晾凉或用凉水将其拔凉的柳芽摊饼（和入面粉，加入海鲜或瘦肉，加上调料，调成面糊摊饼）或和肉末做馅蒸包子或包饺子或炒鸡蛋等。

食疗保健与药用功能：味苦，性凉，入心、脾二经，无毒。有清热凉血、祛湿降火、利尿、解毒之功效，适用于上呼吸道感染、气管炎、肺炎、膀胱炎、咽喉炎等各种炎症感染。

3. 垂柳 (杨柳科 Salicaceae)

Salix babylonica L.

识别要点：落叶乔木。枝细长下垂，无毛；无顶芽。叶互生，叶片窄而长，窄披针形或线状披针形，长 9 ～ 16 cm，叶背淡绿色，叶缘有锯齿；叶柄长 5 ～ 10 mm，有柔毛；有托叶。花序先叶开放或同时开放。花期 3 ～ 4 月。

分布与生境：产于全国各地，多为栽培，为道旁、水边绿化树种。欧洲、亚洲、美洲各国均有引种。

食用部位与食用方法：春季采摘淡黄色嫩柳芽，经清水洗净，入沸水焯，放入凉水中浸泡去除苦味后，可凉拌、炒食、做馅或拌入面粉上笼屉蒸食。

食疗保健与药用功能：味苦，性寒，有清热、败火、解毒、透疹利尿之功效，适用于痧疹透发不畅、乳腺炎、丹毒等病症。

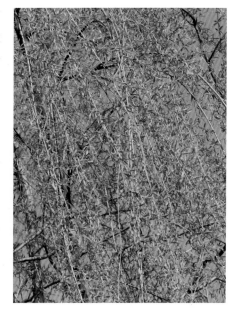

4. 杞柳 (杨柳科 Salicaceae)

Salix integra Thunb.

识别要点：灌木。小枝无毛。芽卵形，黄褐色，无毛。单叶，近对生或对生，有时 3 叶轮生，叶片椭圆状矩圆形，长 2 ～ 5 cm，先端短渐尖，基部圆形或微凹，全缘或上部有尖齿，幼叶带红褐色，老叶叶面暗绿色，叶背苍白色，无毛；叶柄短或近无柄而抱茎。花先叶开放，花序对生，稀互生，长 1 ～ 2 (2.5) cm，基部有小叶；苞片通常被柔毛；雄蕊 2 枚。花期 5 月。

分布与生境：产于黑龙江、吉林、辽宁、内蒙古、河北、河南及山东，生于海拔 80 ～ 2 100 m 山地河边、湿草地。朝鲜、日本及俄罗斯东部有分布。

食用部位与食用方法：嫩叶、嫩花序可食，经沸水焯过，浸去苦味，可做菜或做馅，为东北地区优质野菜。

5. 狭叶荨麻（荨麻科 Urticaceae）

Urtica angustifolia Fisch. ex Hornem.

识别要点：多年生草本。茎被刺毛和糙毛。单叶对生，叶片披针形或披针状线形，长 4 ~ 15 cm，边缘具牙齿，两面被毛，钟乳体点状，基部 3 出脉；叶柄长 0.5 ~ 2 cm；托叶每节 4 枚。花序圆锥状。

分布与生境：产于黑龙江、吉林、辽宁、内蒙古、河北、山西及山东，生于海拔 800 ~ 2 200 m 山地河谷溪边或台地潮湿处。日本、朝鲜半岛、蒙古和俄罗斯东部有分布。

食用部位与食用方法：幼苗或嫩茎叶经沸水焯，清水浸泡后可做汤或火锅食材食用。

食疗保健与药用功能：叶味苦、辛，性温，有小毒，有祛风定惊、消食通便之功效，适用于风湿关节痛、小儿麻痹后遗症、小儿惊风、高血压、消化不良、大便不通等病症。

注意事项：刺毛扎人，采摘时注意，不可凉拌。

6. 荨麻 裂叶荨麻（荨麻科 Urticaceae）

Urtica fissa E. Pritz.

识别要点：多年生草本。茎被刺毛和微柔毛。单叶对生，叶片宽卵形、椭圆形、五角形或近圆形，长 5 ~ 15 cm，边缘 5 ~ 7 对浅裂或 3 深裂，叶面疏生刺毛和糙伏毛，叶背生柔毛及脉上有刺毛，钟乳体杆状，基部 5 出脉；叶柄长 2 ~ 8 cm；托叶每节 4 枚。花序圆锥状。

分布与生境：产于陕西、甘肃、河南、安徽、浙江、福建、江西、湖北、湖南、广西、贵州、四川及云南，生于海拔 2 000 m 以下山坡、路边或宅旁半阴湿处。越南北部有分布。

食用部位与食用方法：幼苗或嫩茎叶经沸水焯，清水浸泡后可煮食、做汤或火锅食材食用。

食疗保健与药用功能：性凉，味甘、淡，有祛风、除湿、止咳之功效。

注意事项：刺毛扎人，采摘时注意，不可凉拌。

7. 苎麻（荨麻科 Urticaceae）

Boehmeria nivea (L.) Gaudich.

识别要点：亚灌木或灌木。茎上部与叶柄均密被长硬毛和糙毛。单叶互生，叶片宽卵形或近圆形，长 6 ～ 15 cm，宽 4 ～ 11 cm，边缘具牙齿，叶面疏被毛，叶背密被白色毡毛，叶柄长 2.5 ～ 9.5 cm。圆锥花序腋生。

分布与生境：产于陕西、安徽、浙江、福建、台湾、江西、湖北、湖南、广东、海南、广西、贵州、四川及云南，生于海拔 200 ～ 1 700 m 山谷、林缘及草坡。越南和老挝有分布。

食用部位与食用方法：嫩芽、幼叶经沸水焯后可炒食或凉拌食用，或混拌糯米粉制成苎麻饼，称"苎麻粑子"。

食疗保健与药用功能：叶味甘、微苦，性寒，归肝、心二经，有凉血止血、散瘀消肿、解毒之功效，适用于吐血、咯血、尿血、月经过多等病症。

8. 糯米团（荨麻科 Urticaceae）

Gonostegia hirta (Bl. ex Hassk.) Miq.

识别要点：多年生草本。茎上部四棱形，被柔毛。单叶对生，叶片宽披针形、披针形至椭圆形，长 3 ～ 10 cm，宽 1 ～ 2.8 cm，全缘，基部 3 或 5 出脉，叶背有毛，钟乳体点状；叶柄长 1 ～ 4 mm。花序腋生。

分布与生境：产于陕西、河南、江苏、安徽、浙江、福建、台湾、江西、湖北、湖南、广东、海南、广西、贵州、四川、云南及西藏，生于海拔 100 ～ 2 700 m 丘陵山地林中、灌丛中或沟边草地。亚洲热带、亚热带地区和澳大利亚有分布。

食用部位与食用方法：嫩芽、幼叶经沸水焯，清水浸泡洗净后，可炒食、开汤，或混拌糯米粉制成饼食用。

食疗保健与药用功能：有抗菌消炎、健脾胃、止血之功效。

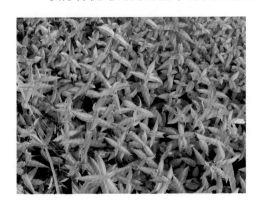

铁青树科 Olacaceae

9. 赤苍藤（铁青树科 Olacaceae）

Erythropalum scandens Bl.

识别要点：常绿藤本；具腋生卷须。单叶互生，叶片卵形或长卵形，长8 ~ 20 cm，全缘，叶背粉绿色，基部3或5出脉；叶柄长3 ~ 10 cm。花序腋生；花序梗长3 ~ 9 cm，花后增粗增长。核果卵状椭球形或椭球形，长1.5 ~ 2.5 cm，成熟时淡红褐色。种子1粒，蓝紫色。

分布与生境：产于广东、海南、广西、贵州、云南及西藏，生于海拔1 500 m以下山地、丘陵沟谷、溪边林中或灌丛中。亚洲东南部至南部有分布。

食用部位与食用方法：嫩叶可作蔬菜。

蓼科 Polygonaceae

10. 萹蓄（蓼科 Polygonaceae）

Polygonum aviculare L.

识别要点：一年生草本，高10 ~ 40 cm。茎平卧或上升，基部多分枝。单叶，互生，近无柄；叶片狭椭圆形或披针形，长1.5 ~ 3 cm，宽5 ~ 10 mm，顶端钝或急尖，全缘；托叶鞘膜质，上部白色透明。花腋生，1 ~ 5朵簇生，遍布全植株；花梗细而短；花白色或淡红色。

分布与生境：产于全国各地，生于海拔4 200 m以下沟边、湿地、田边或草地。北温带广泛分布。

食用部位与食用方法：采摘幼苗和嫩茎叶，经洗净、沸水焯、清水漂洗后，可炒食、切碎做馅、和面蒸食或晒干做成干菜食用。

食疗保健与药用功能：味苦，性微寒，入膀胱经，有利尿通淋、杀虫、止痒之功效，适用于泌尿系统感染、肠炎、痢疾等病症。

11. 马蓼 酸模叶蓼（蓼科 Polygonaceae）

Polygonum lapathifolium L.

识别要点：一年生直立草本，高达90 cm。茎直立，上部分枝，粉红色，无毛，节部膨大。单叶互生，叶片披针形或宽披针形，长5～15 cm，先端渐尖，基部楔形，叶面常有黑褐色新月形斑点，全缘；托叶鞘筒状包茎，鞘长1.5～3 cm，无毛。穗状花序组成圆锥状；花粉红色或白色。

分布与生境：产于全国各地，生于海拔3 900 m以下田边湿地、水边或荒地。日本、朝鲜半岛、蒙古、俄罗斯、印度、巴基斯坦、菲律宾、欧洲和北美洲有分布。

食用部位与食用方法：采幼苗或嫩茎叶，经沸水焯，清水浸洗后，可炒食、拌面粉蒸食。

食疗保健与药用功能：性温，味辛、苦，有清热解毒、利湿、止痒之功效。

12. 红蓼 东方蓼（蓼科 Polygonaceae）

Polygonum orientale L.

识别要点：一年生直立草本，高达2 m，密被长柔毛。单叶互生，宽卵形或宽椭圆形，长10～20 cm，先端渐尖，基部圆形或近心形，全缘，密被柔毛；叶柄长2～12 cm，密被长柔毛；托叶膜质，鞘状包茎，鞘长1～2 cm，被长柔毛。穗状花序组成圆锥状；花淡红色或白色。果近球形，扁平，双凹，直径3～3.5 mm。

分布与生境：全国各省区均有分布，生于海拔3 000 m以下沟边湿地、村边。日本、朝鲜、俄罗斯、印度、菲律宾、欧洲和大洋洲有分布。

食用部位与食用方法：采幼苗和嫩茎叶，经沸水焯，清水浸洗后，可炒食、掺入玉米面蒸食。

食疗保健与药用功能：味咸，性微寒，有祛风利湿、健脾消积、活血止痛之功效。

13. 辣蓼 水蓼（蓼科 Polygonaceae）

Polygonum hydropiper L.

　　识别要点：一年生直立草本，多分枝，无毛。单叶互生，披针形或椭圆状披针形，长 4 ~ 8 cm，先端渐尖，基部楔形，全缘，两面无毛，具辛辣味；叶柄长 4 ~ 8 mm；托叶膜质，鞘状包茎，鞘长 1 ~ 1.5 cm。穗状花序下垂，花稀疏。

　　分布与生境：全国各地均有分布，生于海拔 3 500 m 以下河滩、沟边、山谷湿地。日本、朝鲜、印度、印度尼西亚、欧洲和北美洲有分布。

　　食用部位与食用方法：幼苗和嫩茎叶经洗净、沸水焯后，去汁，加调料炒食、凉拌或做汤。

　　食疗保健与药用功能：味辛，性温，入胃、大肠二经，有解毒祛风、利湿消滞、散瘀止痛之功效。

14. 火炭母（蓼科 Polygonaceae）

Polygonum chinense L.

　　识别要点：多年生草本，高 70 ~ 100 cm，茎直立，多分枝，浅红色，节膨大。单叶互生，叶片卵形或长卵形，长 4 ~ 10 cm，叶面常有"八"字形暗紫色纹，两面无毛，叶脉紫红色，边缘全缘；叶柄长 1 ~ 2 cm；托叶膜质，鞘状包茎，鞘长 1.5 ~ 2.5 cm。头状花序；花白色或淡红色。

　　分布与生境：产于陕西、甘肃、江苏、安徽、浙江、台湾、福建、江西、湖北、湖南、广东、海南、广西、贵州、四川、云南及西藏，生于海拔 2 400 m 以下山坡草地、河滩、沟边或山谷湿地。日本、印度、喜马拉雅山区、菲律宾及马来西亚有分布。

　　食用部位与食用方法：采幼苗或嫩茎叶，经洗净、沸水焯后，用清水浸洗，可炒食。

　　食疗保健与药用功能：性凉，味酸、微涩，有清热解毒、利湿、凉血止痒之功效，适用于肠炎、肝炎、感冒等病症。

15. 虎杖 酸筒杆（蓼科 Polygonaceae）

Reynoutria japonica Houtt.

识别要点：多年生草本，全株无毛。茎直立，丛生，粗壮，圆柱形，节间中空，表面疏生红色或紫红色斑点。单叶互生，宽卵形或卵状椭圆形，长 5 ~ 12 cm，全缘；叶柄长 1 ~ 2 cm；托叶膜质，鞘状包茎。花序圆锥状，腋生。果具 3 棱，包于宿存翅状花被片内。

分布与生境：产于黑龙江、辽宁、陕西、甘肃、河南、山东、江苏、安徽、浙江、福建、台湾、江西、湖北、湖南、广东、海南、广西、贵州、四川及云南，生于海拔 2 000 m 以下山坡灌丛、山谷、田边湿地。日本、朝鲜和俄罗斯东部有分布。

食用部位与食用方法：将幼苗、嫩叶或嫩茎经剥皮、拍碎、切段，用沸水焯，换清水浸泡后，可炒食、做汤或腌制咸菜；抑或可用开水烫浸 1 h，捞出后加适量白糖腌制 30 min 以上，食用时加盐、味精、麻油等调料作凉拌菜。

食疗保健与药用功能：味苦，性平，有祛风、利湿、破瘀、通经之功效，可治风湿筋骨痛、湿热黄疸、跌打损伤、烫伤、闭经、淋浊带下等病症。

16. 金荞 金荞麦、野荞麦（蓼科 Polygonaceae）

Fagopyrum dibotrys (D. Don) H. Hara

识别要点：多年生草本，高 50 ~ 100 cm。茎直立，有纵棱。单叶互生，三角形或卵状三角形，长 4 ~ 12 cm，先端渐尖，基部近戟形，两面被乳头状突起；叶柄长可达 10 cm；托叶膜质，鞘状包茎，长 5 ~ 10 mm。花白色。

分布与生境：产于陕西、甘肃、河南、江苏、安徽、浙江、福建、江西、湖北、湖南、广东、广西、贵州、四川、云南及西藏，生于海拔 250 ~ 3 300 m 山谷湿地、山坡灌丛中。印度、尼泊尔、越南及泰国有分布。

食用部位与食用方法：采幼苗或嫩茎叶，经沸水焯，清水浸洗后，可炒食。

食疗保健与药用功能：叶味苦、辛，性凉，归肺、脾、肝三经，有清热解毒、健脾利湿、祛风通络之功效，适用于肺痈、肝炎腹胀、消化不良、风湿痹痛等病证。

17. 酸模（蓼科 Polygonaceae）

Rumex acetosa L.

识别要点：多年生草本，高 40 ~ 100 cm，全株无毛。单叶，基生叶及茎下部叶箭形，长 3 ~ 12 cm，先端尖或圆钝，基部裂片尖，全缘或微波状；叶柄长 5 ~ 12 cm；茎上部叶较小，具短柄或近无柄。托叶膜质，鞘状包茎，易开裂而早落。圆锥花序顶生。

分布与生境：产于全国各地，生于海拔 4 100 m 以下山坡、林下、沟边、田边或荒地。亚洲、欧洲和美洲有分布。

食用部位与食用方法：幼苗和嫩茎叶味酸，经沸水焯，换清水浸泡 1 h 去除酸味后，可凉拌、炒食、做汤或和面蒸食。

食疗保健与药用功能：味酸，性寒，有清热、凉血、解毒、通便、利尿、杀虫之功效，可治热痢、淋病、吐血、恶疮、湿疹、慢性便秘、小便不通等病症。

18. 皱叶酸模（蓼科 Polygonaceae）

Rumex crispus L.

识别要点：多年生草本，高 0.5 ~ 1.5 m，全株无毛。茎直立，通常不分枝。单叶，叶片披针形或窄披针形，长 10 ~ 25 cm，宽 2 ~ 5 cm，先端尖，基部楔形，边缘皱波状；叶柄短于叶片。托叶膜质，鞘状包茎，常破裂。圆锥花序顶生。

分布与生境：除江西、福建、广东、海南、广西、西藏外，其他省区均产，生于海拔 2 500 m 以下山坡、沟边、田边或荒地。亚洲、欧洲和北美洲有分布。

食用部位与食用方法：幼苗和嫩茎叶味酸，经沸水焯后，换清水浸泡以去除酸味，可凉拌、炒食或做汤。

食疗保健与药用功能：叶有清热通便、止咳之功效，适用于热结便秘、咳嗽等病症。

19. 波叶大黄 华北大黄、北大黄（蓼科 Polygonaceae）

Rheum rhabarbarum L.

识别要点：直立草本，高达 90 cm。基生叶心状卵形或宽卵形，长 12 ~ 22 cm，宽 10 ~ 18 cm，先端钝尖，基部心形，具皱波，基脉 5（~ 7）条，叶面灰绿色或蓝绿色，叶背暗紫红色；叶柄长 4 ~ 9 cm，常暗紫红色；茎生叶三角状卵形，上部叶柄短或近无柄；托叶鞘长 2 ~ 4 cm，深褐色，被硬毛。圆锥花序具 2 次以上分枝，花序轴及分枝被毛；花黄白色，3 ~ 6 朵簇生。花期 6 月。

分布与生境：产于黑龙江、吉林、内蒙古、河北、河南及山西，生于海拔 1 000 ~ 2 000 m 山地。

食用部位与食用方法：叶柄、幼苗可食，叶柄去皮后可做糕点夹馅、蜜饯，幼苗作蔬菜或和面做糕。

注意事项：含草酸钙多，不宜多食。

20. 药用大黄 大黄、南大黄（蓼科 Polygonaceae）

Rheum officinale Baill.

识别要点：草本，高达 2 m。根及根状茎粗壮，内部黄色。茎粗壮，被白毛。基生叶近圆形，稀宽卵圆形，直径 30 ~ 50 cm，基部近心形，掌状浅裂，裂片齿状三角形，基脉 5 ~ 7 条，叶面无毛，叶背被淡褐色毛；叶柄与叶片等长或稍短，被毛；茎生叶向上渐小；托叶鞘长达 15 cm，密被毛。圆锥花序，分枝开展，花 4 ~ 10 朵成簇互生，绿色或黄白色。花期 5 ~ 6 月。

分布与生境：产于河南西部、陕西、福建、湖北、四川、贵州及云南，生于海拔 1 200 ~ 4 200 m 山沟或林下，多有栽培。

食用部位与食用方法：叶柄去皮后可做糕点夹馅、蜜饯，幼苗作蔬菜或和面做糕。

注意事项：含草酸钙多，宜少食。

21. 灰绿藜（藜科 Chenopodiaceae）

Chenopodium glaucum L.

识别要点：一年生草本，高 20 ~ 40 cm。茎具条棱及绿色或紫红色色条。单叶互生，长圆状卵形或披针形，长 2 ~ 4 cm，宽 0.6 ~ 2 cm，稍肥厚，基部楔形，有缺刻状牙齿，叶面平滑，无粉粒，叶背密被粉粒，呈灰白色或紫红色。花序腋生。

分布与生境：除台湾、福建、江西、广东、广西、贵州及云南外，其余省区均有分布，生于湖滨、荒地、农田等轻度盐碱的土壤。广泛分布于两半球温带地区。

食用部位与食用方法：采幼苗或嫩茎叶，洗净，经沸水焯，清水浸泡后，可炒食、凉拌或制干菜。

食疗保健与药用功能：味甘，性平，有小毒，有清热祛湿、解毒消肿之功效，适用于发热、咳嗽、腹泻、腹痛、疝气、白癜风等病症。

22. 杖藜（藜科 Chenopodiaceae）

Chenopodium giganteum D. Don

识别要点：一年生草本，高达 3 m；全株被粉粒。茎粗达 5 cm，具棱及色条。单叶互生，菱形或卵形，长达 20 cm，宽达 16 cm，叶缘有不整齐波状钝锯齿；叶柄为叶片长的 1/3 ~ 1/2。圆锥花序，顶生；花小。种子双凸镜形，直径约 1.5 mm。

分布与生境：原产地不明，辽宁、陕西、甘肃、河北、河南、台湾、湖北、湖南、广西、贵州、四川及云南有野化。

食用部位与食用方法：幼苗和嫩茎叶可炒食，或经沸水焯后制作凉拌菜。

23. 小藜（藜科 Chenopodiaceae）

Chenopodium ficifolium Smith

识别要点：一年生草本，被粉粒，高 20 ~ 50 cm。茎直立，分枝，有条纹。单叶，互生；叶片卵形或卵状矩圆形，长 2.5 ~ 5 cm，宽 1 ~ 3 cm，常 3 浅裂，先端钝，基部楔形，边缘有波状牙齿，下部的叶近基部有 2 个较大的裂片；叶柄细弱。花序穗状，腋生或顶生；花小，淡绿色。

分布与生境：除西藏外，全国各省区均产，生于荒地、河滩、沟谷湿地、田间或路边。亚洲东部至中亚和欧洲有分布。

食用部位与食用方法：幼苗和嫩茎叶可炒食或做汤，亦可经沸水焯后，沥干水，切碎加佐料拌食。

食疗保健与药用功能：味苦，性凉，有祛湿解毒之功效。

注意事项：部分人群食后在日照下裸露皮肤有过敏反应，不宜多食，也不宜常食。

24. 藜 灰灰菜、白藜（藜科 Chenopodiaceae）

Chenopodium album L.

识别要点：一年生草本；全株被白色粉粒。茎具条棱及色条。单叶互生，菱状卵形或宽披针形，长 3 ~ 6 cm，宽 2.5 ~ 5 cm，叶缘有不整齐锯齿；叶柄与叶片近等长。圆锥花序；花小。种子双凸镜形，直径 1.2 ~ 1.5 mm。

分布与生境：遍及全国各地，生于路边、荒地及田间。广泛分布于温带至热带地区。

食用部位与食用方法：幼苗和嫩茎叶经沸水焯，换清水浸泡，沥干水后，可炒食或做汤，亦可切碎加佐料凉拌食用。

食疗保健与药用功能：味甘，性平，有清热利湿、抗癌、减肥、杀虫之功效，适用于痢疾、流感、腹泻等病症。

注意事项：部分人群食后在日照下裸露皮肤有过敏反应，不宜多食，也不宜常食。

25. 地肤（藜科 Chenopodiaceae）

Kochia scoparia (L.) Schrad.

识别要点：一年生草本。单叶互生，淡绿色或绿色，线状披针形或披针形，长2～5 cm，宽3～7 mm，常具3条主脉，全缘，基部渐狭成短柄。花小，1～3朵簇生叶腋。种子卵形或近圆形，直径1.5～2 mm。

分布与生境：遍及全国各地，生于路边、荒地及田间。亚洲、欧洲和北美洲有分布。

食用部位与食用方法：幼苗和嫩茎叶经洗净、沸水焯、清水浸泡后，捞出挤干水、切碎，作馅或制作凉拌菜，亦可炒食、做汤、做馅或腌咸菜。

食疗保健与药用功能：味苦，性寒，入膀胱经，有清热解毒、明目、溶解尿酸、利尿通淋、补中益气之功效，适用于赤白痢、泄泻、小便涩痛、热淋、尿路结石、尿道炎、目赤、雀盲、皮肤风热赤肿等病症。

26. 猪毛菜（藜科 Chenopodiaceae）

Salsola collina Pall.

识别要点：一年生草本；茎直立，基部分枝，具绿色或紫红色条纹，枝伸展。单叶互生，圆柱状，条形，长2～5 cm，宽0.5～1.5 mm，先端具刺尖；无叶柄。穗状花序；花小。

分布与生境：产于黑龙江、吉林、辽宁、陕西、甘肃、宁夏、青海、新疆、内蒙古、河北、河南、山西、山东、江苏、安徽、湖南、贵州、四川、云南及西藏，生于路边、村旁、沟沿或荒地。朝鲜、蒙古、俄罗斯等国有分布。

食用部位与食用方法：幼苗和嫩茎叶经沸水焯，换清水浸泡后，可炒食、凉拌或做馅。

食疗保健与药用功能：味淡，性凉，适用于高血压、头痛、失眠等病症。

27. 盐地碱蓬（藜科 Chenopodiaceae）

Suaeda salsa (L.) Pall.

识别要点：一年生草本，绿色或紫红色。单叶互生，条形，半圆柱状，长 1 ~ 2.5 cm，宽 1 ~ 2 mm；无叶柄。花小，3 ~ 5 朵簇生叶腋，组成穗状花序。种子双凸镜形，直径 0.8 ~ 1.5 mm。

分布与生境：产于黑龙江、吉林、辽宁、陕西、甘肃、宁夏、青海、新疆、内蒙古、河北、山西、山东、江苏及浙江，生于河滩、湖滨或盐碱荒地。亚洲和欧洲有分布。

食用部位与食用方法：采摘幼苗和嫩茎叶，洗净，经沸水焯后，可炒食、凉拌、做汤、做馅或晒干成干菜。

食疗保健与药用功能：味微咸，性微寒，有清热及消积之功效。

注意事项：植物体内含盐分较高，做菜时放盐要适量。

28. 青葙（苋科 Amaranthaceae）

Celosia argentea L.

识别要点：一年生草本，全株无毛。茎直立。单叶互生，叶片披针形或披针状条形，长 5 ~ 8 cm，宽 1 ~ 3 cm，绿色常带红色，先端尖或渐尖，具小芒尖，基部渐窄，边缘全缘；叶柄长 0 ~ 1.5 cm。花多数密集成顶生的塔状或圆柱状穗状花序，不分枝，长 3 ~ 10 cm；花初时淡红色，后变白色。果实卵球形；种子黑色。花期 5 ~ 8 月，果期 6 ~ 10 月。

分布与生境：产于全国各地，生于海拔 1 500 m 以下平原、田边、丘陵或山坡。日本、朝鲜半岛、俄罗斯、印度、不丹、缅甸、越南、柬埔寨、泰国、菲律宾、马来西亚和非洲热带地区有分布。

食用部位与食用方法：将洗净的幼苗、嫩茎叶在沸水中焯后，再置于清水中浸去苦味，即可炒食、凉拌、烩食或拌面粉蒸食。

食疗保健与药用功能：味苦，性微寒，无毒，有清热明目、祛风除湿、降血压、杀虫、止血之功效，适用于风火眼赤、肝火引起的头痛等病症。

29. 反枝苋（苋科 Amaranthaceae）

Amaranthus retroflexus L.

识别要点：一年生草本；茎密被毛。单叶互生，菱状卵形或椭圆状卵形，长 5 ~ 12 cm，先端锐尖或尖凹，全缘或波状，两面被毛；叶柄长 1.5 ~ 5.5 cm，被毛。穗状圆锥花序，腋生及顶生，直径 2 ~ 4 cm；花小，淡绿色。

分布与生境：原产于美洲热带地区，我国各地有野化，生于农田、园圃、村边、宅旁。现广泛分布于世界各地。

食用部位与食用方法：幼苗和嫩茎叶经洗净、沸水焯后，可炒食或做汤、做粥、制作凉拌菜、制干菜等。

食疗保健与药用功能：味甘，性寒，有清热利湿、凉血止血、解毒消肿之功效，适用于目赤肿痛、高血压、痢疾等病症。

30. 刺苋（苋科 Amaranthaceae）

Amaranthus spinosus L.

识别要点：一年生草本；茎多分枝，无毛或稍被毛。单叶互生，菱状卵形或卵状披针形，长 3 ~ 12 cm，先端圆钝，全缘，无毛或稍被毛；叶柄长 1 ~ 8 cm，腋部具 2 枚刺，刺长 5 ~ 10 mm。穗状花序，腋生及顶生，长达 25 cm，具刺；花小，绿色。

分布与生境：产于陕西、山西、河南、江苏、安徽、浙江、福建、台湾、江西、湖北、湖南、广东、海南、广西、贵州、四川及云南，生于海拔 1 200 m 以下旷地。日本、印度、中南半岛、马来西亚、菲律宾和美洲有分布。

食用部位与食用方法：幼苗和嫩茎叶经洗净、沸水焯后，可炒食、凉拌或做馅。

食疗保健与药用功能：味微苦，性凉，有清热解毒、消炎消肿、止血止痢之功效，适用于痢疾、肠炎、溃疡、痔疮出血等病症。

31. 苋（苋科 Amaranthaceae）

Amaranthus tricolor L.

识别要点：一年生草本；茎绿色或红色。单叶互生，叶片卵形、菱状卵形或披针形，长 4 ~ 10 cm，绿色或带红色、紫色，先端圆钝，具凸尖，全缘，无毛；叶柄长 2 ~ 6 cm。花成簇腋生，组成穗状花序，花簇球形，直径 0.5 ~ 1.5 cm；花小，绿色或黄绿色。

分布与生境：原产于亚洲南部，我国各地有野化，生于海拔 2 100 m 以下农田、园圃、村边、沟边、宅旁。

食用部位与食用方法：嫩茎叶可食。

食疗保健与药用功能：味甘，性微寒，归大肠、小肠二经，有清热解毒、通利二便之功效，适用于痢疾、二便不通等病症。

32. 皱果苋（苋科 Amaranthaceae）

Amaranthus viridis L.

识别要点：一年生草本，高达 80 cm，全株无毛。茎直立，稍分枝。单叶，互生，叶片卵形、卵状长圆形或卵状椭圆形，长 3 ~ 9 cm，先端尖凹或凹缺，稀圆钝，具芒尖，基部宽楔形或近平截，全缘或波状；叶

柄长 3 ~ 6 cm。穗状花序顶生，长达 12 cm，圆柱形，细长，直立；花序梗长 2 ~ 2.5 cm。果扁球形，直径约 2 mm，皱缩。种子黑色。

分布与生境：原产于非洲热带地区，除西北地区和西藏外，我国其余省区有野化。

食用部位与食用方法：采摘幼苗、嫩茎叶，经洗净、沸水焯后，可炒食、做汤、做馅或凉拌。

食疗保健与药用功能：味甘，性寒，有清热解毒、利尿、止痛、明目之功效。

33. 凹头苋 野苋（苋科 Amaranthaceae）

Amaranthus blitum L.

识别要点：一年生草本，全株无毛；茎伏卧上升，基部分枝。单叶互生，卵形或菱状卵形，长 1.5 ~ 4.5 cm，先端凹缺，具芒尖，全缘或稍波状；叶柄长 1 ~ 3.5 cm。花成簇腋生，组成穗状或圆锥花序；花小，淡绿色。

分布与生境：除内蒙古、青海、台湾、海南及西藏外，全国其余省区广泛分布，生于海拔 2 000 m 以下田野、村边、沟边和杂草地。

食用部位与食用方法：幼苗和嫩茎叶可炒食，或沸水焯后做汤、切碎做馅、制作凉拌菜或制干菜。

食疗保健与药用功能：味甘，性凉，有清热解毒之功效，适用于痢疾、目赤、乳痈等病症。

34. 牛膝（苋科 Amaranthaceae）

Achyranthes bidentata Bl.

识别要点：多年生草本。茎节部膝状膨大，有分枝，枝对生。单叶对生，叶片椭圆形或椭圆状披针形，长 4.5 ~ 12 cm，先端锐尖或长渐尖，基部楔形或宽楔形，两面被柔毛；叶柄长 0.5 ~ 3 cm。穗状花序腋生及顶生；花多数，密集排列。

分布与生境：产于河北、河南、山西、陕西、甘肃、山东、江苏、安徽、浙江、台湾、福建、江西、湖北、湖南、广东、海南、广西、贵州、四川、云南及西藏，生于海拔 2 500 m 以下田边、路旁、山坡林下。日本、朝鲜半岛、俄罗斯、印度、不丹、尼泊尔、缅甸、越南、老挝、泰国和菲律宾有分布。

食用部位与食用方法：幼苗和嫩茎叶经沸水焯后，浸泡于清水中去除酸味，然后可炒食、做汤、做馅或制作凉拌菜。

食疗保健与药用功能：味酸、苦，性平，生用有散瘀血、消肿之功效，可治淋病、尿血、闭经、难产、喉痹、跌打损伤等病症；熟用有补肝肾、强筋骨之功效，适用于四肢拘挛、腰膝骨痛、痿痹等病症。

35. 莲子草（苋科 Amaranthaceae）

Alternanthera sessilis (L.) R. Br. ex DC.

识别要点：多年生匍匐或上升草本。茎多分枝。单叶对生，叶片条状披针形、长圆形、倒卵形或卵状长圆形，长 1 ~ 8 cm，先端尖或圆钝，全缘或有不明显锯齿，无毛或疏被毛；叶柄长 1 ~ 4 mm。头状花序 1 ~ 4 个，腋生；无花序梗。

分布与生境：产于江苏、安徽、浙江、福建、台湾、江西、湖北、湖南、广东、海南、广西、贵州、四川及云南，生于海拔 1 800 m 以下村边草坡、水沟边、田边、沼泽或海边潮湿处。印度、缅甸、越南、马来西亚和菲律宾有分布。

食用部位与食用方法：幼苗和嫩茎叶经沸水焯，换清水漂洗后可炒食或制作凉拌菜。

食疗保健与药用功能：味苦，性凉，有清热利尿、散瘀消毒、消炎退热之功效。

36. 喜旱莲子草 空心莲子草（苋科 Amaranthaceae）

Alternanthera philoxeroides (Mart.) Griseb.

识别要点：多年生草本。茎匍匐，上部上升，具分枝，节间中空。单叶对生，叶片长圆形、长圆状倒卵形或倒卵状披针形，长 2.5 ~ 5 cm，先端尖或圆钝，全缘，无毛或疏被毛；叶柄长 3 ~ 10 mm。头状花序单生或腋生，有花序梗。

分布与生境：原产于巴西，河北、江苏、安徽、浙江、福建、台湾、江西、湖北、湖南、广西及四川有野化，生于海拔 750 m 以下水沟、沼泽或池塘边。

食用部位与食用方法：幼苗和嫩茎叶经沸水焯，换清水漂洗后可炒食、做馅或制作凉拌菜。

食疗保健与药用功能：味微甘，性寒，有清热解毒、利尿凉血之功效，适用于麻疹、乙型脑炎、肺结核咯血等病症。

商陆科 Phytolaccaceae

37. 商陆（商陆科 Phytolaccaceae）

Phytolacca acinosa Roxb.

识别要点：多年生草本，高 1 ~ 1.5 m，全株无毛。根肥厚，肉质，倒圆锥形。茎绿色或紫红色，具纵沟，肉质。单叶互生，叶片卵状椭圆形至长椭圆形，长 12 ~ 30 cm，宽 5 ~ 10 cm；叶柄长 1.5 ~ 3 cm。总状花序顶生或侧生，长达 20 cm；花白色或黄绿色。果序直立，浆果扁球形，紫色或黑紫色。

分布与生境：除黑龙江、吉林、内蒙古、青海、新疆外，全国其他省区均产，生于海拔 100 ~ 3 400 m 沟谷、山坡林下、林缘或路边。朝鲜、日本和印度有分布。

食用部位与食用方法：幼苗及嫩茎叶经沸水焯后，置清水中浸泡以去除苦味，捞出沥干水后可炒食、做汤或凉拌。

食疗保健与药用功能：味苦，性寒，有通二便、泻水、消肿、散结之功效，适用于水肿、胀满、脚气、喉痹、痈肿、恶疮等病症。

注意事项：根有毒，特别是红色根有剧毒，不可食。

番杏科 Aizoaceae

38. 番杏（番杏科 Aizoaceae）

Tetragonia tetragonioides (Pall.) Kuntze.

识别要点：一年生肉质草本，全株无毛。茎初直立，后平卧上升。叶卵状菱形或卵状三角形，长 4 ~ 10 cm，边缘波状；叶柄长 0.5 ~ 2.5 cm。花 1 ~ 3 朵生于叶腋，黄绿色。坚果陀螺形，长约 5 mm。

分布与生境：产于江苏、浙江、福建、台湾、广东及云南。日本、南亚、大洋洲、非洲和南美洲有分布。

食用部位与食用方法：嫩茎叶可作蔬菜食用，富含铁、钙、维生素 A 及维生素 B。

食疗保健与药用功能：有清热解毒、祛风消肿之功效。

39. 马齿苋（马齿苋科 Portulacaceae）

Portulaca oleracea L.

识别要点：一年生草本，肉质，全株无毛。茎平卧或斜倚，多分枝，圆柱形，淡绿色或暗红色。单叶互生或近对生，扁平肥厚，倒卵形，长 1～3 cm，先端钝圆或平截，有时微凹，全缘，叶面暗绿色，叶背淡绿色或带暗红色，中脉微隆起；叶柄粗短。花无梗，直径 4～5 mm，黄色。

分布与生境：产于全国各地，喜肥土，为田间常见杂草。温带及热带地区广泛分布。

食用部位与食用方法：嫩茎叶可直接炒食，亦可沸水焯后凉拌、腌、炒、煮、炖等；或经沸水烫后，晒制成干品，可较长期保存，泡发后可做馅、蒸肉、做汤。

食疗保健与药用功能：味酸，性寒凉，入肝和大肠经，含有丰富的去甲肾上腺素，能促进胰岛腺分泌胰岛素，调节人体糖代谢过程、降低血糖浓度、保持血糖恒定，对糖尿病有一定的治疗作用，被医生们称为餐桌上的"胰岛素"；另外，还能杀虫杀菌、利水去湿、利尿、益气、明目、降血脂、清暑热、清除心肝肺大肠之热、凉血消肿、清热解毒，能降低血糖浓度、保持血糖恒定，使白发转青、宽中下气、润肠，适用于痢疾、肠炎、宿便等病症。

注意事项：有滑胎副作用，孕妇慎食；脾胃虚寒者少食为宜。

石竹科 Caryophyllaceae

40. 荷莲豆草（石竹科 Caryophyllaceae）

Drymaria cordata (L.) Schultes.

识别要点：一年生匍匐草本，长 60～90 cm。茎纤细，无毛。单叶对生，叶片卵状心形，长 1～3 cm，基出脉 3～5 条；无托叶；叶柄短。花序顶生；花梗细；花绿白色。

分布与生境：产于浙江、台湾、福建、湖南、广东、海南、广西、贵州、四川、云南及西藏，生于海拔 2 400 m 以下山谷或林缘。亚洲、非洲、美洲和澳大利亚有分布。

食用部位与食用方法：采摘嫩苗或嫩叶，洗净后用沸水焯，凉水浸泡后，可炒食、做汤、凉拌或做馅，亦可煮食或做粥。

食疗保健与药用功能：性凉，味酸、淡，有消炎、清热、解毒、活血消肿之功效，适用于急性肝炎、胃痛、疟疾、腹水、便秘等病症。

41. 雀舌草（石竹科 Caryophyllaceae）

Stellaria alsine Grimm

识别要点：一至二年生草本，高 15 ～ 35 cm，全株无毛。茎丛生，多分枝。单叶，对生；叶片矩圆形至卵状披针形，长 0.5 ～ 2 cm，宽 2 ～ 4 mm，全缘或微波状；无柄。花序顶生，有时单花腋生；花梗细，长 0.5 ～ 2 cm；花瓣白色。

分布与生境：产于吉林、辽宁、内蒙古、河北、河南、陕西、甘肃、青海、山东、江苏、浙江、安徽、台湾、福建、江西、湖北、湖南、广东、广西、贵州、四川、云南及西藏，生于海拔 4 000 m 以下田间、水边、林缘或湿地。广泛分布于北温带地区。

食用部位与食用方法：采摘嫩苗或嫩叶，洗净后用沸水焯，经凉水浸泡后，可炒食、做汤或凉拌。

食疗保健与药用功能：有强筋骨、祛风散寒、活血止痛之功效。

42. 鹅肠菜 牛繁缕（石竹科 Caryophyllaceae）

Myosoton aquaticum (L.) Moench

识别要点：多年生草本，高 50 ～ 80 cm。茎外倾或上升，多分枝，上部被腺毛。单叶，对生；无托叶；叶片卵形或宽卵形，长 2.5 ～ 5.5 cm，宽 1 ～ 3 cm，顶端尖，基部近圆形或稍心形；叶柄长 5 ～ 10 mm，疏生柔毛，上部叶常无柄或具极短柄。花顶生枝端或单生叶腋；花梗细长；花瓣 5 枚，白色。

分布与生境：产于全国各省区，多生于海拔 2 700 m 以下田间、路旁草地、山野、山谷、林下、河滩或阴湿处。广布于欧亚温带地区。

食用部位与食用方法：采摘嫩苗或嫩叶，洗净后用沸水焯，凉水浸泡后，可炒食、做汤、凉拌或做馅，亦可煮食或做粥。

食疗保健与药用功能：味酸，性平，有清热解毒、活血消肿之功效，适用于高血压、尿路感染等病症；外敷可疗疮。

莼菜科 Cabombaceae

43. 莼菜（莼菜科 Cabombaceae）

Brasenia schrebgeri J. F. Gmel.

识别要点：多年生水生草本。茎细长，多分枝，包被于胶质鞘内。叶二型：浮水叶互生，叶片盾状着生，幼嫩时从两边向中央卷折，张开后椭圆状长圆形，长 3.5 ~ 6 cm，宽 5 ~ 10 cm，叶面绿色，叶背带紫色，无毛，全缘，叶柄长 25 ~ 40 cm，生于叶片背面中央；沉水叶至少在芽时存在。

分布与生境：产于黑龙江、江苏、安徽、浙江、台湾、江西、湖北、湖南、四川及云南，生于池塘或河湖中。俄罗斯、日本、印度、北美洲、大洋洲及西非有分布。

食用部位与食用方法：采摘幼嫩卷叶，置于非金属器具内，经洗净、沸水浸烫杀青、冷水浸泡脱涩后，可作蔬菜，可做汤、炒食、凉拌、做馅等。

食疗保健与药用功能：性寒，味甘，有清热解毒、消炎止呕、利水消肿之功效。

樟科 Lauraceae

44. 香桂（樟科 Lauraceae）

Cinnamomum subavenium Miq.

识别要点：常绿乔木。树皮灰色，平滑；小枝密被黄色平伏绢状柔毛。叶椭圆形、卵状椭圆形或披针形，长 4 ~ 13.5 cm，先端渐尖或短尖，基部楔形或圆形，叶面初被毛，后脱落无毛，叶背初密被毛，后渐稀，3 出脉或近离基 3 出脉，背面脉腋常具浅囊状隆起；叶柄长 0.5 ~ 1.5 cm，密被黄色平伏绢毛。树皮、幼枝及叶揉碎均具香味。

分布与生境：产于安徽、浙江、福建、台湾、江西、湖北、湖南、广东、海南、广西、贵州、四川、云南及西藏，生于海拔 400 ~ 2 500 m 山坡或山谷常绿阔叶林中。东南亚有分布。

食用部位与食用方法：叶可作调味品，是罐头食品的重要配料。

白花菜科 Cleomaceae

45. 羊角菜 白花菜（白花菜科 Cleomaceae）

Gynandropsis gynandra (L.) Briquet

识别要点：一年生直立草本，高约 1 m。幼枝稍被黏质腺毛，老枝无毛。掌状复叶，互生；小叶 3 ~ 7 枚，倒卵形或倒卵状披针形，先端尖或钝圆，全缘或有小锯齿，中央小叶长 1 ~ 5 cm，宽 0.8 ~ 1.6 cm，侧生小叶渐小；叶柄长 2 ~ 7 cm；小叶柄长 2 ~ 4 mm；无托叶。总状花序顶生，长 15 ~ 30 cm；花瓣 4 枚，白色或带红晕；雌、雄蕊柄长 0.5 ~ 2.2 cm。蒴果圆柱形，长 3 ~ 8 cm，有纵条纹。

分布与生境：产于河北、河南、山东、江苏、安徽、浙江、台湾、福建、江西、湖北、湖南、广东、海南、广西、贵州、四川及云南，生于低海拔荒地、田野、路旁、村边草地。

食用部位与食用方法：采集嫩茎叶，洗净，切碎，每 1 000 g 鲜菜加入 150 g 左右食盐，边揉边加盐，待能捏成团，色泽由草绿色变为深绿色时，放入坛或罐内，密封好，腌制 3 ~ 4 d 后可炒食、生食或晒干制成干菜食用。

食疗保健与药用功能：性温，味苦、辛，有祛风散寒，活血止痛，解毒消肿之功效，适用于风湿关节痛、跌打损伤、痔疮、疟疾、痢疾等病症。

注意事项：有微毒，鲜材食用以量少为宜，通常腌制解毒后食用。

山柑科 Capparaceae

46. 树头菜（山柑科 Capparaceae）

Crateva unilocularis Buch.-Ham.

识别要点：乔木。掌状复叶互生，小叶背面苍灰色，侧生小叶基部不对称，长 5 ~ 18 cm，宽 2.5 ~ 8 cm，中脉带红色，全缘；叶柄长 3.5 ~ 12 cm，小叶柄长 0.5 ~ 1 cm。花序总状或伞房状，花白色或淡黄色。浆果，成熟时淡黄色或近灰白色，球形，直径 2.5 ~ 4 cm；雌蕊柄长达 7 cm。种子多数，肾形。果期 7 ~ 8 月。

分布与生境：产于浙江、福建、广东、海南、广西及云南，生于海拔 1 500 m 以下山地、丘陵沟谷或溪边湿地。尼泊尔、印度、缅甸、越南、老挝和柬埔寨有分布。

食用部位与食用方法：嫩叶经盐渍可食用，故有树头菜之称。

食疗保健与药用功能：味苦，性温，有清热解毒、健胃之功效，适用于瘰疬症发热、胃痛等病症。

47. 斑果藤（山柑科 Capparaceae）

Stixis suaveoleus (Roxb.) Pierre

识别要点：木质大藤本。单叶互生，长圆形或长圆状披针形，长 10 ~ 25 cm，宽 4 ~ 10 cm，先端近圆形或骤尖，基部近圆形，边缘稍卷曲，全缘；叶柄长 1.5 ~ 5 cm，有水泡状小突起，近顶部膨大。总状花序腋生。核果椭球形，长 3 ~ 5 cm，直径 2.5 ~ 4 cm，成熟时黄色，有淡黄色鳞秕，果柄长 7 ~ 13 mm。果期 5 ~ 10 月。

分布与生境：产于广东、海南、广西、云南及西藏，生于海拔 1 500 m 以下灌丛或疏林中。不丹、尼泊尔、印度、孟加拉国、缅甸、越南、老挝、柬埔寨和泰国有分布。

食用部位与食用方法：嫩叶可作茶代用品；果可食。

十字花科 Brassicaceae/Cruciferae

48. 诸葛菜 二月兰（十字花科 Brassicaceae/Cruciferae）

Orychophragmus violaceus (L.) O. E. Schulz

识别要点：一年生或二年生草本，高 20 ~ 45 cm。基生叶心形，边缘锯齿不整齐；下部茎生叶大头羽状深裂或全裂，顶裂片卵形或三角状卵形；上部茎生叶长圆形或窄卵形，边缘锯齿不整齐，基部抱茎。总状花序顶生，十字形花冠，花淡紫色、紫蓝色或白色。花期 3 ~ 5 月。

分布与生境：产于辽宁、内蒙古、河北、河南、山西、陕西、甘肃、山东、江苏、安徽、浙江、江西、湖北、湖南及四川，生于海拔 1 500 m 以下山坡林中或平原。日本及朝鲜半岛有分布。

食用部位与食用方法：将嫩茎叶洗净，经沸水焯后，再用清水漂去苦味，即可拌食、炒食、煮粥食或做馅。

食疗保健与药用功能：味辛、甘，性平，有开胃下气、利湿解毒之功效，适用于消化不良、黄疸、消渴、热毒风肿、乳痈等病症。

49. 北美独行菜（十字花科 Brassicaceae/Cruciferae）

Lepidium virginicum L.

识别要点：一年生或二年生草本，高达 50 cm。茎单一，有分枝，被柱状腺毛。基生叶倒披针形，长 1 ~ 5 cm，羽状分裂或大头羽裂；茎生叶倒披针形或线形，长 1.5 ~ 5 cm，先端尖，基部渐窄。总状花序顶生。短角果近圆形，长 2 ~ 3 mm，有窄翅。

分布与生境：原产于北美洲，我国辽宁、河北、河南、甘肃、山东、江苏、安徽、浙江、台湾、福建、江西、湖北、湖南、广东、广西、贵州、四川、云南等省区有野化，生于海拔 1 000 m 以下田边或荒地。

食用部位与食用方法：早春时采摘嫩茎叶，经洗净、沸水焯后，可炒食、凉拌或切碎做馅。

食疗保健与药用功能：味辛，性寒，有利水、平喘之功效。

50. 独行菜（十字花科 Brassicaceae/Cruciferae）

Lepidium apetalum Willd.

识别要点：一年生或二年生草本，高 10 ~ 30 cm。茎有分枝，被腺毛。基生叶窄匙形，1 回羽状浅裂或深裂，长 3 ~ 5 cm；茎生叶向上渐由窄披针形至线形，有疏齿或全缘，疏被腺毛；无柄。总状花序顶生。短角果近圆形或宽椭圆形，长 2 ~ 3 mm，有窄翅。

分布与生境：除广东、海南和广西外，全国其他省区均有分布，生于海拔 5 000 m 以下田边、草地、渠边或山坡。日本、朝鲜半岛、蒙古、印度、尼泊尔和巴基斯坦有分布。

食用部位与食用方法：早春时采摘嫩茎叶，经洗净、沸水焯后，可炒食、凉拌、做汤或切碎做馅。

食疗保健与药用功能：味辛，性寒，有止咳化痰、强心利尿之功效，适用于咳嗽、水肿等病症。

注意事项：早春采摘味美不辣，入夏后辣味加重，口感较差；种子有毒，不能食。

51. 菘蓝 板蓝根（十字花科 Brassicaceae/Cruciferae）

Isatis tinctoria L.

识别要点：二年生草本，高 40 ~ 100 cm。茎上部分枝，多少被白粉和毛。基生叶莲座状，椭圆形或倒披针形，长 5 ~ 15 cm，叶柄长 0.5 ~ 5.5 cm，全缘、啮蚀状或有齿；茎中部叶无柄，叶片椭圆形或披针形，长 3 ~ 7 cm，全缘，先端尖，基部箭形或耳状。总状花序组成圆锥状；十字形花冠；花瓣黄色；短角果椭球状倒披针形、椭球状倒卵形或椭球形，长 1 ~ 2 cm，边缘有翅。

分布与生境：产于辽宁、内蒙古、陕西、甘肃、新疆、河北、河南、山西、山东、浙江、福建、江西、湖北、贵州、四川、云南及西藏，生于海拔 600 ~ 2 800 m 田野、牧场、路边、荒地。亚洲和欧洲有分布。

食用部位与食用方法：早春时采摘嫩茎叶，经洗净、沸水焯后，可炒食、凉拌或做汤。

食疗保健与药用功能：根为板蓝根，叶为大青叶，供药用，性寒，味苦，归肝、胃二经，有清热解毒、凉血消斑之功效，适用于温病发热、发斑、风寒感冒、咽喉肿痛、丹毒、流行性乙型脑炎、肝炎、腮腺炎等病症。

52. 沙芥（十字花科 Brassicaceae/Cruciferae）

Pugionium cornutum (L.) Gaertn.

识别要点：一年生或二年生草本，高达 0.5 ~ 1.5 m。根肉质，圆柱状。茎分枝多。基生叶有柄，羽状全裂，长 10 ~ 30 cm，裂片 3 ~ 6 对；茎生叶无柄，羽状全裂，裂片全缘。总状花序圆锥状。花瓣黄色，长约 1.5 cm。短角果横卵形，长约 1.5 cm，侧向扁，两侧各有一剑形翅。

分布与生境：产于陕西、宁夏及内蒙古，生于海拔 1 000 ~ 1 100 m 沙漠地区沙地。

食用部位与食用方法：嫩茎叶可作蔬菜食用。

食疗保健与药用功能：味辛，性温，有行气、止痛、消食、解毒之功效，适用于胸胁胀满、消化不良、食物中毒等病症。

53. 斧翅沙芥（十字花科 Brassicaceae/Cruciferae）

Pugionium dolabratum Maxim.

识别要点：一年生草本，高 0.5 ~ 1 m。茎直立，多数缠结成球形，直径达 1 m。基生叶稍肉质，2 回羽状全裂，长 10 ~ 25 cm,末回裂片丝状或线形；茎中部和上部叶与基生叶相似。总状花序。花瓣粉红色,长 1.2 ~ 2 cm。短角果横椭圆形,连翅宽 1 ~ 2 cm,果翅平展，长 0.7 ~ 2.5 cm。

分布与生境：产于陕西、甘肃、宁夏及内蒙古，生于海拔 1 000 ~ 1 400 m 荒漠沙地。蒙古有分布。

食用部位与食用方法：嫩茎叶可作蔬菜食用。

食疗保健与药用功能：同沙芥。

54. 高河菜（十字花科 Brassicaceae/Cruciferae）

Megacarpaea delavayi Franch.

识别要点：多年生草本，高 15 ~ 85 cm。根肉质，肥厚。茎被柔毛。1 回羽状复叶，基生叶和茎下部叶具柄，长 2 ~ 5 cm，中部叶和上部叶基部抱茎，长 6 ~ 10 cm；小叶 5 ~ 7 对，长 1.5 ~ 2 cm，无柄，边缘有不整齐锯齿或羽状深裂，叶轴被长柔毛。总状花序呈圆锥状。花紫红色或粉红色。短角果顶端 2 深裂，裂瓣歪倒卵形，长 1 ~ 1.4 cm，边缘具翅。

分布与生境：产于甘肃、宁夏、青海、四川、云南及西藏，生于海拔 3 000 ~ 5 000 m 高山草地、山坡沟边、湖边灌丛或流石滩。缅甸有分布。

食用部位与食用方法：全草可作腌菜，为云南名产。

食疗保健与药用功能：有清热之功效。

55. 菥蓂 遏蓝菜（十字花科 Brassicaceae/Cruciferae）

Thlaspi arvense L.

识别要点：一年生草本，高 15 ~ 60 cm，全株无毛。基生叶有长 1 ~ 3 cm 的柄；茎生叶长圆状披针形，长 3 ~ 5 cm，基部箭形，抱茎，边缘有疏齿。总状花序顶生。花瓣白色。短角果近圆形或倒卵形，长 1.2 ~ 1.8 cm，边缘有宽翅。

分布与生境：除广东、海南和台湾外，全国各省区均产，生于海拔 5 000 m 以下路旁、沟边、山坡草地或田边。亚洲、欧洲及非洲北部有分布。

食用部位与食用方法：嫩苗或嫩茎叶经沸水焯，换清水浸泡去除苦味后，可炒食、凉拌或腌制。

食疗保健与药用功能：味甘，性平，有和中益气、利肝明目、清热解毒之功效。

56. 荠 荠菜、地菜（十字花科 Brassicaceae/Cruciferae）

Capsella bursa-pastoris (L.) Medic.

识别要点：一年生或二年生草本，高 10 ～ 50 cm，无毛或被毛。基生叶莲座状，椭圆形或倒披针形，长 0.5 ～ 10 cm，通常大头羽状分裂；茎生叶窄椭圆形或披针形，长 1.5 ～ 5.5 cm，基部箭形，抱茎，全缘或有齿。总状花序。花瓣白色。短角果倒三角形，长 4 ～ 9 mm；果柄长 0.5 ～ 1.5 cm。

分布与生境：全国分布，生于海拔 4 000 m 以下山坡、荒地、路旁或田园。世界常见杂草。

食用部位与食用方法：嫩苗和嫩叶可做蔬菜食用，经沸水焯，冷水过凉后，可凉拌、炝、腌或炒（荠菜炒豆笋皮）、烧、炖、煮、蒸、做汤（荠菜豆腐汤）、做馅（荠菜水饺、荠菜馄饨、荠菜肉丸）等。有的地区亦有农历三月三荠菜煮鸡蛋的习俗：采花期或幼果期植株，洗净，加入生鸡蛋（连壳煮）、红枣、姜（切成片），煮至鸡蛋熟后，用筷子将蛋壳敲破，再煮一会儿即可出锅，捞去荠菜后，所余汤、鸡蛋、红枣、姜均可食。

食疗保健与药用功能：味甘，性凉，入肝、肺、脾三经，含较多维生素、胡萝卜素、乙酰胆碱、谷甾醇和季胺化物，有和脾、利水、清热、明目、凉血降压、降胆固醇、降血糖、利尿、养生之功效，适用于肝火血热、目赤肝痛、痢疾、水肿、便血、月经过多、高血压等病症。

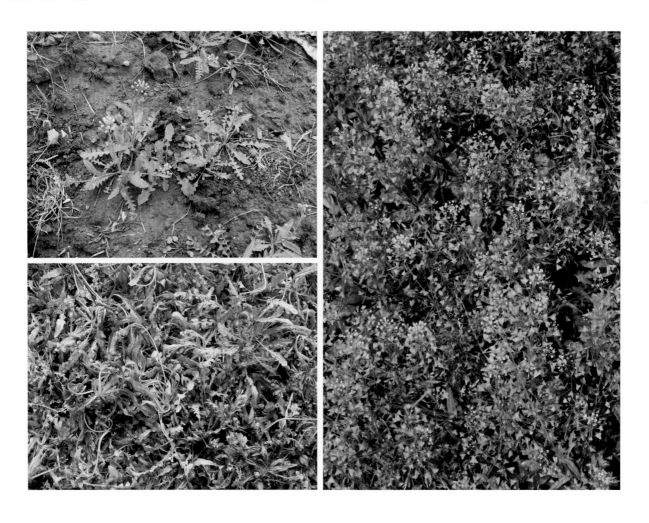

57. 大叶碎米荠（十字花科 Brassicaceae/Cruciferae）

Cardamine macrophylla Willd.

识别要点：多年生草本，高 30 ~ 100 cm，通常全株无毛。茎单一或上部分枝。茎生叶 3 ~ 12 枚，羽状，长 10 ~ 50 cm；小叶 3 ~ 7 对，叶柄长 2.5 ~ 5 cm，小叶片椭圆形或卵状披针形，长 4 ~ 9 cm，边缘有锯齿，无小叶柄。总状花序顶生或腋生。花瓣紫红色或淡紫色。长角果长 3.5 ~ 5 cm；果柄长 1 ~ 2.5 cm。

分布与生境：产于吉林、辽宁、陕西、甘肃、宁夏、青海、新疆、内蒙古、河北、河南、山西、安徽、浙江、江西、湖北、湖南、贵州、四川、云南及西藏，生于海拔 500 ~ 4 200 m 山坡林下、沟边或高山草坡水湿处。亚洲东部、中部及西南部有分布。

食用部位与食用方法：嫩苗或嫩茎叶经洗净、沸水焯、清水浸洗后，可炒食、凉拌或煮菜粥。

食疗保健与药用功能：味甘、淡，性平，有健脾利水消肿、凉血止血之功效，适用于脾虚、水肿、小便不利、尿血等病症。

58. 白花碎米荠（十字花科 Brassicaceae/Cruciferae）

Cardamine leucantha (Tausch) O. E. Schulz

识别要点：多年生草本，高 25 ~ 75 cm，全株被毛。茎单一，呈"之"字曲折。茎生叶 4 ~ 7 枚，羽状，长 10 ~ 25 cm，叶柄长 2 ~ 8 cm；小叶片披针形或卵状披针形，长 4 ~ 9 cm，边缘有锯齿，小叶柄长 0.5 ~ 1.3 cm。总状花序顶生或腋生。花瓣白色。长角果长 1 ~ 2 cm；果柄长 1 ~ 2 cm。

分布与生境：产于黑龙江、吉林、辽宁、陕西、甘肃、宁夏、内蒙古、河北、河南、山西、江苏、安徽、浙江、江西、湖北、湖南、贵州及四川，生于海拔 2 000 m 以下山谷阴湿处、林下或山坡湿草地。亚洲东部有分布。

食用部位与食用方法：采摘幼苗和嫩茎叶，经洗净、沸水焯、清水漂洗后，可炒食、做汤、腌渍或晒干菜。

食疗保健与药用功能：味辛、甘，性平，归肺、肝二经，有化痰止咳、活血止痛之功效，适用于百日咳、慢性支气管炎、月经不调等病症。

59. 水田碎米荠（十字花科 Brassicaceae/Cruciferae）

Cardamine lyrata Bunge

识别要点：多年生草本，高 20 ~ 70 cm，全株无毛。具匍匐茎，长可达 80 cm，柔软，生有长 1 ~ 3 cm 的圆形单叶，有叶柄。茎生叶羽状，长 3 ~ 5 cm，无叶柄；小叶 2 ~ 9 对，小叶片近圆形或卵圆形，位于基部的 1 对小叶耳状抱茎。总状花序顶生。花瓣白色。长角果长 2.5 ~ 4 cm；果柄长 1.2 ~ 2 cm。

分布与生境：产于黑龙江、吉林、辽宁、内蒙古、河北、河南、山东、江苏、安徽、浙江、福建、江西、湖北、湖南、广西东北部、贵州及四川，生于海拔 1 600 m 以下水田边、溪沟边或浅水处。日本、朝鲜半岛和俄罗斯东部有分布。

食用部位与食用方法：采嫩苗、嫩茎叶，经洗净、沸水焯、清水浸洗后，可凉拌、炒食或做汤。

食疗保健与药用功能：性平，味甘、微辛，归膀胱、肝二经，有清热凉血、明目、调经之功效，适用于肾炎水肿、痢疾、崩漏、月经不调、目赤等病症。

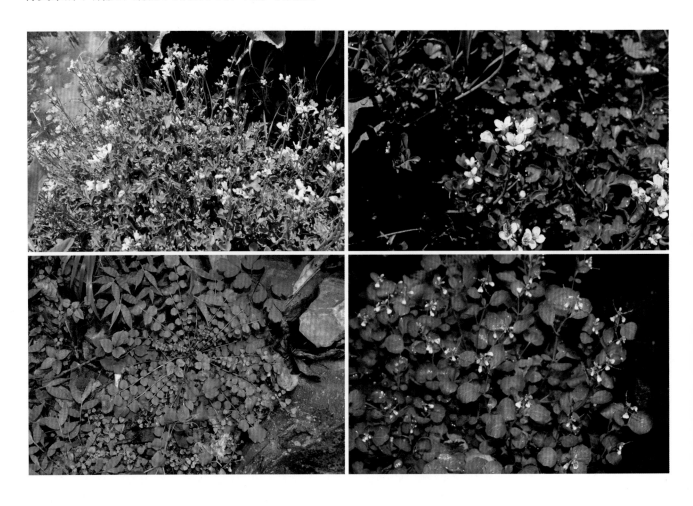

60. 弹裂碎米荠（十字花科 Brassicaceae）

Cardamine impatiens L.

识别要点：二年生或一年生草本，高 20 ～ 65 cm，无毛或近无毛。茎单一或上部分枝，有棱。羽状复叶，叶柄长 1 ～ 3 cm，茎生叶叶柄基部半耳状抱茎；小叶 2 ～ 8 对，小叶片椭圆形或卵状椭圆形，长 0.5 ～ 2.5 cm，边缘有圆齿或圆裂。总状花序；花瓣白色。长角果长 2 ～ 2.8 cm；果柄长 0.3 ～ 1 cm。

分布与生境：产于吉林、辽宁、陕西、甘肃、青海、新疆、山西、山东、河南、江苏、安徽、浙江、台湾、福建、江西、湖北、湖南、广西、贵州、四川、云南及西藏，生于海拔 4 000 m 以下山坡、路旁、沟谷、水边或阴湿地。亚洲和欧洲有分布。

食用部位与食用方法：采嫩茎叶，经清洗、沸水焯、凉水浸洗后，可炒食、凉拌、做汤或晒干菜。

食疗保健与药用功能：味淡，性平，有活血调经、清热解毒、利尿通淋之功效，适用于月经不调、痈肿、淋证等病症。

61. 碎米荠（十字花科 Brassicaceae/Cruciferae）

Cardamine hirsuta L.

识别要点：一年生草本，高 10 ~ 40 cm，被毛。茎分枝或单一。羽状复叶，长 2.5 ~ 13 cm，有长 0.5 ~ 5 cm 的叶柄；小叶 2 ~ 5 对，小叶片卵圆形、菱状倒卵形或倒披针形，边缘有圆齿或茎上部小叶全缘。总状花序顶生。花瓣白色。长角果长 2 ~ 3 cm；果柄长 0.4 ~ 1.2 cm。

分布与生境：产于全国各地，生于海拔 3 000 m 以下山坡、路旁、荒地及草丛湿处。广泛分布于温带地区。

食用部位与食用方法：采嫩茎叶，经清洗、沸水焯、凉水浸洗后，可炒食、凉拌、做汤或晒干菜。

食疗保健与药用功能：性平，味甘，有疏风清热、利尿解毒之功效。

62. 弯曲碎米荠（十字花科 Brassicaceae/Cruciferae）

Cardamine flexuosa With.

识别要点：一年生或二年生草本，高 10 ~ 40 cm。茎曲折，基部分枝。羽状复叶，长 4 ~ 10 cm，有叶柄；

小叶 2 ~ 7 对，小叶片菱状卵形或倒卵形，1 ~ 3 裂或全缘。总状花序顶生。花瓣白色。果序轴呈"之"字形曲折；长角果长 1.2 ~ 2.5 cm；果柄长 3 ~ 6 mm。

分布与生境：全国分布，生于海拔 3 600 m 以下田边、路旁、沟边、溪边、潮湿林下及草地。亚洲、欧洲、美洲及澳洲有分布。

食用部位与食用方法：嫩苗、嫩茎叶可供食用。

食疗保健与药用功能：味甘，性平，有清热利湿之功效，适用于尿道炎、膀胱炎等病症。

63. 蔊菜（十字花科 Brassicaceae/Cruciferae）

Rorippa indica (L.) Hiern

识别要点：一年生草本，高 20 ~ 60 cm。茎生叶及茎下部叶长 4 ~ 12 cm，常大头羽状分裂，有长柄；侧裂片 1 ~ 5 对；茎上部叶片宽披针形或近匙形，疏生齿。总状花序顶生或侧生。花瓣黄色。长角果长 1 ~ 2 cm。

分布与生境：产于辽宁、陕西、甘肃、青海、河北、河南、山西、山东、江苏、安徽、浙江、福建、台湾、江西、湖北、湖南、广东、海南、广西、贵州、四川、云南及西藏，生于海拔 3 200 m 以下田边、溪沟边、河旁、山坡路边、宅旁等较潮湿处。日本、朝鲜半岛、印度、印度尼西亚及菲律宾有分布。

食用部位与食用方法：嫩苗、嫩茎叶经沸水焯，换清水浸泡后，可炒食、凉拌、做汤或与主粮掺和煮食。

食疗保健与药用功能：性微温，味辛、苦，有清热解毒、消炎止痛、通经活血之功效，适用于感冒热咳、咽痛、风湿性关节炎、黄疸、水肿、跌打损伤等病症。

64. 无瓣蔊菜 野油菜（十字花科 Brassicaceae/Cruciferae）

Rorippa dubia (Pers.) Hara

识别要点：一年生草本，高 15 ~ 40 cm，无毛。茎生叶及茎下部叶倒卵形或倒卵状披针形，长 3 ~ 11 cm，常大头羽状分裂，侧裂片 1 ~ 4 对，裂片边缘有锯齿；茎上部叶片卵状披针形或长圆形，具波状齿。总状花序顶生或侧生。无花瓣。长角果长 2 ~ 3.5 cm。

分布与生境：产于辽宁、陕西、甘肃、河北、河南、山东、江苏、安徽、浙江、福建、台湾、江西、湖北、湖南、广东、海南、广西、贵州、四川、云南及西藏，生于海拔 3 700 m 以下山坡路旁、山谷、河边湿地或田野潮湿处。日本、印度、印度尼西亚、菲律宾及美国南部有分布。

食用部位与食用方法：嫩苗、嫩茎叶经沸水焯，换清水浸泡后，可炒食、凉拌、做馅、做汤或与主粮掺和煮食。

食疗保健与药用功能：味辛，性凉，有健胃、解表、止咳、清热解毒之功效，适用于感冒、热咳、水肿、咽喉痛等病症。

65. 风花菜 球果蔊菜（十字花科 Brassicaceae/Cruciferae）

Rorippa globosa (Turcz. ex Fisch. & Mey.) Hayek

识别要点：一年生或二年生草本，高 30 ~ 100 cm，被白色毛或近无毛。茎下部叶具柄，上部叶无柄，叶片长圆形或倒卵状披针形，长 5 ~ 15 cm，两面被疏毛，边缘有不整齐粗齿。总状花序多数，顶生或腋生，圆锥状排列。花瓣黄色。短角果近球形，直径约 2 mm。

分布与生境：产于黑龙江、吉林、辽宁、宁夏、内蒙古、河北、河南、山西、山东、江苏、安徽、浙江、福建、台湾、江西、湖北、湖南、广东、广西、贵州、四川、云南及西藏，生于海拔 2 500 m 以下河边、路边、沟旁、草丛或旱地。日本、朝鲜半岛、蒙古、俄罗斯东部有分布。

食用部位与食用方法：嫩苗、嫩茎叶经沸水焯，换清水浸泡后可炒食、凉拌或做汤煮食。

食疗保健与药用功能：味苦，性凉，有清热解毒、利尿消肿之功效。

66. 沼生蔊菜（十字花科 Brassicaceae/Cruciferae）

Rorippa palustris (L.) Besser

识别要点：一年生或二年生草本，高 10 ~ 100 cm，无毛或近无毛。茎具棱，下部常带紫色。基生叶有柄，叶片羽状深裂或大头羽状分裂，长 5 ~ 10 cm，侧裂片 3 ~ 7 对，不规则浅裂或深波状；茎生叶向上渐小，近无柄，羽状深裂或具齿。总状花序顶生或腋生。花瓣黄色。短角果椭球形，长 3 ~ 8 mm。

分布与生境：产于黑龙江、吉林、辽宁、内蒙古、河北、河南、山西、山东、陕西、甘肃、宁夏、青海、新疆、江苏、安徽、浙江、台湾、湖北、湖南、广西、贵州、四川、云南及西藏，生于海拔 4 000 m 以下河边、沟旁、溪岸、潮湿地、田边、山坡草地或草场。亚洲、欧洲、美洲等地均有分布。

食用部位与食用方法：嫩苗、嫩茎叶经沸水焯，清水浸泡后，可炒食、做馅或凉拌。

食疗保健与药用功能：味苦，性凉，有清热解毒、利尿消肿之功效。

67. 豆瓣菜 西洋菜（十字花科 Brassicaceae/Cruciferae）

Nasturtium officinale R. Br.

识别要点：多年生水生或湿生草本，高 10 ~ 70 cm，全株无毛。茎匍匐或浮水，多分枝，节上生不定根。奇数羽状复叶，小叶 3 ~ 9 枚，宽卵形、长圆形或近圆形，全缘或微波状。总状花序顶生。花瓣白色。长角果长 1.5 ~ 2 cm。

分布与生境：产于黑龙江、陕西、新疆、河北、河南、山西、山东、江苏、安徽、浙江、台湾、江西、湖北、广东、广西、贵州、四川、云南及西藏，生于海拔 3 700 m 以下浅水中、河边、沟旁、山涧、沼泽地或水田中。欧洲、亚洲及北美洲有分布。

食用部位与食用方法：全草可作蔬菜，可直接炒食、做汤或做馅，亦可经沸水焯后腌制、干制、酱制、泡渍、凉拌等食用。

食疗保健与药用功能：味甘，性寒，有清热解毒、润肺止咳、镇痛利尿之功效，适用于肺热痰多、咳嗽、小便不畅等病症。

68. 播娘蒿（十字花科 Brassicaceae/Cruciferae）

Descurainia sophia (L.) Webb ex Prantl

识别要点：一年生草本，高 20 ~ 70 cm，被毛。叶柄长 0.2 ~ 2 cm；叶长 6 ~ 19 cm，宽 4 ~ 8 cm，2 ~ 3 回羽状深裂，小裂片线形或长圆形，长 3 ~ 10 mm。总状花序。花瓣黄色。长角果长 2.5 ~ 3 cm。

分布与生境：除广东、海南、广西、台湾外，全国其他省区均产，生于海拔 4 200 m 以下山坡、路边荒地、田野、农田或固定沙丘。亚洲、欧洲和北非有分布。

食用部位与食用方法：将嫩苗、嫩茎叶洗净，经沸水焯，清水漂洗去除苦味后，可炒食或凉拌。

食疗保健与药用功能：味辛、苦，性寒，有下气行水之功效，适用于水肿、咳嗽等病症。

伯乐树科 Bretschneideraceae

69. 伯乐树（伯乐树科 Bretschneideraceae）

Bretschneidera sinensis Hemsl.

识别要点：落叶乔木；小枝有心脏形叶痕。奇数羽状复叶互生，长 40 ~ 80 cm；小叶 7 ~ 13 枚，长圆形、窄卵形或窄倒卵形，不对称，长 6 ~ 23 cm，先端渐尖，基部楔形或近圆形，全缘。总状花序顶生，长 20 ~ 42 cm，轴上密被锈色柔毛；花萼钟形，5 齿裂；花瓣粉红色，着生于萼筒上部；雄蕊花药"丁"字形着生，紫红色。蒴果卵状球形，红色，长 2 ~ 4 cm。种子橙红色。

分布与生境：产于浙江南部、台湾北部、福建、江西、湖北、湖南、广东、广西、贵州、重庆、四川及云南，生于海拔 300 ~ 2 000 m 丘陵山地林中。

食用部位与食用方法：嫩芽或嫩茎叶可炒食或做汤食用，有鸡肉鲜味。

注意事项：国家保护植物，不得砍伐，需可持续利用。

景天科 Crassulaceae

70. 费菜（景天科 Crassulaceae）

Phedimus aizoon (L.) Hart

识别要点：多年生肉质草本，全株无毛。块根胡萝卜状，根状茎粗短。茎高达50 cm，不分枝。叶互生，窄披针形、椭圆状披针形或卵状披针形，长 3.5 ~ 8 cm，先端渐尖，基部楔形，边缘有不整齐锯齿。花序多花，分枝平展。花瓣 5 枚，黄色。

分布与生境：产于黑龙江、吉林、辽宁、内蒙古、河北、河南、山西、陕西、甘肃、宁夏、青海、新疆、山东、江苏、安徽、浙江、福建、江西、湖北、湖南、广东、广西、贵州及四川，生于海拔 1 000 ~ 3 000 m 山地阴湿石上或草丛中。朝鲜、日本、蒙古和俄罗斯东部有分布。

食用部位与食用方法：幼苗及嫩茎叶经沸水焯，换清水浸泡后，可炒食、凉拌或做汤。

食疗保健与药用功能：味甘、微酸，性平，有解毒消肿、宁心安神、活血止血、益智明目、补五脏之功效，适用于跌打损伤、咯血、吐血、便血、心悸、痈肿等病症。

71. 凹叶景天（景天科 Crassulaceae）

Sedum emarginatum Migo

识别要点：多年生肉质草本，全株无毛。茎达 10 ~ 15 cm。叶对生，叶匙状倒卵形或宽卵形，长 1 ~ 2 cm，先端圆，有微缺，基部渐窄，有短距。花序顶生；花黄色。

分布与生境：产于河南、陕西、甘肃、江苏、安徽、浙江、福建、江西、湖北、湖南、广东、广西、贵州、四川及云南，生于海拔 200 ~ 1 800 m 山坡阴湿处。

食用部位与食用方法：幼苗及嫩茎叶经沸水焯，换清水浸泡后，可炒食或凉拌食用。

食疗保健与药用功能：有清热解毒、利尿、平肝、散瘀消肿之功效，适用于跌打损伤、热疖、疮毒等病症。

72. 垂盆草（景天科 Crassulaceae）

Sedum sarmentosum Bunge

识别要点：多年生肉质草本，长10～25 cm，全株无毛。茎匍匐，节部生根。3叶轮生，叶倒披针形或长圆形，长1.5～2.8 cm，基部骤窄，有距。花序顶生；花黄色。

分布与生境：产于黑龙江、吉林、辽宁、河北、河南、山西、陕西、甘肃、山东、江苏、安徽、浙江、福建、江西、湖北、湖南、广东、广西、贵州、四川及云南，生于海拔1 600 m以下山坡阳处或石隙。朝鲜、日本和泰国北部有分布。

食用部位与食用方法：幼苗及嫩茎叶经沸水焯，换清水浸泡后，可炒食、凉拌或做火锅料。

食疗保健与药用功能：性凉，味甘、酸，归肝、胆、小肠三经，有利湿退黄、清热解毒之功效。

73. 佛甲草（景天科 Crassulaceae）

Sedum lineare Thunb.

识别要点：多年生肉质草本，全株无毛。茎高达20 cm。3叶轮生，稀4叶轮生或对生，叶线形，长2～2.5 cm，先端钝尖，基部无柄，有短距。花序顶生；花黄色。

分布与生境：产于山西、陕西、甘肃、河南、江苏、安徽、浙江、福建、江西、湖北、湖南、广东、广西、贵州、四川及云南，生于低山或平原草地。日本有分布。

食用部位与食用方法：幼苗及嫩茎叶经沸水焯，换清水浸泡后，可炒食或凉拌食用。

食疗保健与药用功能：性凉，味甘、微酸，有清热解毒、散瘀消肿、止血之功效。

74. 扯根菜（虎耳草科 Saxifragaceae）

Penthorum chinense Pursh.

识别要点：多年生草本。根状茎分枝。单叶互生，叶窄披针形或披针形，长 4 ~ 10 cm，先端渐尖，边缘有细重锯齿，无毛；无叶柄。花序具多花，长 1.5 ~ 4 cm，被腺毛；花黄白色。蒴果红紫色，直径 4 ~ 5 mm。种子多数。花果期 7 ~ 10 月。

分布与生境：产于黑龙江、吉林、辽宁、陕西、甘肃、青海、内蒙古、河北、河南、山西、山东、江苏、安徽、福建、江西、湖北、湖南、广东、广西、贵州、四川及云南，生于海拔 2 200 m 以下灌丛草甸、林下或水边。日本、朝鲜和俄罗斯东部有分布。

食用部位与食用方法：幼苗、嫩茎叶可作野菜食用。

食疗保健与药用功能：味甘，性平，归肝经，有利水除湿、活血散瘀、止血、解毒之功效，适用于水肿，小便不利、黄疸等病症。

杜仲科 Eucommiaceae

75. 杜仲（杜仲科 Eucommiaceae）

Eucommia ulmoides Oliver

识别要点：落叶乔木。树皮内含树胶，折断拉开有多数细丝。单叶互生，叶片椭圆形、卵形或长圆形，长 6 ~ 15 cm，宽 3.5 ~ 6.5 cm，先端渐尖，其部楔形或近圆形，羽状叶脉，边缘有锯齿，叶片撕断处有胶丝相连；叶柄长 1 ~ 2 cm；无托叶。翅果扁平，长椭圆形，长 3 ~ 3.5 cm，周围有薄翅。

分布与生境：陕西、甘肃、河南、浙江、湖北、湖南、广西、贵州、四川及云南有分布，生于海拔 100 ~ 2 500 m 山谷或林中。

食用部位与食用方法：采摘嫩芽，经洗净、沸水焯后，可凉拌、炒食或做汤。

食疗保健与药用功能：叶味微辛，性温，归肝、肾二经，有补肝肾、强筋骨之功效，适用于肝肾不足、头晕目眩、腰膝酸痛、筋骨痿软等病症。

蔷薇科 Rosaceae

76. 竹叶鸡爪茶（蔷薇科 Rosaceae）

Rubus bambusarum Focke

识别要点：常绿攀缘灌木，枝具微弯小皮刺。掌状复叶，革质，小叶 3 枚或 5 枚，小叶片窄披针形或窄椭圆形，长 7 ~ 13 cm，叶缘有不明显稀疏小锯齿，叶面无毛，叶背有茸毛；叶柄长 2.5 ~ 5.5 cm，幼时被毛。总状花序，疏生小皮刺；花紫红色或粉红色。聚合果球形，红色或红褐色，宿存花柱具长柔毛。

分布与生境：产于陕西、湖北、贵州及四川，生于海拔 1 000 ~ 3 000 m 山地空旷地或林中。

食用部位与食用方法：嫩叶可代茶。

77. 鸡爪茶（蔷薇科 Rosaceae）

Rubus henryi Hemsl. & Kuntze

识别要点：常绿攀缘灌木，枝具微弯小皮刺。单叶，革质，长 8 ~ 15 cm，3 或 5 深裂，裂片长 7 ~ 11 cm，叶缘疏生细锐锯齿，叶面无毛，叶背密被茸毛；叶柄长 3 ~ 6 cm，有茸毛。总状花序，被毛，混生小皮刺；花粉红色。聚合果近球形，黑色，宿存花柱具长柔毛。

分布与生境：产于湖北、湖南、贵州及四川，生于海拔 2 000 m 以下坡地或林中。

食用部位与食用方法：嫩叶可代茶。

78. 金露梅（蔷薇科 Rosaceae）

Potentilla fruticosa L.

识别要点：灌木。羽状复叶，小叶 5 枚或 3 枚，小叶片长圆形、倒卵状长圆形或卵状披针形，长 0.7 ~ 2 cm，全缘，两面疏被毛；托叶宽大，被毛。花 1 至数朵生于枝顶；花梗密被长柔毛和绢毛；花黄色，直径 2 ~ 3 cm。瘦果熟后褐棕色。花果期 6 ~ 9 月。

分布与生境：产于黑龙江、吉林、辽宁、陕西、甘肃、新疆、内蒙古、山西、河北、湖北、广西、四川、云南及西藏，生于海拔 400 ~ 5 000 m 山坡草地、灌丛、林缘或砾石坡。

食用部位与食用方法：嫩叶可代茶。

食疗保健与药用功能：味甘、涩，性平，有理气、敛黄水之功效，适用于消化不良、乳房肿痛、肺病等病症。

79. 银露梅（蔷薇科 Rosaceae）

Potentilla glabra Lodd.

识别要点：灌木。羽状复叶，小叶 3 枚或 5 枚，小叶片椭圆形、倒卵状椭圆形或卵状椭圆形，长 0.5 ～ 1.2 cm，全缘，两面疏被毛或近无毛；叶柄被疏柔毛；托叶被毛或近无毛。花 1 至数朵顶生；花梗细长，疏被柔毛；花白色。瘦果被毛。花果期 6 ～ 11 月。

分布与生境：产于黑龙江、陕西、甘肃、青海、新疆、内蒙古、山西、河北、安徽、湖北、四川、云南及西藏，生于海拔 1 200 ～ 4 200 m 山坡草地、河谷或岩石缝中。亚洲东部有分布。

食用部位与食用方法：嫩叶可代茶。

食疗保健与药用功能：味涩，性平，有固齿、理气、敛黄水之功效，适用于牙病、肺病、"黄水"病、胸胁胀满等病症。

80. 委陵菜（蔷薇科 Rosaceae）

Potentilla chinensis Ser.

识别要点：多年生草本。花茎直立或上升，被柔毛及白色绢毛。基生叶为羽状复叶，小叶 5 ～ 15 对，连柄长 4 ～ 25 cm，小叶无柄，小叶片长圆形、倒卵形或长圆状披针形，长 1 ～ 5 cm，羽状中裂，裂片三角状卵形至长圆状披针形，叶背被白色茸毛，沿脉被白色绢状长柔毛；茎生叶与基生叶相似，小叶对数较少。伞房状花序；花黄色。花果期 4 ～ 10 月。

分布与生境：产于黑龙江、吉林、辽宁、陕西、甘肃、宁夏、青海、内蒙古、河北、河南、山西、山东、江苏、安徽、浙江、福建、台湾、江西、湖北、湖南、广东、广西、贵州、四川、云南及西藏，生于海拔 400 ～ 3 200 m 山坡、草地、沟谷、林缘、灌丛或疏林下。亚洲东部有分布。

食用部位与食用方法：嫩苗或嫩茎叶经沸水焯，凉水浸泡，去除苦味后可作野菜炒食或凉拌。

食疗保健与药用功能：味苦，性平，有清热解毒、凉血止血、祛痰止咳之功效，适用于痢疾、肠炎、百日咳等病症。

81. 朝天委陵菜（蔷薇科 Rosaceae）

Potentilla supina L.

识别要点：一年生或二年生草本。茎平展，上升或直立，叉状分枝，长 20 ～ 50 cm，被疏毛或无毛。基生叶为羽状复叶，连叶柄长 4 ～ 15 cm，小叶无柄，小叶长圆形或倒卵状长圆形，长 1 ～ 2.5 cm，边缘有齿，两面绿色，被疏毛或几无毛。茎生叶与基生叶相似，向上小叶较少。基生叶托叶膜质，褐色。花单生叶腋；花梗长 0.5 ～ 1.5 cm；花黄色。花果期 3 ～ 10 月。

分布与生境：产于黑龙江、吉林、辽宁、陕西、甘肃、宁夏、青海、新疆、内蒙古、河北、河南、山西、山东、江苏、安徽、浙江、江西、湖北、湖南、广东、贵州、四川、云南及西藏，生于海拔 2 000 m 以下田边、荒地、河岸沙地、草甸或山坡湿地。广泛分布于北半球温带及部分亚热带地区。

食用部位与食用方法：嫩苗或嫩茎叶经沸水焯，凉水浸泡，去除涩味后可炒食、凉拌或做馅。

食疗保健与药用功能：味苦，性凉，有清热解毒、凉血止血、化痰止咳之功效，适用于细菌性痢疾、肠炎、百日咳等病症。

82. 匍枝委陵菜（蔷薇科 Rosaceae）

Potentilla flagellaris Willd. ex Schlecht

识别要点：多年生匍匐草本。匍匐枝长 8 ~ 60 cm，被短毛。基生叶为掌状 5 出复叶，连叶柄长 4 ~ 10 cm，小叶无柄，小叶披针形、卵状披针形或长椭圆形，长 1.5 ~ 3 cm，边缘有锯齿，两面绿色，伏生稀疏短毛。基生叶托叶膜质，褐色。单花与叶对生；花梗长 1.5 ~ 4 cm；花黄色。花果期 5 ~ 9 月。

分布与生境：产于黑龙江、吉林、辽宁、陕西、甘肃、宁夏、青海、新疆东部、内蒙古、河北、山西及山东，生于海拔 300 ~ 2 100 m 阴湿草地、水泉旁或疏林下。朝鲜半岛、俄罗斯及蒙古有分布。

食用部位与食用方法：嫩苗或嫩茎叶经沸水焯，凉水浸泡，去除苦味后可炒食。

83. 龙芽草 仙鹤草（蔷薇科 Rosaceae）

Agrimonia pilosa Ledeb.

识别要点：多年生草本。根状茎短，基部常有 1 至数枚地下芽。茎高达 1.2 m，被毛。叶为间断单数羽状复叶，常有 3 ~ 4 对小叶；小叶倒卵形、倒卵状椭圆形或倒卵状披针形，长 1.5 ~ 5 cm，叶面被毛，叶背脉上有毛和腺点；托叶草质，镰形，有齿或裂片，稀全缘。总状花序顶生；花梗长 1 ~ 5 mm；萼筒上部有一圈钩状刺；花瓣 5 枚，黄色。

分布与生境：除海南外，全国各省区均产，生于海拔 100 ~ 3 800 m 溪边、路旁、草地、灌丛、林缘或疏林下。越南北部至亚洲东部、欧洲中部有分布。

食用部位与食用方法：将嫩茎叶洗净，经沸水焯、清水反复漂洗去除苦涩味后，可凉拌、炒食或蘸酱拌食。

食疗保健与药用功能：味苦涩，性平，有收敛止血、截疟、止痢、解毒、补虚之功效，适用于肺热咳血、胃溃疡出血、痔疮出血、呕血、咯血等病症，亦可除滴虫、绦虫。

84. 地榆（蔷薇科 Rosaceae）

Sanguisorba officinalis L.

识别要点：多年生草本。根粗壮，呈纺锤状，横切面黄白色或紫红色。茎直立，有棱。奇数羽状复叶，基生叶具小叶 9 ～ 13 枚，小叶片卵形或矩圆状卵形，长 1 ～ 7 cm，先端圆钝，基部心形，边缘有圆钝粗大锯齿，两面绿色，小叶柄短；茎生叶较少，小叶片狭长圆形，先端急尖，基部微心形至圆形，有短柄或近无柄；托叶大，半卵形，有尖锐锯齿。穗状花序椭球形、圆柱形或卵球形，直立；花紫红色。

分布与生境：除台湾和海南外，全国各地均有分布，生于海拔 3 000 m 以下草原、草甸、山坡草地、灌丛或疏林下。广泛分布于欧洲、亚洲北温带地区。

食用部位与食用方法：采摘幼苗或嫩叶，经洗净、沸水焯、清水漂洗后，除去苦味，可炒食、凉拌、做馅、做鱼或大肉或豆腐汤等或腌酸菜。

食疗保健与药用功能：性寒，味苦酸，有凉血止血、清热解毒之功效，可治吐血、鼻出血、血痢、肠风、痔漏、湿疹、烧伤、肝炎等病症。

豆科 Fabaceae

85. 山皂荚（豆科 Fabaceae）

Gleditsia japonica Miq.

识别要点：落叶乔木；树干和枝具分枝的刺，刺略扁，长 2 ～ 15 cm。1 回或 2 回羽状复叶，互生，羽片 2 ～ 6 对，长 11 ～ 25 cm；小叶 3 ～ 9 对，卵状长圆形、卵状披针形或长圆形，长 2 ～ 7 cm，全缘或有波状疏圆齿。穗状花序；花黄绿色。荚果带形，扁平，长 25 ～ 35 cm，不规则旋扭或弯曲成镰刀状；有多数种子。果期 6 ～ 11 月。

分布与生境：产于辽宁、河北、河南、山东、江苏、安徽、浙江、福建、江西、湖南、贵州及云南，生于海拔 100 ～ 2 500 m 向阳山坡、谷地、溪边或路旁。日本和朝鲜有分布。

食用部位与食用方法：嫩叶可腌食、油盐凉拌或炒食。

86. 胡枝子（豆科 Fabaceae）

Lespedeza bicolor Turcz.

识别要点：灌木，高1～3 m。3枚小叶羽状复叶，互生；叶柄长2～8 cm；小叶卵形、倒卵形或卵状长圆形，长1.5～6 cm，先端圆钝或微凹，具短刺尖。总状花序比叶长，常构成大型圆锥花序；蝶形花冠，花红紫色，长约1 cm。荚果斜倒卵形，稍扁，密被毛。

分布与生境：产于黑龙江、吉林、辽宁、内蒙古、陕西、甘肃、宁夏、青海、河北、河南、山西、山东、江苏、安徽、浙江、福建、江西、湖北、湖南、广东、广西、贵州及四川，生于海拔1 000 m以下山坡、林缘、路旁灌丛及杂木林中。日本、朝鲜和俄罗斯东部有分布。

食用部位与食用方法：嫩叶可腌食或代茶。

食疗保健与药用功能：叶味甘，性平，有清热润肺、利水通淋之功效，适用于感冒发热、咳嗽、小便不利、便血、尿血等病症。

87. 鸡眼草（豆科 Fabaceae）

Kummerowia striata (Thunb.) Schindl.

识别要点：一年生草本，高10～45 cm。茎披散或平卧，被倒生向下的白毛。3枚小叶复叶；托叶长3～4 mm，较叶柄长；叶柄极短；小叶倒卵形、长倒卵形或长圆形，长0.6～2.2 cm，先端圆，基部近圆形或宽楔形，叶背中脉及叶缘有毛，侧脉多而密。花常1～3朵腋生；蝶形花冠，花粉红色或紫红色。

分布与生境：产于全国各省区，生于海拔500 m以下田边、溪旁、沙质地或山坡草地。日本及俄罗斯远东地区有分布。

食用部位与食用方法：采摘嫩茎叶，洗净，经沸水焯，换清水浸泡后，可凉拌、炒食、做汤或拌面蒸食。

食疗保健与药用功能：性寒，味苦，归脾、肺二经，有清热利湿、健脾利尿、消积通淋之功效，适用于感冒发热、暑湿吐泻、疟疾、痢疾、传染性肝炎、热淋、白浊等病症。

88. 长萼鸡眼草（豆科 Fabaceae）

Kummerowia stipulacea (Maxim.) Makino

识别要点：一年生草本，高 7 ~ 15 cm。茎平伏、上升或直立，被疏生向上的白毛。3 枚小叶复叶；托叶长 3 ~ 8 mm，较叶柄长或近等长；叶柄短；小叶倒卵形、宽倒卵形或倒卵状楔形，长 0.5 ~ 1.8 cm，先端微凹或近平截，基部楔形，叶背中脉及叶缘有毛，侧脉多而密。花常 1 ~ 2 朵腋生；蝶形花冠，花暗紫色或紫红色。

分布与生境：产于黑龙江、吉林、辽宁、内蒙古、河北、河南、山东、山西、陕西、甘肃、宁夏、青海、

新疆、江苏、安徽、浙江、台湾、福建、江西、湖北、湖南、广东、广西、贵州、四川及云南，生于海拔 1 200 m 以下路旁、草地、山坡或沙丘等处。朝鲜、日本及俄罗斯远东地区有分布。

食用部位与食用方法：采摘嫩茎叶，洗净，经沸水焯后，可炒食或做汤。

食疗保健与药用功能：性平，味甘，有清热解毒、健脾利湿之功效。

89. 天蓝苜蓿（豆科 Fabaceae）

Medicago lupulina L.

识别要点：一年生至多年生草本，高 15 ~ 60 cm，全株被柔毛或有腺毛。茎平卧或上升，多分枝。羽状 3 出复叶；托叶卵状披针形，长达 1 cm；下部叶柄较长，长 1 ~ 2 cm；小叶倒卵形、宽倒卵形或倒心形，长 0.5 ~ 2 cm，上半部边缘具不明显尖齿，两面被毛；顶生小叶较大，小叶柄长 2 ~ 6 mm。花序小，头状；蝶形花冠，花黄色。

分布与生境：产于全国各地，生于河边、田野或林缘。广泛分布于欧亚大陆。

食用部位与食用方法：采摘嫩茎叶，洗净后炒食、做汤或做馅，亦可经沸水烫后凉拌或腌制成咸菜食用。

食疗保健与药用功能：性凉，味甘、涩，有舒筋活络、清热利尿之功效，适用于黄疸、便血、痔疮出血、白血病、咳嗽、腰腿痛、风湿痹痛、腰肌劳损等病症，亦可治毒虫咬伤。

90. 紫苜蓿（豆科 Fabaceae）

Medicago sativa L.

识别要点： 多年生草本，高 0.3 ~ 1 m。茎四棱形，多分枝。羽状 3 出复叶；托叶卵状披针形；小叶倒卵形，长 1 ~ 4 cm，边缘 1/3 以上有锯齿，叶面无毛，叶背有贴伏毛；侧脉 8 ~ 10 对。花序总状或头状，腋生；蝶形花冠，花深蓝色或暗紫色。荚果螺旋状。

分布与生境： 全国各地半野生或栽培，生于田边、路边、旷野、草原、河岸或沟谷。世界各国有栽培或半野外生。

食用部位与食用方法： 采摘嫩茎叶，经沸水烫，清水洗净后，可凉拌、炒食、做汤或做馅。

食疗保健与药用功能： 味微苦，性平，有清热利尿、凉血通淋、清脾胃、下结石之功效。

91. 南苜蓿（豆科 Fabaceae）

Medicago polymorpha L.

识别要点：一年生或二年生草本，高 20 ~ 90 cm。茎近四棱形，多分枝。羽状 3 出复叶；托叶卵状长圆形；小叶宽倒卵形，长 0.7 ~ 2 cm，边缘 1/3 以上有浅锯齿，叶面无毛，叶背有疏毛。花序头状，腋生；蝶形花冠，花黄色。荚果盘形，外圈有刺或瘤状突起。

分布与生境：产于陕西、甘肃、山西、河南、江苏、安徽、浙江、台湾、福建、江西、湖北、湖南、广东、海南、广西、贵州、四川及云南，生于田边、路边、旷野、草原、河岸或沟谷。欧洲南部及亚洲西南部有分布。

食用部位与食用方法：嫩茎叶经沸水烫，清水洗净后，可凉拌、炒食、做汤或做馅。

食疗保健与药用功能：味苦，性平，有清热、利肠、清脾胃之功效。

92. 歪头菜（豆科 Fabaceae）

Vicia unijuga A. Br.

识别要点：多年生草本，高 0.4 ~ 1 m，茎常丛生，具棱。叶轴顶端具细刺尖，偶见卷须；小叶 1 对，卵状披针形或近菱形，先端渐尖，边缘有小齿状，疏被毛。总状花序单一，长 4.5 ~ 7 cm；蝶形花冠，花蓝紫色、紫红色或淡蓝色，长 1 ~ 1.6 cm。荚果扁，长圆形，长 2 ~ 3.5 cm。

分布与生境：产于黑龙江、吉林、辽宁、陕西、甘肃、宁夏、青海、新疆、内蒙古、河北、河南、山西、山东、江苏、安徽、浙江、江西、湖北、湖南、贵州、四川、云南及西藏，生于海拔 4 000 m 以下山地、林缘、草地、沟边或灌丛中。日本、朝鲜、蒙古和俄罗斯东部有分布。

食用部位与食用方法：幼苗或嫩叶经沸水焯，换清水浸泡后，可炒食、凉拌、做汤、拌面蒸食或制干菜。

食疗保健与药用功能：味甘，性平，有清热利尿、补虚调肝、理气止痛之功效，适用于体虚浮肿、头晕、胃痛等病症。

93. 野豌豆（豆科 Fabaceae）

Vicia sepium L.

识别要点：多年生草本，高 0.3 ~ 1 m，茎斜升或攀缘，具棱。偶数羽状复叶，长 7 ~ 12 cm，叶轴先端卷须发达；托叶半戟形，有 2 ~ 4 齿裂；小叶 5 ~ 7 对，长圆形或长圆状披针形，长 0.6 ~ 3 cm，先端钝、平截或微凹，有短尖头，两面有毛。总状花序有花 2 ~ 6 朵，生于叶腋；花序梗不明显；蝶形花冠，红色、紫色或浅粉红色。荚果扁，长圆形。

分布与生境：产于陕西、甘肃、宁夏、青海、新疆、贵州、四川、云南及西藏，生于海拔 1 000 ~ 2 200 m 山坡或林缘草丛。俄罗斯、朝鲜和日本有分布。

食用部位与食用方法：嫩茎叶经沸水焯，换清水浸泡后，可凉拌、炒食或做汤。

食疗保健与药用功能：性温，味甘、辛，有清热、消炎解毒之功效。

94. 救荒野豌豆（豆科 Fabaceae）

Vicia sativa L.

识别要点：一年生或二年生草本，高 0.15 ～ 1 m，茎斜升或攀缘。偶数羽状复叶，长 2 ～ 10 cm，叶轴先端卷须 2 ～ 3 分叉；托叶戟形，常有 2 ～ 4 齿裂；小叶 2 ～ 7 对，长椭圆形，长 0.9 ～ 2.5 cm，先端微凹，两面有毛。花 1 ～ 2 朵生于叶腋；花梗短；蝶形花冠，花紫色或红色。荚果条形。

分布与生境：原产于欧洲南部及亚洲西部，我国各地有栽培或野化，生于海拔 3 000 m 以下荒山、田边草丛或林中。

食用部位与食用方法：嫩茎叶经沸水焯，换清水浸泡后，可凉拌、炒食或做汤。

食疗保健与药用功能：味甘、辛，性温，有补肾调经、祛痰止咳、清热利湿之功效，适用于肾虚腰痛、月经不调、咳嗽痰多等病症。

注意事项：成熟植株和种子有毒，不可食用。

酢浆草科 Oxalidaceae

95. 酢浆草（酢浆草科 Oxalidaceae）

Oxalis corniculata L.

识别要点：多枝草本，味酸。茎柔弱，常平卧，节上生不定根，被疏毛。3 小叶复叶，互生；小叶无柄，倒心形，长 5 ～ 10 mm，被毛；叶柄长 2 ～ 6.5 cm，被毛。花一至数朵，腋生。花瓣 5 枚，黄色。

分布与生境：产于全国各省区，生于旷野或田边。世界温带及热带地区有分布。

食用部位与食用方法：将嫩茎叶洗净、沸水焯、清水漂洗后，可凉拌、做沙拉菜配料或做汤。

食疗保健与药用功能：味酸，性寒，有清热解毒、利尿、消肿、活血散瘀、止痛之功效。

注意事项：植株含草酸盐等，酸性较重，不宜多食、常食。

96. 香椿（棟科 Meliaceae）

Toona sinensis (A. Juss.) Roem.

识别要点：落叶乔木；树皮片状剥落；枝粗壮。叶痕大；幼芽、嫩叶红色或橙红色，芳香，偶数羽状复叶（有时兼有奇数羽状复叶）互生，长 30 ~ 50 cm；小叶 16 ~ 20 枚，卵状披针形或卵状长圆形，长 9 ~ 15 cm，先端尾状尖，基部不对称，一侧圆形，一侧楔形，无毛。圆锥花序。蒴果。

分布与生境：产于辽宁、陕西、甘肃、河北、河南、江苏、安徽、浙江、福建、江西、湖北、湖南、广东、广西、贵州、四川、云南及西藏，生于海拔 2 900 m 以下山区或平原。

食用部位与食用方法：红色或橙红色的幼芽、嫩叶芳香可口，可煎鸡蛋、炒食、油炸、干制或腌渍，亦可经沸水焯后凉拌。

臭椿

食疗保健与药用功能：味苦，性平，有补虚壮阳固精、补肾养发生发、抗菌消炎、止血止痛、行气理血健胃之功效，适用于肾阳虚衰、腰膝冷痛、遗精阳痿、脱发、感冒、肠炎、赤痢、久泻久痢、肠痔便血、疮疖、泌尿系统感染、风痘、漆疮、赤血带下、跌打肿痛等病症。

注意事项：① 采摘后应及时处理或食用，切忌堆放过夜，致使发热变质。② 臭椿 [*Ailanthus altissima* (Mill.) Swingle] 的叶亦为羽状复叶，幼芽、嫩叶也为红色或橙红色，与香椿类似，但臭椿叶为奇数羽状复叶，叶基部粗齿背面有腺体，叶揉碎后有股臭味，翅果而不同于香椿。臭椿不宜食用。

大戟科 Euphorbiaceae

97. 守宫木 树仔菜（大戟科 Euphorbiaceae）

Sauropus androgynus (L.) Merr.

识别要点：灌木，高 1 ~ 2 m；全株无毛。幼枝绿色，有纵棱。单叶互生，在小枝上排成 2 列；叶片长卵形或椭圆形，长 3 ~ 10 cm，先端渐尖，基部阔楔形，全缘；叶柄长 2 ~ 4 mm；托叶三角形。花腋生，黄红色或红色。果实扁球形或近球形，直径约 1.7 cm，高 1.2 cm，成熟时乳白色。果期 7 ~ 12 月。

分布与生境：产于福建、湖北、广东、海南、广西、贵州、四川及云南，生于海拔 100 ~ 400 m 丘陵林缘或阳坡灌丛中。亚洲南部及东南部有分布。

食用部位与食用方法：嫩枝叶可炒食或做汤，味同枸杞。

食疗保健与药用功能：有清热解毒、滋阴补肾、降压降脂、养肝明目、开胃消滞、利血祛湿、养颜润肤之功效。

漆树科 Anacardiaceae

98. 黄连木（漆树科 Anacardiaceae）

Pistacia chinensis Bunge

识别要点：落叶乔木，高达 25 m。双数羽状复叶，互生，小叶 10 ~ 14 枚，叶轴及叶柄被微毛；小叶近对生，披针形或窄披针形，长 5 ~ 10 cm，宽 1.5 ~ 2.5 cm，先端渐尖或长渐尖，全缘，侧脉两面凸起；小叶柄长 1 ~ 2 mm。先花后叶，圆锥花序腋生，被微毛；雄花序花密集，雌花序花疏散。核果。

分布与生境：产于河北、河南、山西、陕西、甘肃、山东、江苏、安徽、浙江、台湾、福建、江西、湖北、湖南、广东、海南、广西、贵州、四川、云南及西藏，生于海拔 3 600 m 以下山地、丘陵及平原。

食用部位与食用方法：将嫩叶洗净，在沸水中焯，经清水浸泡去苦味，沥干，即可配各种荤、素料，炒、烩做菜或做汤。

食疗保健与药用功能：味苦、涩，性寒，有解毒、止渴之功效，适用于治疗暑热口渴、痢疾、咽喉肿痛、口舌糜烂、风湿疮、漆疮等病症。

冬青科 Aquifoliaceae

99. 扣树（冬青科 Aquifoliaceae）

Ilex kaushue S. Y. Hu

识别要点：常绿乔木。小枝具纵棱及沟槽。单叶，互生，革质，长圆形或长圆状椭圆形，长 10 ~ 18 cm，先端尖或短渐尖，基部楔形，边缘重锯齿或锯齿，侧脉 14 ~ 15 对；叶柄长 2 ~ 2.2 cm，被微柔毛。花序腋生；花淡黄色或黄绿色。果球形，直径 0.9 ~ 1.2 cm，熟时红色，有 4 个核，核背部具网状条纹及沟。花期 5 ~ 6 月，果期 9 ~ 10 月。

分布与生境：产于湖北、湖南、广东、海南、广西、四川及云南，生于海拔 1 000 ~ 1 200 m 山地密林中。

食用部位与食用方法：叶代茶饮用。

食疗保健与药用功能：可降血压和降血脂。

100. 五棱苦丁茶（冬青科 Aquifoliaceae）

Ilex pentagona S. K. Chen, Y. X. Feng & C. F. Liang

识别要点：常绿乔木。小枝具 5 条纵棱。单叶，互生，革质，窄椭圆形或椭圆形，长 9 ~ 20 cm，先端钝或急尖，基部楔形或圆钝，边缘疏生小浅锯齿，侧脉 12 ~ 18 对；叶柄长 2 ~ 2.5 cm，无毛。花序腋生；花淡黄色或黄绿色。果球形，直径 6 ~ 8 mm，熟时红色，有 4 核，核具条纹状凹凸。果期 5 月。

分布与生境：产于湖南、广西、贵州及云南，生于海拔 300 ~ 1 500 m 石灰岩山地林中。

食用部位与食用方法：叶代茶饮用。

食疗保健与药用功能：可降血压和降血脂。

葡萄科 Vitaceae

101. 显齿蛇葡萄 藤茶、茅岩莓（葡萄科 Vitaceae）

Ampelopsis grossedentata (Hand.-Mazz.) W. T. Wang

识别要点：木质藤本，全株无毛。小枝有显著纵棱纹。卷须与叶对生，2叉分枝。1~2回羽状复叶，互生，2回羽状复叶者基部1对小叶为3枚小叶，小叶宽卵形或长椭圆形，长2~5 cm，宽1~2.5 cm，有粗锯齿；叶柄长1~2 cm。花序与叶对生。浆果球形，直径0.6~1 cm。

分布与生境：产于福建、江西、湖北、湖南、广东、海南、广西、贵州及云南，生于海拔200~1 500 m沟谷林中或山坡灌丛。

食用部位与食用方法：采集嫩叶，可代茶饮用。

食疗保健与药用功能：性凉，味甘淡，含黄酮，有杀菌抗炎、清热解毒、镇痛消肿、降脂降压、软化血管、消除血液中的血垢、润喉止咳之功效，可提高人体免疫力、调节血脂和肾功能，适用于黄疸型肝炎、感冒风热、咽喉肿痛、急性结膜炎等病症。

102. 乌蔹莓（葡萄科 Vitaceae）

Cayratia japonica (Thunb.) Gagnep.

识别要点：攀缘草质藤本。卷须与叶对生，2~3叉分枝。叶互生，鸟足状5枚小叶复叶，中央小叶长椭圆形或椭圆状披针形，长2.5~4.5 cm，侧生小叶椭圆形或长椭圆形，长1~7 cm，先端渐尖，基部楔形或宽圆形，边缘有疏锯齿；叶柄长1.5~10 cm。花序腋生。浆果近球形，直径约1 cm。

分布与生境：产于陕西、甘肃、河北、河南、山东、江苏、安徽、浙江、福建、台湾、江西、湖北、湖南、广东、海南、广西、贵州、四川及云南，生于海拔300~2 500 m山谷林中或灌丛中。日本、菲律宾、越南、缅甸、印度、印度尼西亚及澳大利亚有分布。

食用部位与食用方法：采集嫩叶，洗净后经沸水焯，再换清水漂洗，可凉拌、炒食或腌制咸菜。

食疗保健与药用功能：性寒，味酸，归心、肝、胃三经，有清热利湿、解毒消肿之功效。

椴树科 Tiliaceae

103. 甜麻（椴树科 Tiliaceae）

Corchorus aestuans L.

识别要点：一年生草本。单叶互生，叶片卵形，长 4.5 ~ 6.5 cm，两面疏被长毛，先端尖，基部圆，边缘有锯齿，基部有 1 对线状小裂片，基出脉 5 ~ 7 条；叶柄长 1 ~ 1.5 cm。花单生或数朵组成花序，生叶腋；花梗极短；花黄色。果实长筒形，长 2.5 cm，具丛棱 6 条，3 ~ 4 条呈翅状，顶端有 2 分叉的长角 3 ~ 4 个。

分布与生境：产于山东、河南、江苏、安徽、浙江、福建、台湾、江西、湖北、湖南、广东、海南、广西、贵州、四川及云南，生于旷野、荒地或村旁。亚洲热带、中美洲和非洲有分布。

食用部位与食用方法：嫩叶经沸水焯后可炒食。

食疗保健与药用功能：性寒，味淡，有清凉解毒之功效。

锦葵科 Malvaceae

104. 野葵（锦葵科 Malvaceae）

Malva verticillata L.

识别要点：二年生草本，高达 1 m。茎被星状长柔毛。单叶互生，肾形或圆形，直径 5 ~ 11 cm，通常 5 ~ 7 个掌状分裂；叶柄长 2 ~ 8 cm，上面槽内被茸毛。花数朵簇生，白色或淡红色。花期 3 ~ 11 月。

分布与生境：产于黑龙江、吉林、辽宁、内蒙古、河北、河南、山西、山东、陕西、甘肃、宁夏、青海、新疆、江苏、安徽、浙江、福建、江西、湖北、湖南、广东、广西、贵州、四川、云南及西藏，生于平原旷野、村边、路旁、水边湿地或沙滩草地。印度及欧洲有分布。

食用部位与食用方法：嫩苗、嫩叶可炒食、做汤、做馅或用作火锅配料；亦可经沸水焯，凉水冷却后，凉拌。

食疗保健与药用功能：味甘，性寒，有清热解毒、利尿、润肠之功效，适用于肺热咳嗽、热毒下痢、便秘等病症。

105. 野西瓜苗（锦葵科 Malvaceae）

Hibiscus trionum L.

识别要点：一年草本，平卧或直立，高 20 ~ 70 cm。茎被白色星状毛柔毛。单叶互生，掌状 3 ~ 5 深裂，直径 3 ~ 6 cm，裂片常羽状全裂，叶背疏被星状刺毛。花单生叶腋，淡黄色，内面基部紫色，直径 2 ~ 3 cm。果实长圆状球形，直径约 1 cm，被硬毛。花期 7 ~ 10 月。

分布与生境：原产于非洲中部，逸为野生，我国各地平原、山野、丘陵、田边均有生长。

食用部位与食用方法：采摘嫩苗或幼嫩芽，洗净，经沸水焯后，可凉拌、做汤或炒食。

食疗保健与药用功能：全草味甘，性寒，有清热解毒、利咽止咳之功效，适用于咽喉肿痛、咳嗽、泻痢等病症。

山茶科 Theaceae

106. 茶（山茶科 Theaceae）

Camellia sinensis (L.) Kuntze

识别要点：常绿小乔木或灌木状。幼枝被毛或无毛。单叶互生，叶片长圆形或椭圆形，长 4 ~ 12 cm，宽 2 ~ 5 cm，基部楔形，侧脉 5 ~ 7 条，边缘有锯齿，幼叶背面有毛或无毛，老叶无毛；叶柄长 3 ~ 8 mm。花 1 ~ 3 朵腋生，白色。蒴果球形，高 1.5 cm。

分布与生境：产于陕西、河南、江苏、安徽、浙江、台湾、福建、江西、湖北、湖南、广东、海南、广西、贵州、四川、云南及西藏，生于海拔 2 200 m 以下酸性黄壤丘陵或山区。

食用部位与食用方法：幼叶及嫩芽经不同方法加工，可制成茶品供饮用。

食疗保健与药用功能：有提神、强心益思、解渴、消食、杀菌、利尿、解毒之功效。

堇菜科 Violaceae

107. 如意草 堇菜（堇菜科 Violaceae）

Viola arcuata Bl.

识别要点：多年生草本，高达 20 cm。地上茎常数条丛生，无毛。基生叶宽心形或肾形，长 1.5 ~ 3.5 cm，先端圆或微尖，基部宽心形，叶缘生圆齿，两面近无毛；茎生叶少，幼时常卷折；叶柄长 1.5 ~ 7 cm。花白色或淡紫色，花梗远长于叶。果无毛。

分布与生境：产于黑龙江、吉林、辽宁、陕西、甘肃、内蒙古、河北、河南、山西、山东、江苏、安徽、浙江、福建、台湾、江西、湖北、湖南、广东、广西、贵州、四川及云南，生于海拔 3 000 m 以下湿草地、山坡草丛、灌丛、林缘、田野或宅旁。日本、朝鲜半岛、蒙古和俄罗斯有分布。

食用部位与食用方法：将幼苗或嫩叶经沸水焯，换清水漂洗后，可凉拌、炒食或做汤。

食疗保健与药用功能：性寒，味辛、微酸，归心、肝二经，有清热解毒、散瘀止血之功效。

108. 鸡腿堇菜（堇菜科 Violaceae）

Viola acuminata Ledeb.

识别要点：多年生草本。根状茎较粗。茎 2 ~ 4 条丛生，高达 40 cm。叶心形、卵状心形或卵形，长 1.5 ~ 5.5 cm，先端尖或渐尖，基部心形，叶缘具钝锯齿，两面密生褐色腺点，沿叶脉被毛；叶柄长达 6 cm；托叶叶状，长 1 ~ 3.5 cm，羽状深裂成流苏状或齿状。花淡紫色或近白色，花梗常长于叶。果有黄褐色腺点。

分布与生境：产于黑龙江、吉林、辽宁、陕西、甘肃、宁夏、内蒙古、河北、河南、山西、山东、江苏、安徽、浙江、江西、湖北、湖南、广西、贵州、四川及云南，生于海拔 2 500 m 以下林缘、灌丛、草地或山坡。日本、朝鲜半岛和俄罗斯东部有分布。

食用部位与食用方法：嫩叶经沸水焯，换清水浸泡后，可炒食、凉拌、做汤、做馅或和面蒸食。

食疗保健与药用功能：味淡，性寒，有清热解毒、消肿止痛之功效，适用于肺热咳嗽、急性传染性肝炎等病症。

109. 紫花堇菜（堇菜科 Violaceae）

Viola grypoceras A. Gray

识别要点：多年生草本。根状茎短粗，地上茎高达 30 cm。基生叶心形或宽心形，茎生叶三角状心形或卵状心形，长 1 ~ 4 cm，先端钝或微尖，基部弯缺窄，无毛，密被褐色腺点；叶柄长可达 8 cm；托叶具流苏状长齿。花淡紫色，花梗长 6 ~ 11 cm。果密生褐色腺点。

分布与生境：产于陕西、甘肃、河南、江苏、安徽、浙江、福建、台湾、江西、湖北、湖南、广东、广西、贵州、四川及云南，生于海拔 2 400 m 以下草坡或灌丛中。日本和朝鲜半岛有分布。

食用部位与食用方法：将幼苗或嫩叶经沸水焯，换清水漂洗后，可凉拌或炒食。

食疗保健与药用功能：味微苦，性凉，有清热解毒、消肿、止血之功效，适用于咽喉肿痛、乳痈、急性结膜炎、便血等病症。

110. 球果堇菜 毛果堇菜、圆叶堇菜（堇菜科 Violaceae）

Viola collina Bess.

识别要点：多年生草本，高达 20 cm。叶基生，莲座状；叶片宽卵形或近圆形，长 1 ~ 3.5 cm，先端钝，基部弯缺或心形，边缘有锯齿，两面密生白色柔毛；叶柄被倒生柔毛。花淡紫色，芳香，长约 1.4 cm。果球形，密被白色柔毛。

分布与生境：产于黑龙江、吉林、辽宁、陕西、甘肃、宁夏、内蒙古、河北、河南、山西、山东、江苏、安徽、浙江、福建、湖北、湖南、贵州、四川及云南，生于 2 800 m 以下林下或林缘、灌丛、草坡、沟谷及路旁较阴湿处。日本、朝鲜、俄罗斯和欧洲有分布。

食用部位与食用方法：将幼苗或嫩叶经沸水焯，换清水漂洗后，可凉拌或炒食。

食疗保健与药用功能：性凉，味苦涩，有清热解毒、凉血消肿之功效。

111. 长萼堇菜 犁头草（堇菜科 Violaceae）

Viola inconspicua Bl.

识别要点：多年生草本，无地上茎。基生叶，莲座状，叶片三角形、三角状卵形或戟形，长 1.5 ~ 7 cm，基部宽心形，弯缺成宽半圆形，具圆齿，叶面密生乳点；叶柄长 2 ~ 7 cm；托叶与叶柄合生。花淡紫色；花梗与叶片等长或稍高出于叶；萼片长 4 ~ 7 mm。

分布与生境：产于陕西、甘肃南部、山东、河南、江苏、安徽、浙江、福建、台湾、江西、湖北、湖南、广东、海南、广西、贵州、四川及云南，生于海拔 1 600 m 以下林缘、山坡草地、田边及溪旁。东南亚有分布。

食用部位与食用方法：将幼苗或嫩叶经沸水焯，换清水漂洗后，可凉拌或炒食。

食疗保健与药用功能：性寒，味苦、微辛，有清肝热、祛湿解毒、退肿之功效，适用于肝炎、痈疮肿毒等病症。

112. 戟叶堇菜（堇菜科 Violaceae）

Viola betonicifolia Smith

识别要点：多年生草本，无地上茎。叶多数，基生，莲座状，叶片窄披针形、长三角状戟形或三角状卵形，长 2 ~ 8 cm，基部平截或心形，叶缘具齿，两面无毛或近无毛。花白色或淡紫色，长 1.4 ~ 1.7 cm，花梗高于叶。花期 4 ~ 9 月。

分布与生境：产于陕西、甘肃、河南、山东、江苏、安徽、浙江、台湾、福建、江西、湖北、湖南、广东、海南、广西、贵州、四川、云南及西藏，生于海拔 1 500 m 以下田野、路边、山坡草地、灌丛或林缘。喜马拉雅地区、印度、斯里兰卡、印度尼西亚、日本及澳大利亚有分布。

食用部位与食用方法：将幼苗或嫩叶经沸水焯，换清水漂洗后，可凉拌或炒食。

食疗保健与药用功能：有清热解毒、消肿散瘀之功效。

113. 紫花地丁（堇菜科 Violaceae）

Viola philippica Cav.

识别要点：多年生草本，无地上茎，高达 14 cm。叶多数，基生，莲座状，下部叶较小，三角状卵形或窄卵形，上部叶较大，圆形、窄卵状披针形或长圆状卵形，长 1.5 ~ 4 cm，先端钝圆，基部平截或楔形，叶缘生圆齿。花紫堇色或淡紫色，花梗通常等长于叶。花期 4 月中下旬至 8 月。

分布与生境：产于黑龙江、吉林、辽宁、陕西、甘肃、宁夏、内蒙古、河北、河南、山西、山东、江苏、安徽、浙江、福建、台湾、江西、湖北、湖南、广东、海南、广西、贵州、四川及云南，生于海拔 1 700 m 以下田间、荒地、山坡草丛、林缘或灌丛中。朝鲜半岛和俄罗斯东部有分布。

食用部位与食用方法：将幼苗或嫩叶经沸水焯，换清水漂洗后，可凉拌或炒食。

食疗保健与药用功能：性寒，味苦、微辛，归心、肝二经，有凉血消肿、清热解毒之功效。

114. 早开堇菜（堇菜科 Violaceae）

Viola prionantha Bunge

识别要点：多年生草本，无地上茎，高达 10 cm。叶多数，基生，长圆状卵形、卵状披针形或窄卵形，长 1 ~ 4.5 cm，幼叶两侧常向内卷，叶缘密生细圆齿，两面无毛或被细毛。花紫色，直径 1.2 ~ 1.6 cm，花梗高于叶。果无毛。花期 3 ~ 4 月。

分布与生境：产于黑龙江、吉林、辽宁、内蒙古、河北、河南、山西、山东、陕西、甘肃、宁夏、青海、江苏、湖北、湖南、四川及云南，生于海拔 2 800 m 以下山坡草地、沟边或宅旁等向阳处。朝鲜半岛和俄罗斯东部有分布。

食用部位与食用方法：将幼苗或嫩叶经沸水焯，换清水漂洗后，可凉拌或炒食。

食疗保健与药用功能：有清热解毒之功效。

千屈菜科 Lythraceae

115. 千屈菜（千屈菜科 Lythraceae）

Lythrum salicaria L.

识别要点：多年生草本。茎直立，分枝多，枝常四棱，全株青绿色。叶对生或轮生，叶片披针形或宽披针形，长 4 ~ 7 cm，宽 8 ~ 15 mm；无叶柄。花序簇生，花梗及花序梗短，花枝似一大型穗状花序；花紫红色或淡紫色。

分布与生境：产于全国各省区，常生于河岸、湖畔、溪沟边、水田中或湿润草地。亚洲东部至东南部、北美洲及澳大利亚有分布。

食用部位与食用方法：采嫩苗，经洗净、沸水焯、清水漂洗后，可凉拌、炒食、做汤或拌面蒸食。

食疗保健与药用功能：性寒，味苦，归大肠经，有清热凉血、收敛、止泻、抗菌等功效，适用于肠炎、痢疾、溃疡、血崩等病症。

116. 圆叶节节菜（千屈菜科 Lythraceae）

Rotala rotundifolia (Buch.-Ham. ex Roxb.) Koehne

识别要点：一年生草本。根茎细长，匍匐。茎单一或稍分枝，直立，丛生，高达 30 cm，带紫红色。全株无毛。叶对生，近圆形、宽倒卵形或椭圆形，长 0.5 ~ 1 cm，宽 0.4 ~ 1.5 mm；无叶柄。顶生稠密穗状花序，长 1 ~ 5 cm；花淡紫红色。果椭球形。

分布与生境：产于河南、山东、江苏、安徽、浙江、台湾、福建、江西、湖北、湖南、广东、海南、广西、贵州、四川、云南及西藏，常生于海拔 2 700 m 以下水田或湿地。日本、印度至东南亚有分布。

食用部位与食用方法：嫩苗经沸水焯，换清水漂洗后，可炒食。

食疗保健与药用功能：味甘、淡，性凉，有清热利湿、解毒之功效，适用于肺热咳嗽、痢疾、黄疸性肝炎、尿路感染等病症。

117. 节节菜（千屈菜科 Lythraceae）

Rotala indica (Willd.) Koehne

识别要点：一年生草本。茎分枝多，节上生根，基部匍匐，上部直立或稍披散。全株无毛。叶对生，倒卵状椭圆形或长圆状倒卵形，长 0.4 ~ 1.7 cm，宽 3 ~ 8 mm；无叶柄。腋生穗状花序，长 0.8 ~ 2.5 cm；花淡红色。果椭球形。

分布与生境：产于河南、山西、山东、江苏、安徽、浙江、台湾、福建、江西、湖北、湖南、广东、海南、广西、贵州、四川、云南及西藏，常生于水田中或湿地。日本、俄罗斯东部、印度至东南亚有分布。

食用部位与食用方法：嫩苗经沸水焯，换清水漂洗后，可炒食。

食疗保健与药用功能：味酸、苦，性凉，有清热利湿、止泻之功效，适用于小儿泄泻、疮疖肿毒等病症。

柳叶菜科 Onagraceae

118. 柳叶菜（柳叶菜科 Onagraceae）

Epilobium hirsutum L.

识别要点：多年生草本。茎多分枝，密被长柔毛，常混生腺毛。单叶，交互对生，茎上部的互生，多少抱茎，披针形至椭圆形，长 4 ~ 12 cm，先端锐尖至渐尖，边缘有细锯齿，两面被长柔毛，侧脉 7 ~ 9 对；无叶柄。总状花序；花红色；子房下位。蒴果棱形，长 2.5 ~ 9 cm，具 4 棱，被毛。果期 7 ~ 8 月。

分布与生境：产于吉林、辽宁、陕西、甘肃、宁夏、青海、新疆、内蒙古、河北、河南、山西、山东、江苏、安徽、浙江、福建、江西、湖北、湖南、广东、广西、贵州、四川、云南及西藏，生于海拔 2 800 m 以下河谷、溪边、沙地、石砾地或沟边、湖边向阳湿处、灌丛中或荒坡，常成片生长。广泛分布于欧亚大陆与非洲温带。

食用部位与食用方法：嫩苗、嫩叶经沸水焯，换清水漂洗后，可炒食。

食疗保健与药用功能：味苦、淡，性寒，有清热解毒、利湿止泻、消食理气之功效，适用于湿热泻痢、食积、脘腹胀痛、牙痛、月经不调等病症。

五加科 Araliaceae

119. 刺楸（五加科 Araliaceae）

Kalopanax septemlobus (Thunb.) Koidz.

识别要点：落叶乔木；树干及枝上具鼓钉状扁刺。单叶，在长枝上互生，在短枝上簇生，近圆形，直径 9 ~ 25 cm，掌状浅裂，裂片通常 5 ~ 7 片，宽三角状卵形或长圆状卵形，先端渐尖，基部心形或圆形，具细齿，掌状叶脉 5 ~ 7 条；叶柄长 8 ~ 30 cm；无托叶。伞形花序组成圆锥花序，花白色或淡黄色。果实近球形。

分布与生境：产于吉林、辽宁、陕西、甘肃、河北、河南、山西、山东、江苏、安徽、浙江、福建、江西、湖北、湖南、广东、广西、贵州、四川、云南及西藏，生于海拔 2 500 m 以下山地林中。日本、朝鲜和俄罗斯东部有分布。

食用部位与食用方法：幼芽、嫩叶和嫩花经洗净、沸水焯、换清水漂洗后，可凉拌、炒食或腌制。

120. 细柱五加 五加（五加科 Araliaceae）

Eleutherococcus nodiflorus (Dunn) S. Y. Hu

识别要点：落叶灌木，有时蔓生状；节上疏生扁钩刺。掌状复叶，小叶 5 枚或 3 枚，倒卵形或倒披针形，长 3 ~ 8 cm，具细钝齿，叶背脉腋处具簇生毛，沿脉疏被刚毛；叶柄长 3 ~ 8 cm；无托叶。伞形花序腋生或 2 ~ 3 朵簇生于短枝顶端；花黄绿色。果实扁球形。

分布与生境：产于陕西、甘肃、山西、河南、江苏、安徽、浙江、台湾、福建、江西、湖北、湖南、广东、广西、贵州、四川及云南，生于海拔 3 000 m 以下山坡林内、灌丛中或林缘。

食用部位与食用方法：幼芽及嫩叶经洗净、沸水焯、换清水漂洗后，可炒食、凉拌、开汤或晒成干菜。

121. 刺五加（五加科 Araliaceae）

Eleutherococcus senticosus (Rupr. & Maxim.) Maxim.

识别要点：落叶灌木；小枝密被下弯针刺。掌状复叶，小叶 3 枚或 5 枚，椭圆状倒卵形或长圆形，长 5 ~ 13 cm，先端短渐尖，具锐尖复锯齿，叶脉上被毛；叶柄长 3 ~ 12 cm；无托叶。伞形花序单生枝顶，或 2 ~ 6 朵簇生；花紫黄色。果实卵球形。

分布与生境：产于黑龙江、吉林、辽宁、陕西、甘肃、青海、内蒙古、河北、山西、河南、四川及云南东北部，生于海拔 2 000 m 以下林内、灌丛中或沟边。

食用部位与食用方法：将幼芽及嫩叶洗净，经沸水焯后，捞至清水中浸去苦味，可炒食、做汤、煮粥、和面蒸食，也可腌制干菜或酱菜食用。

食疗保健与药用功能：味辛，性温，有活血、祛瘀、壮筋骨、安神益气之功效，适用于风湿性关节炎、跌打损伤、腰腿痛、阳痿等病症。

122. 白簕（五加科 Araliaceae）

Eleutherococcus trifoliatus (L.) S. Y. Hu

识别要点：灌木，常蔓生状；小枝疏被钩刺。掌状复叶，小叶 3 ~ 5 枚，卵形、椭圆状卵形或长圆形，长 4 ~ 10 cm，先端渐尖，叶缘具锯齿，无毛；叶柄长 2 ~ 6 cm；无托叶。复伞形花序生枝顶，由 3 ~ 10 个伞形花序组成；花白色。果实球形。

分布与生境：产于陕西、河南、江苏、安徽、浙江、台湾、福建、江西、湖北、湖南、广东、海南、广西、贵州、四川、云南及西藏，生于海拔 3 300 m 以下山坡、沟谷、林缘、灌丛中。印度、缅甸、越南及老挝有分布。

食用部位与食用方法：将幼芽及嫩叶洗净，经沸水焯后，捞至清水中浸去苦味，可炒食或做汤食用，也可腌制干菜或酱菜食用。

食疗保健与药用功能：味苦、辛，性微寒，有清热解毒、活血消肿、除湿敛疮之功效，适用于感冒发热、咳嗽胸痛、痢疾、风湿痹痛等病症。

123. 楤木 （五加科 Araliaceae）

Aralia elata (Miq.) Seem.

识别要点：落叶小乔木或灌木状；树皮疏生粗短刺，小枝疏生细刺。2~3回羽状复叶，叶轴及羽片基部无刺，稀叶轴有细刺；羽片具5~11枚小叶，卵形、宽卵形或长卵形，长5~13 cm，边缘有锯齿，两面有毛；叶柄长可达50 cm。伞形花序组成圆锥花序，长达60 cm；花白色。果实球形。

分布与生境：产于黑龙江、吉林、辽宁、河北、河南、山东、山西、陕西、甘肃、江苏、安徽、浙江、福建、江西、湖北、湖南、广东、广西、贵州、云南及西藏，生于海拔2 700 m以下林缘或灌丛中。

食用部位与食用方法：幼芽及嫩叶经沸水焯后，置于清水中浸去黏液汁，挤干水后即可炒食、凉拌、做汤、和面蒸食、腌制、蘸酱或加工制罐食用，其质地脆嫩，风味独特。

食疗保健与药用功能：味辛，性平，有祛风湿、散瘀结、消肿毒、强壮、健胃、利尿之功效，可治痢疾、腹泻、水肿等病症。

伞形科 Apiaceae/Umbelliferae

124. 天胡荽 （伞形科 Apiaceae/Umbelliferae）

Hydrocotyle sibthorpioides Lam.

识别要点：草本。茎匍匐、铺地，节上生根。单叶互生，叶片圆形或肾状圆形，长0.5~1.5 cm，宽0.8~2.5 cm，不裂或5~7浅裂，裂片有钝齿；叶柄长1~9 cm。伞形花序与叶对生，单生节上，每伞形花序有花5~18朵；花绿白色。

分布与生境：产于陕西西南部、河北、山东、江苏、安徽、浙江、福建、台湾、江西、湖北、湖南、广东、海南、广西、贵州、四川、云南及西藏，生于海拔3 000 m以下阴湿草地、沟边或林下。日本、朝鲜、东南亚及印度有分布。

食用部位与食用方法：幼苗及嫩茎叶经沸水焯，换清水漂洗后，可炒食、凉拌或做汤。

食疗保健与药用功能：有清热利湿、祛痰止咳之功效，适用于治疗肝炎、肝硬化腹水、结石、感冒、咳嗽、百日咳等病症。

125. 积雪草（伞形科 Apiaceae/Umbelliferae）

Centella asiatica (L.) Urban

识别要点：多年生草本。茎匍匐，节上生根。单叶，叶片肾形或马蹄形，长 1 ~ 2.8 cm，宽 1.5 ~ 5 cm，有钝锯齿；叶柄长 1.5 ~ 2.7 cm。伞形花序有花 3 ~ 4 朵；花紫红色或乳白色。

分布与生境：产于河南、山西、陕西、青海、江苏、安徽、浙江、福建、台湾、江西、湖北、湖南、广东、海南、广西、贵州、四川、云南及西藏，生于海拔 1 900 m 以下阴湿草地或沟边。日本、东南亚、大洋洲群岛、澳大利亚及非洲有分布。

食用部位与食用方法：幼苗及嫩茎叶经沸水焯，换清水漂洗，去除苦味后，可炒食、凉拌或做汤。

食疗保健与药用功能：性寒，味苦、辛，归肝、脾、肾三经，具清热利湿、消肿解毒之功效，适用于湿热黄疸、中暑腹泻、石淋血淋、痈肿疮毒、跌打损伤等病症。

126. 红花变豆菜（伞形科 Apiaceae/Umbelliferae）

Sanicula rubriflora F. Schmidt ex Maxim.

识别要点：多年生草本，高 0.2 ~ 1 m。茎、叶无毛。基生叶多数，叶柄长 13 ~ 55 cm，基部叶鞘宽膜质；叶圆心形或肾状圆形，长 3.5 ~ 10 cm，掌状 3 裂，侧裂片常 2 裂至中部或中部以下，有尖锯齿，齿端刺毛状。总苞片叶状，每片 3 个深裂，裂片有锯齿。伞形花序 3 出；淡红色至紫红色。果实卵球形，长约 4.5 mm，上部有钩状皮刺。

分布与生境：产于黑龙江、吉林、辽宁及内蒙古，生于海拔 200 ~ 500 m 林下或阴湿富含腐殖质的地方。日本、朝鲜、蒙古和俄罗斯东部有分布。

食用部位与食用方法：采摘幼苗及嫩叶，经洗净、沸水焯、清水漂洗后，可炒食、凉拌、做馅、或腌制。

127. 变豆菜 山芹菜（伞形科 Apiaceae/Umbelliferae）

Sanicula chinensis Bunge

识别要点：多年生草本，高 0.2 ~ 1 m。茎、叶无毛。基生近圆肾形或圆心形，常 3 裂，中裂片倒卵形，侧裂片深裂，有不规则锯齿；叶柄长 7 ~ 30 cm，基部鞘状抱茎。总苞片叶状，常 3 深裂，裂片有不规则锯齿。伞形花序 2 ~ 3 回叉式分枝；花白色或绿白色。果实卵球形，长 4 ~ 5 mm，有钩状皮刺。

分布与生境：产于全国各省、市、自治区，生于海拔 2 300 m 以下山坡、林下、溪岸、路边或沟边草丛。日本、朝鲜和俄罗斯有分布。

食用部位与食用方法：幼苗及嫩叶经沸水焯、清水漂洗后，可炒食、凉拌、做馅、做汤或腌制食用。

食疗保健与药用功能：味甘，性平，有滋阴润燥、养血和胃之功效，可治胃气上逆所引起的呕吐，以及消化不良、消渴、腹胀、两眼昏花等病症。

128. 小窃衣 破子草（伞形科 Apiaceae/Umbelliferae）

Torilis japonica (Houtt.) DC.

识别要点：草本，高 20 ~ 120 cm。茎有纵纹及粗毛。叶 1 ~ 2 回羽状分裂，疏生紧贴粗毛；1 回羽片边缘羽状深裂至全裂；叶柄基部鞘状抱茎。复伞形花序，花序梗长 3 ~ 25 cm；伞形花序有花 4 ~ 12 朵。果实卵球形，长 1.5 ~ 4 mm，常有钩状皮刺。

分布与生境：全国各省区均产，生于海拔 3 000 m 以下林下、沟边和溪边草丛中。亚洲东部至东南部有分布。

食用部位与食用方法：幼苗及嫩叶可作蔬菜食用。

食疗保健与药用功能：味苦、辛，性平，归脾、大肠二经，有杀虫止泻、收涩止痒之功效，适用于虫积腹痛、泻痢、风湿疹、皮肤痒等病症。

129. 水芹（伞形科 Apiaceae/Umbelliferae）

Oenanthe javanica (Bl.) DC.

识别要点：多年生草本，高 15 ~ 80 cm；全株无毛。茎实心，基部匍匐或直立，下部节处生成束的须根。叶 1 ~ 2 回羽状分裂，小羽片长 2 ~ 5 cm，有不整齐锯齿，叶揉碎后手指变黑；叶柄基部鞘状抱茎。复伞形花序顶生；伞形花序有花 10 ~ 25 朵。

分布与生境：产于全国各地，生于海拔 4 000 m 以下的低洼湿地、池沼、水边。亚洲东部至东南部有分布。

食用部位与食用方法：嫩茎叶及叶柄洗净后，经沸水焯后捞出，可凉拌、炒食或做馅。

食疗保健与药用功能：味辛、甘，性凉，有清热解毒、养精益气、清洁血液、降低血压、宣肺利湿、利尿消肿、减血脂之功效，适用于高血压、尿路感染、肝炎、烦热、小便淋痛、大便出血、黄疸、风火牙痛、痄腮等病症。

注意事项：本植物在野外采摘时曾与毒芹（*Cicuta virosa* L.）（又称水毒芹）混合采摘食用导致中毒，或市场购买时混入毒芹。毒芹亦生水边或沼泽，但其株高 70 ~ 100 cm，茎单生，直立，中空，内有横隔，无匍匐茎，叶 2 ~ 3 回羽状分裂，可以区别。

毒芹

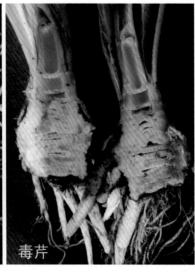

毒芹

毒芹

130. 拐芹（伞形科 Apiaceae/Umbelliferae）

Angelica polymorpha Maxim.

识别要点：草本，高 0.5 ~ 1.5 m。茎单一，中空，节部常紫色。叶 2 ~ 3 回 3 出羽状分裂；叶鞘筒状抱茎，叶轴及小叶柄常膝状弯曲或弧状弯曲；叶裂片有不整齐尖重锯齿，脉上疏生糙毛。复伞形花序；花白色；花序梗、花梗均密生糙毛。果长圆形，背腹扁，侧棱宽翅状，翅与果等宽或稍宽。

分布与生境：产于黑龙江、吉林、辽宁、陕西、河北、河南、山东、江苏、安徽、浙江、江西、湖北、贵州及四川，生于海拔 1 000 ~ 2 000 m 林缘、山沟、溪边、林下或阴湿草丛中。

食用部位与食用方法：幼苗可作野菜食用。

131. 黑水当归（伞形科 Apiaceae/Umbelliferae）

Angelica amurensis Schischk.

识别要点：草本，高 0.6 ~ 1.5 m。根圆锥形，有支根，根茎黑褐色。茎中空。茎生叶 2 ~ 3 回羽状分裂；小裂片有不整齐三角状锯齿，叶面深绿色而多毛，叶背苍白色而无毛；叶鞘卵状椭圆形，开展，无毛。复伞形花序密生糙毛；花白色。

分布与生境：产于黑龙江、吉林、辽宁及内蒙古，生于海拔 500 ~ 1 000 m 山坡草地、林下、林缘、灌丛及溪边。日本、朝鲜和俄罗斯有分布。

食用部位与食用方法：幼苗、叶柄和嫩茎可作野菜食用。

132. 绿花山芹（伞形科 Apiaceae/Umbelliferae）

Ostericum viridiflorum (Turcz.) Kitag.

识别要点：多年生草本，高 0.5 ~ 1 m。茎直立，中空，常带紫红色，条棱呈角状突起。叶 2 ~ 3 回羽状分裂；小裂片卵圆形或长圆形，长 4 ~ 7 cm，宽 2 ~ 4.5 mm，边缘有粗齿或呈缺刻状；叶柄长约 10 cm，叶鞘宽扁。复伞形花序；花绿色。

分布与生境：产于黑龙江、吉林、辽宁及内蒙古，生于海拔 800 ~ 1 100 m 林缘、江边、溪边及草地。俄罗斯东部有分布。

食用部位与食用方法：幼苗可作野菜食用，味鲜美。

133. 大齿山芹（伞形科 Apiaceae/Umbelliferae）

Ostericum grosseserratum (Maxim.) Kitag.

识别要点：多年生草本，高 0.8 ~ 1 m。茎直立，中空，有浅钝沟纹，上部叉状分枝，除花序梗顶端外，余无毛。叶 2 ~ 3 回 3 裂；小裂片宽卵形或菱状卵形，长 2 ~ 5 cm，边缘有粗大缺齿；叶柄长 4 ~ 18 cm，叶鞘长披针形，边缘膜质。复伞形花序；花白色。

分布与生境：产于吉林、辽宁、陕西、青海、河北、河南、山西、山东、江苏、安徽、浙江、福建、湖北及四川，生于海拔 300 ~ 2 400 m 山坡草地、林缘、灌丛及溪边。日本、朝鲜和俄罗斯东部有分布。

食用部位与食用方法：幼苗可作野菜食用，味鲜香。

134. 防风（伞形科 Apiaceae/Umbelliferae）

Saposhnikovia divaricata (Turcz.) Schischk.

识别要点：多年生草本，高 50 ~ 80 cm。主根圆锥形，淡黄褐色。茎单生，二歧分枝。基生叶有长柄，叶鞘宽，叶 2 ~ 3 回羽裂，小裂片线形或披针形，先端尖；茎生叶较小。复伞形花序；花白色。

分布与生境：产于黑龙江、吉林、辽宁、内蒙古、河北、山东、山西、陕西、甘肃、宁夏、新疆、河南及湖北，生于海拔 400 ~ 800 m 草原、丘陵、石砾山坡、草地。朝鲜、蒙古及俄罗斯西伯利亚东部有分布。

食用部位与食用方法：幼苗及嫩茎叶可炒食、凉拌、做馅或腌渍。

食疗保健与药用功能：叶味辛、甘，性温，有发汗解表、祛风除湿之功效，适用于风热出汗。

135. 野胡萝卜（伞形科 Apiaceae/Umbelliferae）

Daucus carota L.

识别要点：二年生草本，高 0.4 ~ 1.2 m；植株被白色粗硬毛，余无毛。根细，多分枝。基生叶 2 ~ 3 回羽状全裂；小裂片线形或披针形，长 2 ~ 15 mm，宽 0.5 ~ 4 mm，先端尖；叶柄长 3 ~ 12 cm，叶鞘抱茎；茎生叶近无柄。复伞形花序；花白色，有时带淡红色。果有白色刺毛。

分布与生境：产于陕西、甘肃、宁夏、新疆、河北、河南、山西、山东、江苏、安徽、浙江、江西、湖北、湖南、广东、贵州、四川、云南及西藏，生于山坡、路边、旷野及田间杂草地。欧洲及东南亚有分布。

食用部位与食用方法：采集幼苗、嫩叶或挖根，经洗净、沸水焯、漂洗后，可炒食、凉拌、做馅或用根腌制酱菜。

食疗保健与药用功能：味甘，性寒，有解酒毒、消肿之功效，适用于妇女干病、痒疹等病症。

杜鹃花科 Ericaceae

136. 南烛 乌饭树、米饭花（杜鹃花科 Ericaceae）

Vaccinium bracteatum Thunb.

识别要点：常绿灌木或小乔木。枝无毛。单叶互生，叶片椭圆形、菱状椭圆形、披针状椭圆形或披针形，长 4 ~ 9 cm，宽 2 ~ 4 cm，边缘有细齿，无毛；叶柄长 2 ~ 8 mm。总状花序长 4 ~ 10 cm，多花，花序轴密被毛；花白色，筒状。浆果紫黑色，球形，直径 5 ~ 8 mm，被毛。花期 6 ~ 7 月，果期 8 ~ 10 月。

分布与生境：产于河南、江苏、安徽、浙江、福建、台湾、江西、湖北、湖南、广东、海南、广西、贵州、四川及云南，生于海拔 400 ~ 1 500 m 山地林内或灌丛中。日本、朝鲜半岛、中南半岛、马来西亚和印度尼西亚有分布。

食用部位与食用方法：叶捣碎渍汁浸米，煮成乌饭，可食。果实风味独特，可食。

食疗保健与药用功能：叶渍煮成乌饭，久食能轻身明目，黑发驻颜、益气力而延年不衰。果味甘酸，性平，有强筋骨、益气、固精之功效，适用于身体虚弱、脾虚久泄、梦遗滑精、赤白带下等病症。

137. 酸苔菜（紫金牛科 Myrsinaceae）

Ardisia solanacea Roxb.

识别要点：常绿灌木或乔木。单叶互生，叶片椭圆状披针形或倒披针形，长 12 ~ 20 cm，宽 4 ~ 7 cm，基部楔形，全缘，无毛；叶柄长 1 ~ 2 cm。花序腋生或生于前年无叶枝上；花粉红色。核果球形，紫红色或带黑色。花期 2 ~ 3 月，果期 8 ~ 11 月。

分布与生境：产于广西及云南，生于海拔 400 ~ 1 600 m 山地林中或林缘灌丛中。斯里兰卡和新加坡有分布。

食用部位与食用方法：幼嫩枝叶经沸水烫软、漂洗后可食用。

138. 酸藤子 酸果藤（紫金牛科 Myrsinaceae）

Embelia laeta (L.) Mez.

识别要点：攀缘灌木或藤本。单叶互生，叶片倒卵形或矩圆状倒卵形，长 3 ~ 7 cm，先端圆钝或微凹，叶缘全缘，叶背常有白粉；叶柄长 5 ~ 8 mm。花序腋生、侧生或生于前年无叶枝上；花白色或黄色。浆果核果状，球形，直径 5 mm，腺点不明显。果期 4 ~ 6 月。

分布与生境：产于福建、台湾、江西、广东、海南、广西及云南，生于海拔 100 ~ 2 000 m 山地林下或林缘。越南、老挝、柬埔寨和泰国有分布。

食用部位与食用方法：嫩芽和叶可鲜食，味酸。果可食。

食疗保健与药用功能：果味甘酸，性平，有强壮补血之功效，适用于闭经、贫血、胃酸缺乏等病症。

报春花科 Primulaceae

139. 矮桃 珍珠菜（报春花科 Primulaceae）

Lysimachia clethroides Duby

识别要点：多年生草本，高 0.4 ~ 1 m，全株多少被黄褐色卷毛。具横走根状茎。单叶互生，叶片椭圆形或宽状披针形，长 6 ~ 16 cm，宽 4 ~ 7 cm，先端渐尖，基部渐窄，两面散生黑色腺点，全缘。总状花序顶生；合瓣花，白色。蒴果球形。

分布与生境：产于吉林、辽宁、河北、陕西、河南、山东、江苏、安徽、浙江、台湾、福建、江西、湖北、湖南、广东、海南、广西、贵州、四川及云南，生于海拔 200 ~ 3 500 m 山坡林缘、草坡或湿润地。俄罗斯远东地区、朝鲜半岛及日本有分布。

食用部位与食用方法：采幼嫩茎叶，经洗净、沸水焯、凉水漂洗后，可炒食、凉拌或做汤。

睡菜科 Menyanthaceae

140. 荇菜 莕菜（睡菜科 Menyanthaceae）

Nymphoides peltata (Gmel.) Kuntze

识别要点：多年生水生草本。上部叶对生，下部叶互生，叶片漂浮水面上，圆形或卵圆形，宽 1.5 ~ 8 cm，基部心形，全缘，具不明显掌状脉，叶背紫褐色，密被腺体，粗糙，叶面光滑；叶柄圆，长 5 ~ 10 cm，基部鞘状，半抱茎。花簇生，金黄色，长 2 ~ 3 cm。果椭球形，长 1.7 ~ 2.5 cm。

分布与生境：除海南、青海和西藏外，全国其他省区均产，生于海拔 1 800 m 以下池塘或不甚流动的河溪中。日本、朝鲜半岛、蒙古、俄罗斯、伊朗、印度和中欧有分布。

食用部位与食用方法：嫩茎叶经沸水焯后，可加佐料凉拌、炒食、做汤、和面蒸食或晒成干菜。

食疗保健与药用功能：味甘、辛，性寒，有发汗透疹、清热利尿、消肿解毒之功效，适用于感冒发热无汗、麻疹透发不畅等病症。

紫草科 Boraginaceae

141. 附地菜（紫草科 Boraginaceae）

Trigonotis peduncularis (Trev.) Benth. ex Baker & S. Moore

识别要点：二年生草本，高达 30 cm，茎常多条，直立或斜生，下部分枝，密被短糙伏毛。基生叶卵状椭圆形或匙形，长 2～3 cm，宽 0.5～1 cm，先端钝圆，基部渐窄成叶柄，两面被毛，具柄；茎生叶长圆形或椭圆形，具短柄或无。花序顶生；花小，淡蓝色或淡紫红色。

分布与生境：产于黑龙江、吉林、辽宁、内蒙古、河北、河南、山东、山西、陕西、甘肃、宁夏、青海、新疆、江苏、安徽、浙江、福建、江西、湖北、湖南、广东、广西、贵州、四川、云南及西藏，生于渠边、林缘、村旁荒地或田间。中亚至欧洲有分布。

食用部位与食用方法：采摘幼苗或嫩茎叶，洗净，经沸水焯后捞出控干水分，可炒食、凉拌或与米一起煮粥。

食疗保健与药用功能：味辛、微苦，性凉，有清热消炎、止血止痛、温中和胃之功效，适用于遗尿、赤白痢、手脚麻木等病症。

142. 山茄子（紫草科 Boraginaceae）

Brachybotrys paridiformis Maxim. ex Oliv.

识别要点：多年生草本。茎直立，常不分枝。中部茎生叶倒卵状长圆形，具长柄；上部叶 5～6 枚近轮生，倒卵形或倒卵状椭圆形，长 6～12 cm，具短柄。花序顶生，花 6 朵，紫色，长约 1 cm。小坚果，黑色。花果期 4～6 月。

分布与生境：产于黑龙江、吉林及辽宁，生于林下、草地或田边。朝鲜和俄罗斯有分布。

食用部位与食用方法：嫩茎叶可作蔬菜食用。

马鞭草科 Verbenaceae

143. 豆腐柴（马鞭草科 Verbenaceae）

Premna microphylla Turcz.

识别要点：落叶灌木。小枝被柔毛。单叶，对生，揉碎后有臭味，叶片卵状披针形、椭圆形、卵形或倒卵形，长 3 ~ 13 cm，先端尖或渐尖，基部渐窄下延至叶柄成翅状，边缘全缘或上半部具不规则疏齿，无毛或有短柔毛。圆锥花序顶生；花淡黄色，二唇形。核果球形或倒卵球形，紫色。花果期 5 ~ 10 月。

分布与生境：产于河南、江苏、安徽、浙江、台湾、福建、江西、湖北、湖南、广东、海南、广西、贵州、四川及云南，生于海拔 200 ~ 1 000 m 山坡林下或林缘。日本有分布。

食用部位与食用方法：采摘嫩叶，洗净、捣碎后装入布袋，将布袋放入盆中，按叶：水 =1：5 的量加水，经搓揉、挤压，使汁液溶入水中，当液色碧绿、手感腻时取出布袋，捞去浮面泡沫，过滤碎渣。另取少量草木灰，与少量水混合成草木灰液，过滤。将过滤的豆腐柴液与草木灰液混合，搅拌均匀，待其凝固，经切块后可供做菜。

食疗保健与药用功能：味微辛，性寒，有清热、消肿之功效，可治疟疾、泻痢、肿毒、创伤性出血等病症。

唇形科 Lamiaceae

144. 黄芩（唇形科 Lamiaceae）

Scutellaria baicalensis Georgi

识别要点：多年生草本，高 30 ~ 120 cm。根状茎肉质，直径达 2 cm，分枝；地上茎多分枝。单叶对生，披针形或线状披针形，长 1.5 ~ 4.5 cm，先端钝，基部圆，全缘，两面无毛，背面密被凹腺点；叶柄长约 2 mm。总状花序长 7 ~ 15 cm；花冠唇形，紫红色或蓝色。

分布与生境：产于黑龙江、辽宁、陕西、甘肃、内蒙古、河北、河南、山西、山东、江苏及湖北，生于海拔 2 000 m 以下阳坡草地或荒地。日本、朝鲜半岛、蒙古和俄罗斯有分布。

食用部位与食用方法：嫩茎叶可代茶饮，称芩茶。

食疗保健与药用功能：性寒，味苦，归心、肺、胆、大肠四经，有清热、消炎、镇静、降压之功效。

145. 藿香（唇形科 Lamiaceae）

Agastache rugosa (Fisch. & C. Mey.) Kuntze

识别要点：多年生草本，全株芳香，高 0.5 ~ 1.5 m，直径 7 ~ 8 mm。茎四棱。单叶对生，叶片心状卵形或长圆状披针形，长 4.5 ~ 11 cm，先端尾状尖，基部心形，边缘有粗齿；叶柄长 1.5 ~ 3.5 cm。穗状花序顶生，长 2.5 ~ 12 cm；花密集，花冠唇形，淡紫蓝色。

分布与生境：我国各地均有野生或常见栽培。日本、朝鲜半岛、俄罗斯和北美洲有分布。

食用部位与食用方法：采嫩茎叶、花序洗净，经沸水焯，换清水浸泡后，可炒食、凉拌、做馅、蘸酱或做汤，亦可煮水做清凉饮料。

食疗保健与药用功能：味辛，性微温，有止呕吐、清暑热、和中、祛湿、健胃之功效，适用于呕吐、霍乱腹痛、感冒暑热、寒热、头痛、泄泻、痢疾、口臭等病症。

146. 荆芥（唇形科 Lamiaceae）

Nepeta cataria L.

识别要点：多年生草本，高 0.4 ~ 1.5 m，全株芳香，被白色短柔毛。茎四棱。单叶对生，叶片卵形或三角状心形，长 2.5 ~ 7 cm，先端钝或急尖，基部心形，边缘有粗齿；叶柄长 0.7 ~ 3 cm。圆锥花序顶生；花冠唇形，白色，下唇有紫色斑点。

分布与生境：产于陕西、甘肃、新疆、山西、山东、江苏、湖北、贵州、广西、四川及云南，生于海拔 2 500 m 以下灌丛中或村边。从中欧至东亚均有分布，美洲及非洲南部有栽培并已野化。

食用部位与食用方法：嫩茎叶具清香味，经沸水焯后，可凉拌、炒食或作调味用。

食疗保健与药用功能：性温，味微苦，有发表、祛风、理气之功效，适用于胃病、贫血等病症。

147. 活血丹（唇形科 Lamiaceae）

Glechoma longituba (Nakai) Kupr.

识别要点：多年生匍匐草本，高 20 ~ 30 cm。茎四棱，基部淡紫红色。单叶对生，叶片心形或近肾形，长 1.8 ~ 2.6 cm，被毛，边缘有圆齿或粗齿，叶背淡紫色；下部叶柄是叶片长的 1 ~ 2 倍。轮伞花序；花冠唇形，蓝色或紫色，下唇有深色斑点。

分布与生境：除甘肃、青海、新疆及西藏外，全国其他省区均有，生于海拔 100 ~ 2 000 m 林缘、疏林下、草地及溪边。朝鲜及俄罗斯有分布。

食用部位与食用方法：幼苗或嫩茎叶经沸水焯，换清水浸泡后，可凉拌、炒食、做汤或制干菜食用。

食疗保健与药用功能：味苦，性凉，有清热解毒、利尿消肿、镇咳之功效，适用于膀胱结石或尿路结石等病症。

148. 夏枯草（唇形科 Lamiaceae）

Prunella vulgaris L.

识别要点：多年生草本，高 20 ~ 30 cm。茎四棱，紫红色。单叶对生，叶片卵状长圆形或卵形，长 1.5 ~ 6 cm，先端钝，基部通常圆形，边缘有浅波状齿或近全缘；叶柄长 0.7 ~ 2.5 cm。穗状花序顶生，长 2 ~ 4 cm；苞片淡紫色，宽心形，被糙硬毛；花冠唇形，紫色、红紫色或白色，长约 1.3 cm。

分布与生境：产于陕西、甘肃、新疆、河南、山西、山东、安徽、浙江、福建、台湾、江西、湖北、湖南、广东、广西、贵州、四川、云南及西藏，生于海拔 3 200 m 以下荒坡、草地、溪边、田边及路边。亚洲、欧洲有分布，北美洲及澳大利亚亦有。

食用部位与食用方法：嫩茎叶经沸水焯，过清水后沥干，可凉拌、炒食或制干菜；成熟植株可煮水，当凉茶喝，亦是饮料"王老吉"的主要成分之一。

食疗保健与药用功能：性寒，味辛、苦，归肝、胆二经，有清凉消暑、明目、散结消肿之功效。

149. 山菠菜（唇形科 Lamiaceae）

Prunella asiatica Nakai

识别要点：多年生草本，高 20 ~ 60 cm。茎四棱，紫红色。单叶对生，叶片卵状长圆形或卵形，长 3 ~ 4.5 cm，先端钝尖，基部楔形，边缘有波状齿或圆齿状锯齿；叶柄长 1 ~ 2 cm。穗状花序顶生，长 3 ~ 5 cm；苞片先端带红色，宽披针形，被疏毛；花冠唇形，淡紫色、深紫色或白色，长 1.8 ~ 2.1 cm。

分布与生境：产于黑龙江、吉林、辽宁、山东、山西、河南、江苏、安徽、浙江及江西，生于海拔 1 700 m 以下山坡草地、灌丛及湿地。朝鲜和日本有分布。

食用部位与食用方法：嫩茎叶经沸水焯，过清水后沥干，可凉拌、炒食或制干菜。

食疗保健与药用功能：有利尿之功效。

150. 短柄野芝麻（唇形科 Lamiaceae）

Lamium album L.

识别要点：多年生草本，高 30 ~ 60 cm。茎四棱，多少被毛。单叶对生，叶片卵形或卵状披针形，长 2.5 ~ 6 cm，先端尖或长尾尖，叶缘有牙齿状锯齿；叶柄长 1 ~ 6 cm。轮伞花序具 8 ~ 9 朵花；苞叶近无柄；花冠唇形，淡黄色或灰白色，长 2 ~ 2.5 cm。

分布与生境：产于辽宁、内蒙古、山西、甘肃、宁夏及新疆，生于海拔 1 400 ~ 2 400 m 落叶松林林缘、云杉林迹地及山谷灌丛中。亚洲、欧洲及加拿大有分布。

食用部位与食用方法：嫩茎叶经沸水焯，过清水后沥干，可凉拌、炒食或制干菜。

151. 野芝麻（唇形科 Lamiaceae）

Lamium barbatum Sieb. & Zucc.

识别要点：多年生草本，高 50 ~ 100 cm。茎四棱，不分枝，近无毛。单叶对生，叶片卵形、心形或卵状披针形，长 4.5 ~ 8.5 cm，两面被毛，先端长尾尖，基部心形，叶缘有牙齿状锯齿；茎下部叶柄长达 7 cm，茎上部叶柄渐短。轮伞花序具 4 ~ 14 朵花；苞叶具柄，苞片线形或丝状，长 2 ~ 3 mm；花冠唇形，白色或淡黄色，长约 2 cm。

分布与生境：产于黑龙江、吉林、辽宁、内蒙古、河北、山西、陕西、甘肃、宁夏、河南、山东、江苏、安徽、浙江、福建、江西、湖北、湖南、贵州及四川，生于海拔 2 600 m 以下路边、溪边或荒地。俄罗斯远东地区、朝鲜及日本有分布。

食用部位与食用方法：嫩茎叶经沸水焯，过清水后沥干，可凉拌或炒食。

食疗保健与药用功能：性平，味甘、辛，有清肺、理气、活血之功效。

152. 益母草（唇形科 Lamiaceae）

Leonurus japonicus Houtt.

识别要点：一年生或二年生草本。茎四棱，被倒向糙毛。叶对生，被毛，茎下部叶卵形，掌状 3 裂，裂片再裂，小裂片线形；茎中部叶菱形，掌状分裂，裂片矩圆状线形；叶柄长 0.5 ~ 3 cm，具窄翅。轮伞花序具 8 ~ 15 朵花，直径 2 ~ 2.5 cm；花唇形，长 1 ~ 1.2 cm，白色、粉红色或淡紫红色。

分布与生境：产于全国各地，生于海拔 3 400 m 以下地区，喜光，多生于向阳地方。亚洲东部至东南部、亚洲热带地区、非洲和美洲有分布。

食用部位与食用方法：幼苗、嫩茎叶经沸水焯、清水漂洗去除苦味后，可凉拌、炒食、做汤或煮粥。

食疗保健与药用功能：味辛、苦，性微寒，有活血调经、利尿消肿、清热解毒之功效，适用于月经不调、痛经经闭、恶露不尽、水肿尿少、疮疡肿毒等病症。

注意事项：种子有毒，不能食用。

153. 薄荷（唇形科 Lamiaceae）

Mentha canadensis L.

识别要点：多年生草本，高 30 ~ 60 cm，全株具清凉芳香。茎四棱，多分枝。单叶对生，叶片卵状披针形或长圆形，长 3 ~ 6 cm，先端尖，基部楔形或圆形，边缘有锯齿，两面被微柔毛；叶柄长 0.2 ~ 1 cm。轮伞花序腋生，球形，直径约 1.8 cm；花冠唇形，淡紫色或白色，长约 4 mm。

分布与生境：全国各省区均产，生于海拔 3 500 m 以下水边湿地。亚洲、欧洲和北美洲有分布。

食用部位与食用方法：幼嫩茎叶经洗净、沸水焯后，可凉拌、煮粥、做汤或炒食，也可加入面粉蒸食，或晒干做干菜，或煮牛羊肉时作调料，能除腥去膻；还可制作薄荷糖或清凉饮料。

食疗保健与药用功能：味辛，性凉，入肺、肝二经，有散风退热、解郁疏气、解表发汗、清咽利喉、消暑解毒、透疹止毒、杀菌、化痰之功效，适用于感冒头痛、咽喉肿痛、口疮疾病、目赤等症。与青蒿一起煮水，洗澡，通常一次就可根治当年暑热所生痱子。

154. 留兰香（唇形科 Lamiaceae）

Mentha spicata L.

识别要点：多年生草本，高 40 ~ 130 cm，全株具芳香。茎四棱，无毛；具匍匐茎。单叶对生，叶片卵状长圆形或长圆状披针形，长 3 ~ 7 cm，先端尖，基部宽楔形或圆形，边缘有尖锯齿，两面无毛或近无毛；叶柄无或近无。轮伞花序组成圆柱形穗状花序；花冠唇形，淡紫色，长约 4 mm。

分布与生境：新疆有野生，河北、河南、江苏、浙江、湖北、广东、广西、贵州、四川、云南等地有栽培或已野化。亚洲西南部、欧洲和非洲有分布。

食用部位与食用方法：幼嫩茎叶可食，常作为调味香料。

155. 紫苏 白苏（唇形科 Lamiaceae）

Perilla frutescens (L.) Britt.

识别要点：直立草本，高 0.3 ~ 2 m，全株具芳香。茎四棱，绿色或紫色，密被长柔毛。单叶对生，叶片绿色、紫色或叶面绿色叶背紫色，宽卵形或圆形，长 7 ~ 13 cm，先端尖或骤尖，基部宽楔形或圆形，边缘有粗锯齿，叶面无毛，叶背有平伏长柔毛；叶柄长 3 ~ 5 cm，被长柔毛。轮伞花序组成总状花序，密被长柔毛；花冠唇形，白色、紫红色或粉红色，长 3 ~ 4 mm。

分布与生境：产于辽宁、河北、山西、江苏、安徽、浙江、福建、台湾、江西、湖北、湖南、广东、海南、广西、贵州、四川、云南及西藏。日本、朝鲜半岛、不丹、印度、中南半岛和印度尼西亚有分布。

食用部位与食用方法：幼嫩茎叶及叶经沸水焯，捞出沥干水后可凉拌、炒食、做汤或加工腌食，亦可直接用作煮鱼汤、做泡菜等的调味香料；成熟叶煮水可作为防暑解毒清凉饮料。

食疗保健与药用功能：味辛，性温，有解表散寒、行气宽中、化痰止咳、利膈宽肠、安胎、发汗、健胃、利尿、镇痛、镇静、解毒之功效，适用于风寒感冒、恶寒发热、头痛鼻塞、咳嗽气喘、胸腹胀痛、胎动不安等病症。

156. 东紫苏（唇形科 Lamiaceae）

Elsholtzia bodinieri Vaniot

识别要点：多年生草本，高 25 ~ 30 cm。茎四棱，基部稍平卧上升，有时有匍匐茎，枝及茎暗紫色，被平展柔毛。单叶对生，匍匐茎叶倒卵形或长圆形，长 3.5 ~ 5 mm，两面被柔毛，近无柄；茎生叶披针形或倒披针形，长 0.8 ~ 2.5 cm，两面带紫红色，无毛或几无毛，近无柄。穗状花序长 2 ~ 3.5 cm；花冠唇形，淡紫红色，长约 9 mm。

分布与生境：产于贵州及云南，生于海拔 1 200 ~ 3 000 m 松林下或山坡草地。

食用部位与食用方法：嫩叶可代茶饮用。

食疗保健与药用功能：有清热解毒之功效。

157. 水香薷（唇形科 Lamiaceae）

Elsholtzia kachinensis Prain

识别要点：铺散草本，茎四棱，平卧，长 10 ~ 40 cm，被柔毛，下部节生不定根。单叶对生，卵形或卵状披针形，长 1 ~ 3.5 cm，基部宽楔形，边缘具圆齿，两面疏被毛；叶柄长 0.3 ~ 1.5 cm。穗状花序长 1.5 ~ 2.5 cm，偏向一侧，被柔毛；花冠唇形，白色或紫色，长约 7 mm。

分布与生境：产于江西、湖北、湖南、广东、广西、贵州、四川及云南，生于海拔 1 200 ~ 2 800 m 林下、山谷及水边湿地。缅甸有分布。

食用部位与食用方法：嫩枝叶可食。

食疗保健与药用功能：可治感冒、咳嗽、黄疸肝炎、跌打损伤等病症。

158. 香薷（唇形科 Lamiaceae）

Elsholtzia ciliata (Thunb.) Hyland.

识别要点：一年生草本，高 30 ~ 50 cm，全株具芳香。茎四棱，老时紫褐色。单叶对生，卵形或卵状椭圆形，长 3 ~ 9 cm，先端渐尖，基部楔形下延，边缘具锯齿，叶面疏被毛，叶背被树脂腺点，沿脉被毛；叶柄长 0.5 ~ 3.5 cm。穗状花序长 2 ~ 7 cm，偏向一侧，密被毛；花冠唇形，淡紫色，长约 4.5 mm。

分布与生境：除青海、新疆外，全国其他地区均产，生于海拔 3 400 m 以下路边、山坡、荒地、林内或河边。日本、朝鲜半岛、蒙古、俄罗斯东部、印度和中南半岛有分布。

食用部位与食用方法：采嫩枝叶洗净，经沸水焯后，可凉拌、炒食或拌咸菜。

食疗保健与药用功能：味辛，微苦，性温，无毒，有发汗解表、化湿和中、利尿之功效，适用于暑湿感冒、恶寒发热、头痛无汗、腹痛吐泻、水肿、小便不利等病症。

159. 凉粉草（唇形科 Lamiaceae）

Mesona chinensis Benth.

识别要点：一年生草本，高 15 ~ 100 cm。茎四棱。单叶对生，窄卵形或近圆形，长 2 ~ 5 cm，先端尖或钝，基部宽楔形或圆形，边缘具锯齿，叶面被毛；叶柄长 0.2 ~ 1.5 cm。轮伞花序组成总状花序，顶生，长 2 ~ 11 cm，被毛；花冠唇形，白色或淡红色，长约 3 mm。

分布与生境：产于浙江、台湾、江西、广东、海南及广西，生于沟边及干旱沙地草丛中。

食用部位与食用方法：植株晒干煎汁，与米浆混煮，呈黑色胶状物，以糖拌之，可供暑天解渴。广州称凉粉，广东梅县称仙人拌。

160. 肾茶（唇形科 Lamiaceae）

Clerodendranthus spicatus (Thunb.) C. Y. Wu ex H. W. Li

识别要点：多年生草本，高 1 ~ 1.5 m。茎四棱，被倒向毛。单叶对生，菱状卵形或长圆状卵形，长 2 ~ 5.5 cm，先端尖，基部宽楔形，边缘具齿，两面被毛及腺点；叶柄长 0.5 ~ 1.5 cm。轮伞花序组成圆锥花序，长 8 ~ 12 cm，密被毛；花冠唇形，淡紫色或白色，长 1 ~ 2 cm；雄蕊伸出花冠，细长。

分布与生境：产于台湾、福建、海南、广西及云南，生于海拔 1 500 m 以下林下湿地及旷地。印度、缅甸、泰国、马来西亚、印度尼西亚和菲律宾有分布。

食用部位与食用方法：叶可泡茶饮用。

食疗保健与药用功能：性凉，味甘、微苦，有清热利湿、排石利水之功效，适用于肾炎、膀胱炎、尿路结石等病症，对肾脏病有良效。

161. 蚊母草（玄参科 Scrophulariaceae）

Veronica peregrina L.

识别要点：一年生草本，高 5 ~ 25 cm，通常基部多分枝，主茎直立，侧枝披散，全株无毛或疏生柔毛。单叶对生，无叶柄，下部叶倒披针形，上部叶长圆形，长 1 ~ 2.5 cm，全缘或中上端有三角状齿。总状花序顶生；苞片与叶同形而稍小。果实倒心形，长 3 ~ 4 mm。

分布与生境：黑龙江、吉林、辽宁、内蒙古、山东、河南、安徽、江苏、浙江、福建、江西、湖北、湖南、广西、贵州、四川及云南，生于海拔 3 000 m 以下的潮湿荒地及路边。日本、朝鲜半岛、蒙古、俄罗斯、欧洲及北美洲有分布。

食用部位与食用方法：嫩苗味苦，水煮去苦味后可炒食或做凉拌菜，加入芝麻酱、蒜末、葱末、姜末、盐、味精调拌均匀，再淋入香油即可。

162. 婆婆纳（玄参科 Scrophulariaceae）

Veronica polita Fries

识别要点：铺散多分枝草本，多少被长柔毛，高 10 ~ 30 cm。单叶对生，2 ~ 4 对，心形或卵形，长 0.5 ~ 1 cm，每边有 2 ~ 4 深刻的钝齿，两面被白色长柔毛；叶柄长 3 ~ 6 mm。总状花序长，苞片叶状；花淡紫色、蓝色、粉色或白色。

分布与生境：产于陕西、甘肃、宁夏、青海、新疆、内蒙古、河北、山东、河南、江苏、安徽、浙江、福建、台湾、江西、湖北、湖南、广东、广西、贵州、四川及云南，生于海拔 2 200 m 以下的荒地。广泛分布于世界各地。

食用部位与食用方法：嫩茎叶味甜，经洗净、沸水焯、清水漂洗后，可炒食。

葫芦科 Cucurbitaceae

163. 绞股蓝（葫芦科 Cucurbitaceae）

Gynostemma pentaphyllum (Thunb.) Makino

识别要点：攀缘草质藤本。鸟足状复叶，具（3~）5~7（~9）枚小叶，叶柄长 3~7 cm，小叶卵状长圆形或披针形，中央小叶长 3~12 cm，具波状齿或牙齿，两面疏被硬毛。卷须侧生叶柄基部，分 2 叉，稀单一。圆锥花序腋生，长 10~15 cm，被柔毛。果球形，直径 5~6 mm，成熟后黑色。种子 2 粒，卵状心形。花期 3~11 月，果期 4~12 月。

分布与生境：产于陕西、甘肃、河南、山东、江苏、安徽、浙江、台湾、福建、江西、湖北、湖南、广东、海南、广西、贵州、四川、云南及西藏，生于海拔 300~3 200 m 山谷密林、山坡疏林、灌丛中或路旁草丛中。日本、朝鲜半岛、印度、尼泊尔、孟加拉国和东南亚有分布。

食用部位与食用方法：采集嫩茎叶，经洗净、沸水焯、清水漂洗后，可炒食或做汤；全草亦可泡开水或煮水作饮料喝。

食疗保健与药用功能：性凉，味微甘，归肺、脾、肾三经，有降血脂、降血糖、抗癌、抗疲劳、提高机体免疫力、镇静、催眠、消炎解毒、止咳祛痰之功效，适用于高血压、高血脂、高血糖、脂肪肝等病症。

车前科 Plantaginaceae

车前属 *Plantago* L.

识别要点：草本。茎通常变态成紧缩的根状茎，通常短而直立，不伸出地面。单叶，螺旋状互生，紧缩成莲座状，弧形叶脉；叶柄长，基部呈鞘状。穗状花序，通常自莲座丛伸出（花葶状）。

分布与生境：190 余种，广布世界温带及热带地区。我国有 20 种。

食用部位与食用方法：国产大多数种类的嫩叶及幼苗可作野菜食用，常见有以下种类。

164. 大车前（车前科 Plantaginaceae）

Plantago major L.

识别要点：二年生或多年生草本。须根多数。根状茎粗短。叶基生,呈莲座状,叶片通常宽卵形,长 3 ~ 18（~ 30）cm,先端通常钝圆,弧形叶脉（3 ~ ）5 ~ 7 条；叶柄长 3 ~ 10（~ 26）cm。

分布与生境：产于黑龙江、吉林、辽宁、甘肃、青海、新疆、内蒙古、河北、河南、山西、山东、江苏、安徽、福建、台湾、海南、广西、重庆、四川、云南及西藏,生于海拔 2 800 m 以下的草地、草甸、河滩、沟边、沼泽地、山坡路边、田边或荒地。印度、尼泊尔、巴基斯坦及欧亚大陆温带、寒温带地区均有分布。

食用部位与食用方法：嫩叶及幼苗含较丰富的钙、磷、铁、胡萝卜素及维生素 C,可作野菜食用,通常经沸水焯后,可凉拌、炒食、烧、炖、做汤、做粥等食用；成熟植株煮水,可作凉茶饮用。

食疗保健与药用功能：味甘,性寒,有清热利尿、清肝明目、止咳化痰、凉血、解毒之功效,适用于目赤肿痛、痰多咳嗽等病症。

注意事项：由于性寒,肠胃不好的人不宜多食。

165. 车前（车前科 Plantaginaceae）

Plantago asiatica L.

识别要点：二年生或多年生草本。须根多数。根状茎短,稍粗。叶基生呈莲座状,叶片通常宽椭圆形,长 4 ~ 12 cm,先端通常急尖,弧形叶脉 5 ~ 7 条；叶柄长 2 ~ 15（~ 27）cm。

分布与生境：除宁夏外,全国各省区均产,生于海拔 3 200 m 以下草地、沟边、河岸湿地、田边、路边或村边空旷处。朝鲜半岛、俄罗斯远东地区、日本、尼泊尔、马来西亚及印度尼西亚有分布。

食用部位与食用方法：采摘幼苗和嫩茎叶,经洗净、沸水焯、清水漂洗后,可炒食、凉拌、蘸酱、做汤、切碎做馅、和面蒸食,或晒干做成干菜食用。成熟植株煮水,可作凉茶饮用,为凉茶“王老吉”的主要成分之一。

食疗保健与药用功能：性寒,味甘,嫩叶及幼苗含较丰富的钙、磷、铁、胡萝卜素及维生素 C,有清热利尿、平喘镇咳、祛痰、凉血、解毒、止腹泻之功效,适用于热结膀胱、小便不利、尿道炎、淋浊带下、暑湿泻痢、衄血、尿血、肝热目赤、咽喉肿痛、痰热咳喘、痈肿疮毒等病症。

166. 平车前（车前科 Plantaginaceae）

Plantago depressa Willd.

识别要点：一年生或二年生草本。直根长，多少肉质，具多数侧根。根状茎短。叶基生呈莲座状，叶片椭圆形、椭圆状披针形或卵状披针形，长 3 ~ 12 cm，先端急尖或微钝，弧形叶脉 5 ~ 7 条；叶柄长 2 ~ 6 cm。

分布与生境：产于黑龙江、吉林、辽宁、陕西、甘肃、宁夏、青海、新疆、内蒙古、河北、河南、山西、山东、江苏、安徽、江西、湖北、四川、云南及西藏，生于海拔 4 500 m 以下草地、沟边、草甸、田间或路边。朝鲜半岛、俄罗斯远东地区、蒙古、阿富汗、巴基斯坦、克什米尔、不丹及印度有分布。

食用部位与食用方法：采摘幼苗和嫩茎叶，经洗净、沸水焯、清水漂洗后，可炒食、凉拌、蘸酱、做汤、切碎做馅、和面蒸食，或晒干做成干菜食用。

食疗保健与药用功能：性寒，味甘，嫩叶及幼苗含较丰富的钙、磷、铁、胡萝卜素及维生素 C，有清热利尿、清肝明目、止咳化痰、凉血、解毒之功效，适用于目赤肿痛、痰多咳嗽等病症。

败酱科 Valerianaceae

167. 少蕊败酱 斑花败酱（败酱科 Valerianaceae）

Patrinia monandra C. B. Clarke

识别要点：二年生或多年生草本，高 0.5 ~ 2 m。常无根状茎。基生叶丛生，花时枯萎；茎生叶对生，卵形、椭圆形或卵状披针形，长 2.5 ~ 8（~ 13）cm，不裂，基部具 1 ~ 2 对小裂片或大头羽状深裂、全裂；叶柄长 6 cm；无托叶。聚伞花序组成伞房花序；合瓣花，花冠淡黄色。瘦果包于翅状果苞中。花期 7 ~ 10 月。

分布与生境：产于辽宁、陕西、甘肃、河南、山东、江苏、安徽、浙江、福建、台湾、江西、湖北、湖南、广东、广西、重庆、贵州、四川及云南，生于海拔 3 100 m 以下山坡草丛、疏林下、溪边或路旁。日本、不丹、印度和尼泊尔有分布。

食用部位与食用方法：嫩苗和嫩叶可作蔬菜炒食或凉拌。

食疗保健与药用功能：有清热解毒之功效。

注意事项：味苦，食用前宜用沸水焯一下，换清水浸泡以去除苦味。

168. 败酱 黄花败酱（败酱科 Valerianaceae）

Patrinia scabiosifolia Link

识别要点：多年生草本，高 0.6 ~ 1.5 m。根状茎有腐臭味。基生叶丛生，花时枯萎；茎生叶对生，长 5 ~ 15 cm，1 回奇数羽状深裂或全裂，具 2 ~ 3（~ 5）对侧裂片，顶裂片具粗锯齿，两面被白色糙毛；叶柄长 1 ~ 2 cm；无托叶。聚伞花序组成伞房花序；合瓣花，花冠黄色。瘦果长 3 ~ 4 mm，具 3 棱，无小苞片包被。花期 7 ~ 9 月。

分布与生境：产于黑龙江、吉林、辽宁、陕西、甘肃、内蒙古、河北、河南、山西、山东、江苏、安徽、浙江、福建、台湾、江西、湖北、湖南、广东、广西、贵州、四川及云南，生于海拔 2 600 m 以下山坡林下、林缘、灌丛或草丛中。日本、朝鲜半岛、蒙古和俄罗斯有分布。

食用部位与食用方法：采摘嫩苗和嫩茎叶，经洗净、沸水焯、清水漂洗去除苦味后，可炒食、切碎做馅、和面蒸食、做汤、腌食、凉拌，或晒成干菜食用。

食疗保健与药用功能：味苦，性平，有清热利湿、解毒排脓、活血去瘀之功效，有促进肝细胞再生、改善肝功能和较强的抑菌作用，适用于肠痈、下痢、赤白带下、产后瘀滞腹痛、目赤肿痛、痈肿等病症。

169. 攀倒甑 白花败酱（败酱科 Valerianaceae）

Patrinia villosa (Thunb.) Dufresne

识别要点：多年生草本，高 0.5 ~ 1.2 m。根状茎有腐臭味。基生叶丛生，卵形、宽卵形、卵状披针形，长 4 ~ 10（~ 25）cm，不裂或羽状深裂；叶柄稍长于叶片；无托叶；茎生叶对生，与基生叶同形。聚伞花序组成圆锥花序或伞房花序；合瓣花，花冠白色。瘦果与宿存增大苞片贴生。花期 8 ~ 10 月。

分布与生境：产于黑龙江、吉林、辽宁、陕西、河南、山东、江苏、安徽、浙江、福建、台湾、江西、湖北、湖南、广东、广西、重庆、贵州及四川，生于海拔 2 000 m 以下山坡林下、林缘、灌丛或草丛中。日本有分布。

食用部位与食用方法：采摘嫩苗和嫩茎叶，经沸水焯后，换清水浸泡以去除苦味，可作蔬菜炒食、做汤、做馅、凉拌、腌食，或晒成干菜食用。

食疗保健与药用功能：性凉，味苦、辛，有清热利湿、解毒排脓之功效。

170. 泥胡菜（菊科 Asteraceae/Compositae）

Hemisteptia lyrata (Bunge) Fischer & C. A. Meyer

识别要点：一年生草本，高 20 ～ 150 cm。茎被蛛丝状毛。基生叶莲座状，长椭圆形或倒披针形，长 4 ～ 15 cm，大头羽状深裂，顶裂片三角形；叶面无毛，叶背灰白色，有蛛丝状毛；茎中部叶椭圆形，羽状分裂，无叶柄。头状花序单生茎顶；花紫红色。花期 5 ～ 8 月。

分布与生境：除宁夏、青海、新疆、内蒙古和西藏外，全国其他省区均有分布，生于海拔 3 300 m 以下平原、丘陵、山地、山坡、河边、荒地或田间。朝鲜半岛、日本、中南半岛、南亚及澳大利亚有分布。

食用部位与食用方法：春季采幼嫩苗洗净，经沸水焯，换清水漂洗后，可炒食、凉拌、做汤、做馅，或腌制食用。

食疗保健与药用功能：味苦，性凉，有清热解毒、消肿祛瘀之功效，适用于痔漏、痈肿疔疮、外伤出血、骨折等病症。

171. 刺儿菜 小蓟（菊科 Asteraceae/Compositae）

Cirsium arvense (L.) Scop. var. *integrifolium* Wimm. & Grab.

识别要点：多年生草本，高 20 ～ 50 cm。单叶互生，椭圆形至椭圆状披针形，长 7 ～ 15 cm，常羽状浅裂、半裂或有粗大圆齿，叶缘有针刺；通常无叶柄；茎上部叶渐小。头状花序单生茎顶或排成伞房花序；花淡紫红色或白色。花期 5 ～ 9 月。

分布与生境：产于黑龙江、吉林、辽宁、内蒙古、河北、河南、山西、山东、陕西、甘肃、宁夏、青海、新疆、江苏、安徽、浙江、福建、江西、湖北、湖南、重庆、贵州及四川，生于海拔 2 700 m 以下平原、丘陵、山地、山坡、河旁、荒地或田间。欧洲东部及中部、中亚、俄罗斯东部、蒙古、朝鲜半岛及日本有分布。

食用部位与食用方法：将嫩茎叶或嫩苗洗净，用沸水焯一下，换清水漂洗，可炒食、凉拌、做汤、做馅、晒干菜，或腌制咸菜食用。

食疗保健与药用功能：味甘、微苦，性凉，有清热解毒、清肺利肝、祛瘀止血、消肿凉血之功效。

172. 鸦葱（菊科 Asteraceae/Compositae）

Scorzonera austriaca Willd.

识别要点：多年生草本，高 4 ~ 45 cm，具乳汁。茎簇生，无毛。基生叶披针形或线状披针形，长 3 ~ 35 cm，向下渐窄成具翼状长柄，柄基鞘状，叶缘平或稍皱波状；茎生叶小，半抱茎。头状花序单生茎顶；花黄色。花期 4 ~ 7 月。

分布与生境：产于黑龙江、吉林、辽宁、内蒙古、河北、河南、山西、山东、陕西、甘肃、宁夏及新疆，生于海拔 400 ~ 2 000 m 山坡、草滩或河滩地。欧洲中部至亚洲蒙古和俄罗斯西伯利亚有分布。

食用部位与食用方法：采嫩茎叶或嫩苗，经洗净、沸水焯、换清水漂洗后，可炒食、凉拌、做汤或做馅。

食疗保健与药用功能：性寒，味苦、辛，归心经，有消肿解毒之功效。

173. 桃叶鸦葱（菊科 Asteraceae/Compositae）

Scorzonera sinensis (Lipsch. & Krasch.) Nakai

识别要点：多年生草本，高 10 ~ 50 cm，具乳汁。茎叶均无毛。基生叶披针形或宽披针形，长 7 ~ 33 cm，常有白粉，叶缘皱波状；茎生叶小，半抱茎。头状花序单生茎顶；花黄色。花期 4 ~ 7 月。

分布与生境：产于辽宁、内蒙古、河北、河南、山西、山东、陕西、甘肃、宁夏、江苏及安徽，生于海拔 200 ~ 2 500 m 丘陵、沙丘、山坡、荒地或灌木林下。蒙古有分布。

食用部位与食用方法：采嫩茎叶或嫩苗洗净，经沸水焯，换清水漂洗，可炒食、凉拌、做汤、做馅，或蘸酱食用。

食疗保健与药用功能：味微苦，性寒，有消肿解毒之功效，适用于痈肿疔疮等病症。

174. 翅果菊 山莴苣（菊科 Asteraceae/Compositae）

Lactuca indica L.

识别要点：草本，高 0.4 ~ 2 m，全株无毛，有乳汁。叶线形、线状长椭圆形、长椭圆形或倒披针状长椭圆形，长 13 ~ 37 cm，常全缘，或中部以下有尖头，或有齿，或有大齿；无叶柄。头状花序排成圆锥花序；花序由舌状花组成，黄色。瘦果边缘有宽翅。花期 4 ~ 11 月。

分布与生境：产于黑龙江、吉林、辽宁、河北、河南、山西、山东、陕西、甘肃、内蒙古、江苏、安徽、浙江、福建、台湾、江西、湖北、湖南、广东、海南、广西、贵州、四川、云南及西藏，生于海拔 3 000 m 以下山谷、山坡林缘、林下、灌丛中、沟边、山坡草地或田间。俄罗斯东部、日本、韩国、不丹、印度、越南、泰国、菲律宾和印度尼西亚有分布。

食用部位与食用方法：采嫩茎叶或嫩苗洗净，用沸水焯一下，换清水漂洗以去除苦味，可炒食、凉拌、做汤或用鸡蛋面粉挂糊炸食。

食疗保健与药用功能：味苦，性寒，有清热解毒、活血祛瘀、调经脉、利五脏之功效，适用于痔疮、阑尾炎、扁桃体炎、子宫颈炎、产后瘀血等病症。

175. 苣荬菜（菊科 Asteraceae/Compositae）

Sonchus wightianus DC.

识别要点：草本，高 30 ~ 150 cm，植株有乳汁；茎常紫红色。叶倒披针形或长椭圆形，羽状分裂，长 6 ~ 24 cm，无毛，叶缘有小锯齿或小尖头；中部以上茎生叶无柄，基部圆耳状半抱茎。头状花序排成伞房状花序；花序由舌状花组成，黄色。花期 1 ~ 9 月。

分布与生境：产于辽宁、陕西、甘肃、宁夏、青海、新疆、内蒙古、河北、河南、山西、山东、江苏、安徽、浙江、福建、台湾、江西、湖北、湖南、广东、海南、广西、贵州、四川、云南及西藏，生于海拔 2 300 m 以下山坡草地、林间草地、潮湿地、近水旁、村边或河边砾石滩。分布几遍全球。

食用部位与食用方法：采嫩茎叶或嫩苗洗净，经沸水焯，换清水漂洗以去除苦味，可炒食、凉拌、做馅、酱拌、做汤，或腌制食用，味鲜美可口。

食疗保健与药用功能：味苦，性寒，有清热解毒、凉血利湿、消肿排脓、祛瘀止痛、补虚止咳之功效。

176. 花叶滇苦菜 续断菊（菊科 Asteraceae/Compositae）

Sonchus asper (L.) Hill

识别要点：一年生草本，高 20 ~ 50 cm，植株有乳汁。茎单生或簇生。基生叶与茎生叶同型，较小；叶长椭圆形、倒卵形、匙状椭圆形，长 7 ~ 13 cm，不分裂，羽状浅裂、半裂或深裂，叶缘或裂片边缘有尖刺齿，两面无毛，基部耳状抱茎或基部无柄。头状花序排成伞房状花序；花序由舌状花组成，黄色。花期 5 ~ 9 月。

分布与生境：产于新疆、陕西、山西、山东、江苏、安徽、浙江、福建、台湾、江西、湖北、湖南、广西、贵州、四川、云南及西藏，生于海拔 1 500 ~ 3 700 m 山坡、林缘或水边。分布于欧洲、西亚至东亚。

食用部位与食用方法：采嫩茎叶或嫩苗洗净，经沸水焯，换清水漂洗以去除苦味，可炒食、凉拌、做馅、煮粥，或腌制咸菜食用。

177. 苦苣菜（菊科 Asteraceae/Compositae）

Sonchus oleraceus L.

识别要点：草本，高 40 ~ 150 cm，植株有乳汁。叶无毛，叶片羽状深裂或大头状羽状深裂，椭圆形或倒披针形，长 3 ~ 12 cm，叶缘有刺状锯齿；叶柄基部圆耳状抱茎。头状花序单生茎顶，或排成伞房花序或总状花序；花序梗密被腺毛；花序由舌状花组成，黄色。花期 5 ~ 12 月。

分布与生境：产于辽宁、内蒙古、河北、河南、山西、山东、陕西、甘肃、宁夏、青海、新疆、江苏、安徽、浙江、福建、台湾、江西、湖北、湖南、广西、海南、贵州、四川、云南及西藏，生于海拔 3 200 m 以下山谷林缘、林下、田间、空旷地或近水处。分布几遍全球。

食用部位与食用方法：将嫩茎叶、嫩苗或花序梗洗净，用沸水焯一下，换清水漂洗以去除苦味，可炒食、凉拌、做馅、做汤，或腌制食用。

食疗保健与药用功能：味苦，性寒，有清热解毒、凉血利湿、消肿排脓、祛瘀止痛、补虚止咳之功效，适用于五脏邪气、胃气烦躁、赤白痢等病症，长期食用可预防肿瘤、增强人体免疫力等。

178. 黄鹌菜（菊科 Asteraceae/Compositae）

Youngia japonica (L.) DC.

识别要点：草本，高 15 ~ 100 cm，植株有乳汁。茎直立。基生叶丛生，叶片通常倒披针形，长 8 ~ 15 cm，大头羽状深裂或全裂，侧裂片 3 ~ 7 对；叶柄长 1 ~ 7 cm；无茎生叶或极少有茎生叶。头状花序排成伞房状；花序由舌状花组成，黄色。花期 4 ~ 10 月。

分布与生境：产于陕西南部、甘肃南部、河北、河南、山东、江苏、安徽、浙江、福建、台湾、江西、湖北、湖南、广东、海南、广西、重庆、贵州、四川、云南及西藏，生于海拔 4 500 m 以下山坡、山谷、山沟林缘、林间草地、潮湿地、河边沼泽地、田野、荒地及路边。日本、朝鲜半岛、中南半岛、印度及菲律宾有分布。

食用部位与食用方法：采嫩茎叶或嫩苗洗净，经沸水焯，换清水漂洗去除苦味后，可炒食、凉拌、做馅或做汤。

食疗保健与药用功能：味甘、微苦，性凉，有清热解毒、利尿消肿、助消化、利肠胃之功效，适用于感冒、咽痛、乳腺炎、尿路感染等病症。

179. 稻槎菜（菊科 Asteraceae/Compositae）

Lapsanastrum apogonoides (Maxim.) Pak & K. Brem.

识别要点：草本，高 5 ~ 25 cm，植株有乳汁。茎基部簇生分枝及莲座状叶丛；叶椭圆形或长匙形，长 3 ~ 7 cm，大头羽状全裂，顶裂片卵形、菱形或椭圆形，侧裂片 2 ~ 3 对，无毛；叶柄长 1 ~ 4 cm。头状花序排成伞房状圆锥花序；花序由舌状花组成，黄色。花期 1 ~ 6 月。

分布与生境：产于陕西、河南、江苏、安徽、浙江、台湾、福建、江西、湖北、湖南、广东、广西、四川及云南，生于低海拔田野、荒地及路边。日本及朝鲜半岛有分布。

食用部位与食用方法：将嫩茎叶或嫩苗洗净，用沸水焯一下，换清水漂洗以去除苦味，可炒食、凉拌或做汤。

食疗保健与药用功能：味苦，性平，有清热解毒、透疹之功效，适用于咽喉肿痛、痢疾、麻疹透发不畅等病症。

180. 尖裂假还阳参 抱茎苦荬菜（菊科 Asteraceae/Compositae）

Crepidiastrum sonchifolium (Maxim.) Pak & Kaw.

识别要点：草本，高 20 ~ 100 cm，植株无毛，有乳汁。基生叶莲座状，茎生叶互生，叶片匙状椭圆形、长倒披针形或长椭圆形，长 3 ~ 15 cm，羽状分裂，基部心形或耳状抱茎；上部叶心状披针形，多全缘。头状花序排成伞房状花序；花序由舌状花组成，黄色。花期 3 ~ 5 月。

分布与生境：产于黑龙江、吉林、辽宁、陕西、甘肃、宁夏、内蒙古、河北、河南、山西、山东、江苏、安徽、浙江、江西、湖北、湖南、广西、重庆、贵州及四川，生于海拔 2 700 m 以下山坡、平原路边、灌丛、草地、田野、河边或岩石缝中。韩国、俄罗斯东部和蒙古有分布。

食用部位与食用方法：嫩茎叶或嫩苗洗净，经沸水焯，换清水漂洗以去除苦味后可炒食、凉拌、做汤，或蘸酱食用。

食疗保健与药用功能：味苦，性寒，有清热解毒、消肿排脓、活血之功效。

蒲公英属 *Taraxacum* F. H. Wigg.

识别要点：多年生葶状草本，具白色乳汁。叶基生，密集成莲座状，匙形、倒披针形或披针形，羽状深裂或浅裂，裂片多倒向，具波状齿。头状花序单生花葶顶端；全为舌状花，有花数十朵；花通常黄色。瘦果，先端喙通常细长，顶部具冠毛，多层，通常白色。

分布与生境：2 500 余种，主产北半球温带至亚热带地区。我国有 116 种，各省区均有分布。

食用部位与食用方法：绝大多数种类幼嫩全草均可作为野菜食用，可凉拌、蘸酱、做馅、做汤、炒食、煮粥、盐渍咸菜等。该属植物味苦，食用时一般先在沸水中焯 1 min 左右，再换清水浸泡，以去除苦味。常见植物有以下几种。

181. 华蒲公英（菊科 Asteraceae/Compositae）

Taraxacum sinicum Kitagawa

识别要点：叶倒卵状披针形或窄披针形，稀线状披针形，长 4～12 cm，边缘羽状浅裂或全裂，具波状齿，每侧裂片 3～7 个，无毛，叶柄及叶背主脉常紫色。花葶 1 至数个，高 5～20 cm，顶端被毛或无毛。花序直径 2～2.5 cm；花黄色。花期 6～8 月。

分布与生境：产于黑龙江、吉林、辽宁、陕西、甘肃、青海、内蒙古、河北、山西、河南、湖北、湖南北部、四川及云南，生于海拔 300～2 900 m 稍潮湿的原野、砾石或盐碱地。蒙古及俄罗斯有分布。

食用部位与食用方法：同属的介绍。

食疗保健与药用功能：全草药用，性寒，味苦、甘，无毒，归肝、脾、胃三经，可清热解毒、消肿散结。

182. 白缘蒲公英（菊科 Asteraceae/Compositae）

Taraxacum platypecidum Diels.

识别要点：叶宽倒披针形或倒披针形，长 10～30 cm，边缘羽状分裂，全缘或有疏齿，每侧裂片 5～8 片，无毛或疏被毛。花葶 1 至数个，高达 45 cm，上部密被白色蛛丝状绵毛。花序直径 4～4.5 cm；花黄色，边缘花背面有紫红色条纹。花期 3～6 月。

分布与生境：产于黑龙江、吉林、辽宁、陕西、甘肃、宁夏、青海、内蒙古、河北、山东、山西、河南、湖北西部及四川，生于海拔 1 900～3 000 m 山坡草地或路边。俄罗斯、朝鲜半岛及日本有分布。

食用部位与食用方法：同属的介绍。

食疗保健与药用功能：全草药用，性寒，味苦、甘，无毒，归肝、脾、胃三经，可清热解毒、消肿散结。

183. 蒙古蒲公英 蒲公英（菊科 Asteraceae/Compositae）

Taraxacum mongolicum Hand.-Mazz.

识别要点：叶倒卵状披针形、倒披针形或长圆状披针形，长 4 ~ 20 cm，边缘具波状齿或羽状深裂，有时倒向羽状深裂或大头羽状深裂，每侧裂片 3 ~ 5 片，通常具齿，基部渐窄成叶柄，叶柄及主脉常带红紫色。花葶 1 至数个，高 10 ~ 25 cm，上部紫红色，密被长柔毛。花序直径 3 ~ 4 cm；花黄色。花期 4 ~ 9 月。

分布与生境：产于黑龙江、吉林、辽宁、内蒙古、河北、河南、山西、山东、陕西、甘肃、青海、江苏、安徽、浙江、福建、台湾、江西、湖北、湖南、广东、广西、贵州、四川、云南及西藏，生于中、低海拔山坡草地、田野或河滩。朝鲜半岛、蒙古及俄罗斯有分布。

食用部位与食用方法：同属的介绍。

食疗保健与药用功能：味苦、甘，性寒，无毒，归肝、脾、胃三经，有乌须发、壮筋骨、清热解毒、消肿散结、利尿通淋、补脾和胃之功效，适用于感冒发热、疗疮肿毒、目赤肿痛、胆囊炎、肝炎、胃炎、咽炎、肺痈、肠痈、噎膈、急性乳腺炎、淋巴腺炎、急性结膜炎、急性支气管炎、急性扁桃体炎、尿路感染等病症。

184. 药用蒲公英（菊科 Asteraceae/Compositae）

Taraxacum officinale F. H. Wigg.

识别要点：叶窄倒卵形、长椭圆形或倒披针形，长 4 ~ 20 cm，边缘大头羽状深裂或羽状浅裂，每侧裂片 4 ~ 7 片，裂片三角形或三角状线形，顶裂片三角形或长三角形，叶基有时红紫色，无毛或沿主脉有疏毛。花葶数个，高 5 ~ 40 cm，顶端密被毛，基部常红紫色。花序直径 2.5 ~ 4 cm；花黄色，边缘花背面有紫色条纹。花期 6 ~ 8 月。

分布与生境：产于辽宁、内蒙古、河北、新疆等地，生于草甸、田间或路边。蒙古、俄罗斯、欧洲及北美洲有分布。

食用部位与食用方法：同属的介绍。

食疗保健与药用功能：全草药用，性寒，味苦、甘，无毒，归肝、胃二经，有清热解毒、消痈散结、抗菌、保肝利尿之功效，适用于乳痈、目赤、咽痛、肺痈、肠痈、湿热黄疸、热淋涩痛等病症。

185. 苦荬菜 多头苦荬（菊科 Asteraceae/Compositae）

Ixeris polycephala Cass. ex DC.

识别要点：草本，高 10 ~ 80 cm，植株无毛，有乳汁。叶线形、线状披针形或披针形，长 5 ~ 22 cm，全缘；基部箭头状半抱茎，无叶柄。头状花序排成伞房状花序；花序由舌状花组成，黄色。花期 3 ~ 6 月。

分布与生境：产于陕西、宁夏、河南、山东、江苏、安徽、浙江、福建、台湾、江西、湖北、湖南、广东、广西、重庆、贵州、四川及云南，生于海拔 2 200 m 以下山坡林缘、灌丛、草地、田野或路旁。日本、阿富汗、不丹、尼泊尔、缅甸、印度、越南、老挝和柬埔寨有分布。

食用部位与食用方法：采嫩茎叶或嫩苗洗净，经沸水焯，换清水漂洗以去除苦味后可炒食、蘸酱食、凉拌、做馅或做汤。

食疗保健与药用功能：性寒，味苦，可治肺痈、乳痈、血淋、疖肿、跌打损伤等病症。

186. 中华苦荬菜 山苦荬（菊科 Asteraceae/Compositae）

Ixeris chinensis (Thunb.) Kitagawa

识别要点：草本，高 5 ~ 50 cm，植株无毛，有乳汁。叶长披针形或长椭圆状披针形，长 6 ~ 24 cm，羽状分裂或茎上部叶不裂；基部耳状抱茎，无叶柄。头状花序排成伞房状花序；花序由舌状花组成，黄色。花期 1 ~ 10 月。

分布与生境：产于全国各省区，生于海拔 4 000 m 以下山坡路边、灌丛、草地、田野、河边或岩石缝中。日本、韩国、俄罗斯东部、蒙古、越南、柬埔寨和泰国有分布。

食用部位与食用方法：采嫩茎叶或嫩苗洗净，经沸水焯，换清水漂洗以去除苦味后可炒食、凉拌或做汤。

食疗保健与药用功能：味苦，性寒，有清热解毒、凉血止血之功效，适用于肠痈、肠炎、肺热咳嗽、盆腔炎、吐血、衄血等病症。

187. 兔儿伞（菊科 Asteraceae/Compositae）

Syneilesis aconitifolia (Bunge) Maxim.

识别要点：多年生草本。茎无毛，不分枝。基生叶 1 枚，叶片圆盾形，宽 20 ~ 30 cm，掌状深裂，叶柄长 10 ~ 16 cm；茎生叶 2 枚，互生；叶柄长 2 ~ 6 cm。花序在茎顶端密集排列；花淡粉红色。花期 4 ~ 5 月。

分布与生境：产于黑龙江、吉林、辽宁、内蒙古、河北、河南、山东、山西、陕西、甘肃、江苏、安徽、浙江、福建、江西、湖南、广西及贵州，生于海拔 500 ~ 1 800 m 山坡、荒地、林缘或路旁。日本、朝鲜半岛和俄罗斯远东地区有分布。

食用部位与食用方法：采嫩苗及嫩叶，经去杂洗净、沸水焯、清水浸泡后，可炒食、凉拌、做汤或制作干菜。

食疗保健与药用功能：性温，味苦、辛，有祛风止痛、舒筋活血之功效。

188. 蜂斗菜（菊科 Asteraceae/Compositae）

Petasites japonicus (Sieb. & Zucc.) Maxim.

识别要点：多年生草本，全株被白色茸毛或蛛丝状毛。根状茎粗壮。基生叶圆形或肾状圆形，长、宽 15 ~ 30 cm，不裂，边缘有细齿，基部深心形，掌状叶脉，具长叶柄；茎生叶苞片状，矩圆形或卵状矩圆形，长 3 ~ 8 cm，先端钝尖，无柄，半抱茎。花序少数，密集排列；花白色。花期 4 ~ 5 月。

分布与生境：产于陕西、河南、山东、江苏、安徽、浙江、福建、江西、湖北、湖南及四川，生于溪边、草地、水边或灌丛中。日本、朝鲜半岛和俄罗斯远东地区有分布。

食用部位与食用方法：叶柄及嫩花芽经沸水焯后，置清水中浸除苦味后，可炒食、凉拌、做馅，或盐渍、糖渍食用，味美可口。

食疗保健与药用功能：味苦、辛，性凉，有消肿止痛、解毒祛瘀、健胃、止咳、润肺、消炎之功效，可治跌打损伤、痈肿疔毒、毒蛇咬伤等病症。

189. 野茼蒿 革命菜（菊科 Asteraceae/Compositae）

Crassocephalum crepidioides (Benth.) S. Moore

识别要点：直立草本，高 0.2 ~ 1.2 m，无毛。叶椭圆形或长圆状椭圆形，长 7 ~ 12 cm，边缘有锯齿或重锯齿，或基部羽状分裂；叶柄长 2 ~ 2.5 cm。头状花序在茎顶端排成伞房状，直径约 3 cm；头状花序全部由管状花组成，红褐色或橙红色。花期 7 ~ 12 月。

分布与生境：产于陕西、安徽、江苏、浙江、台湾、福建、江西、湖北、湖南、广东、海南、广西、贵州、四川、云南及西藏，生于海拔 300 ~ 1 800 m 山坡、路旁、水边或灌丛中。泛热带地区广泛分布。

食用部位与食用方法：春、夏季采嫩茎叶经沸水焯，清水漂洗后可炒食、凉拌、做馅、做汤，味清香可口，略似茼蒿。

食疗保健与药用功能：味辛，性平，有健胃消肿、清热解毒、行气、利尿之功效，可治感冒发热、肠炎痢疾、尿路感染、乳腺炎、支气管炎、营养不良性水肿等病症。

190. 红凤菜 紫背天葵、观音苋（菊科 Asteraceae/Compositae）

Gynura bicolor (Roxb. ex Willd.) DC.

识别要点：多年生草本，全株无毛。茎直立，肉质。单叶互生，叶片倒卵形或倒披针形，长 5 ~ 10 cm，微肉质，叶面深绿色或略带紫色，有光泽，叶背紫红色，先端尖，基部渐窄成具翅状柄，边缘有不规则波状齿或小尖齿；叶柄短。花序顶生或腋生，伞房状；花橙黄色。花果期 5 ~ 10 月。

分布与生境：产于浙江、台湾、福建、广东、海南、广西、贵州、四川及云南，生于海拔 600 ~ 1 500 m 山坡林下、岩石上或河边湿地。日本、印度、尼泊尔、不丹、缅甸和泰国有分布。

食用部位与食用方法：采摘嫩茎叶，可炒食、凉拌、开汤或做火锅料。

食疗保健与药用功能：性平，味微甘、辛，有活血止血、解毒消肿、降血压之功效，可治痛经、血崩、咯血、创伤出血、溃疡不收口、支气管炎、中暑、燥火引起的牙龈痛和咽喉痛等病症。

191. 东风菜（菊科 Asteraceae/Compositae）

Aster scaber Thunb.

识别要点：多年生草本，高 70 ~ 150 cm。分枝被微毛。叶心形、卵状心形或长圆状披针形，长 9 ~ 15 cm，宽 6 ~ 15 cm，边缘有小尖头齿，基部渐狭成长 10 ~ 15 cm 被微毛的柄，两面被微糙毛；无叶柄。头状花序直径 1.8 ~ 2.4 cm，圆锥伞房状排列，花序梗长 0.9 ~ 3 cm；边缘舌状花白色，长 1 ~ 1.5 cm；中央管状花黄色。花期 6 ~ 10 月。

分布与生境：产于黑龙江、吉林、辽宁、内蒙古、河北、河南、山西、山东、陕西、甘肃、江苏、安徽、浙江、福建、江西、湖北、湖南、广东、广西、贵州及四川，生于海拔 2 000 m 以下山谷坡地、草地或灌丛中。日本、朝鲜半岛和俄罗斯东部有分布。

食用部位与食用方法：采摘幼苗、嫩叶或嫩茎叶，经洗净、沸水焯、清水漂洗后，可凉拌、炒食、做汤、和面蒸食，或盐渍后食用。

食疗保健与药用功能：味甘，性寒，有清热解毒、活血消肿、镇痛、促进血液循环之功效，可治头痛头晕、咽喉痛、关节痛、目赤红肿、跌打损伤、蛇伤等病症。

192. 三脉紫菀（菊科 Asteraceae/Compositae）

Aster trinervius Roxb. ex D. Don subsp. *ageratoides* (Turcz.) Crierson

识别要点：多年生草本，高 40 ~ 100 cm。单叶互生，叶片窄披针形或长圆形披针形，长 5 ~ 15 cm，基部骤窄成楔形或具宽翅的柄，边缘有 3 ~ 7 对锯齿，离基 3 出脉，侧脉 3 ~ 4 对。头状花序直径 1.5 ~ 2 cm，圆锥伞房状排列；边缘舌状花 1 层，淡紫色、浅红色或白色；中央管状花黄色。

分布与生境：除新疆外，全国各地均产，生于海拔 3 400 m 以下林缘、灌丛或山谷湿地。喜马拉雅南部、日本、朝鲜半岛及俄罗斯东部有分布。

食用部位与食用方法：采嫩茎叶或嫩苗洗净，经沸水焯，换清水漂洗后可炒食、凉拌或做汤。

193. 马兰 田边菊（菊科 Asteraceae/Compositae）

Aster indicus L.

识别要点：多年生草本，高 30 ～ 70 cm。茎上部有毛。叶倒披针形或倒卵状长圆形，长 3 ～ 6 cm，宽 0.8 ～ 2（～ 5）cm，边缘有小尖头齿或羽状分裂，基部渐狭成具翅长柄，两面无毛或叶缘及叶背沿脉有粗毛；上部叶全缘。头状花序直径 6 ～ 9 mm，圆锥伞房状排列；边缘舌状花 1 层，淡紫色，长达 1 cm；中央管状花黄色。花期 5 ～ 9 月。

分布与生境：产于黑龙江、吉林、陕西、甘肃、宁夏、河北、河南、山西、山东、江苏、安徽、浙江、福建、台湾、江西、湖北、湖南、广东、海南、广西、贵州、四川及云南，生于海拔 3 900 m 以下林缘、草地、溪岸或灌丛中。日本、朝鲜半岛、俄罗斯东部、印度、缅甸、泰国、越南、老挝和马来西亚有分布。

食用部位与食用方法：采嫩茎叶或嫩苗洗净，经沸水焯，换清水漂洗后可炒食、凉拌或做汤，味清香。

食疗保健与药用功能：味辛，性凉，有凉血止血、清热解毒、利尿消肿之功效，适用于吐血、鼻出血、血痢、创伤出血、疟疾、黄疸、水肿、淋浊、咽痛、喉痹、丹毒、蛇伤、慢性支气管炎等病症。

194. 一年蓬（菊科 Asteraceae/Compositae）

Erigeron annuus (L.) Pers.

识别要点：一年生或二年生草本。茎被硬毛；基部叶长圆形或宽卵形，长 4 ～ 17 cm，具粗齿，叶柄长；中部和上部叶长圆状披针形或披针形，长 1 ～ 9 cm，近全缘或有齿，叶柄短或无柄；最上部叶线形；叶缘被硬毛，两面被疏硬毛或近无毛。头状花序数个或多数，排成圆锥花序；每个头状花序由外围 2 层舌状花（白色或淡蓝色）和中央管状花（黄色）组成。花期 6 ～ 9 月。

分布与生境：原产于北美洲，黑龙江、吉林、河北、河南、山东、江苏、安徽、福建、江西、湖北、湖南、四川、西藏等地已野化，生于海拔 1 100 m 以下路边旷野或山坡荒地。亚洲东部至中部、北美洲有分布。

食用部位与食用方法：采嫩枝叶，洗净后用沸水焯一下，换清水浸泡，捞出凉拌或炒食。

食疗保健与药用功能：有治疟疾之功效。

195. 野菊（菊科 Asteraceae/Compositae）

Chrysanthemum indicum L.

识别要点：多年生草本，高 25 ~ 100 cm。中部茎生叶卵形、长卵形或椭圆状卵形，长 3 ~ 10 cm，羽状半裂或浅裂，有浅锯齿，疏生柔毛；叶柄长 1 ~ 2 cm。头状花序直径 1.5 ~ 2.5 cm，排成疏散伞房状圆锥花序或伞房花序；总苞片约 5 层；边缘舌状花 1 层，黄色；中央管状花，黄色。花期 6 ~ 11 月。

分布与生境：产于黑龙江、吉林、辽宁、陕西、甘肃、内蒙古、河北、河南、山东、江苏、安徽、浙江、福建、台湾、江西、湖北、湖南、广东、广西、贵州、四川及云南，生于海拔 1 200 m 以下山坡草地、灌丛、河边、滨海盐渍地、田边或路旁。日本、朝鲜半岛、俄罗斯东部、不丹、尼泊尔、印度及越南有分布。

食用部位与食用方法：采嫩叶或嫩茎叶，经洗净、沸水焯、清水漂洗去除苦味后，可炒食、凉拌、做馅或做汤。花可炒、烩或做汤食用，亦可晒干泡茶喝。

食疗保健与药用功能：叶味甘，微苦，有清肝明目、调中开胃、清热解毒、疏风散热、降血压、预防流感之功效，可治感冒、咽喉肿痛、身热头痛、眩晕、耳鸣等病症。花味甘，性凉，有清热解毒、疏风散热、散瘀、明目、降血压之功效，适用于高血压、肝炎、痢疾等病症，亦可预防流行性感冒、流行性脊髓膜炎。

196. 青蒿（菊科 Asteraceae/Compositae）

Artemisia caruifolia Buch.-Ham. ex Roxb.

识别要点：一年生草本，全株有浓烈挥发性香气。茎单生，高 30 ~ 250 cm，植株无毛。茎中部叶背面绿色，无腺点及小凹点；2 回栉齿状羽状分裂；叶柄长 5 ~ 10 mm。圆锥花序由直径 3.5 ~ 7 mm 的半球形头状花序组成；花黄色。花期 6 ~ 9 月。

分布与生境：产于吉林、辽宁、陕西、河北、河南、山西、山东、江苏、安徽、浙江、福建、江西、湖北、湖南、广东、广西、贵州、四川及云南，生于低海拔湿润河岸沙地、山谷、林缘或路旁。朝鲜半岛、日本、印度、尼泊尔、缅甸和越南有分布。

食用部位与食用方法：嫩苗洗净，经沸水焯，换清水漂洗后可炒食、凉拌或做汤。

食疗保健与药用功能：味苦、辛，性寒，归肝、胆二经，有清热解毒、解暑热、退黄、杀菌、消炎之功效，适用于温邪伤阴、夜热早凉、阴虚发热、暑邪发热、湿热黄疸等病症。

注意事项：成熟植株叶对人体有刺激，不能食用，但夏天全株煮水洗澡可治痱子。

197. 黄花蒿（菊科 Asteraceae/Compositae）

Artemisia annua L.

识别要点：一年生草本，全株有浓烈挥发性香气。茎高 0.7 ~ 2 m。茎中部叶背面灰黄色或淡黄色，具脱落性白色腺点及细小凹点；2 ~ 4 回栉齿状羽状深裂；叶柄长 1 ~ 2 cm。圆锥花序由直径 1.5 ~ 2.5 mm 的球形头状花序组成；花黄色。花期 8 ~ 10 月。

分布与生境：除海南外，全国其他省区均产，生于 3 700 m 以下荒地、山坡、林缘、草原、森林草原、干河谷、半荒漠及砾质坡。亚洲、欧洲、非洲北部及北美洲有分布。

食用部位与食用方法：采嫩苗洗净，经沸水焯，换清水漂洗后可炒食、凉拌或做汤。

食疗保健与药用功能：有清热解毒、杀菌、消炎之功效。

注意事项：成熟植株叶对人体有刺激，不能食用，但夏天全株煮水洗澡可治痱子。

198. 柳叶蒿（菊科 Asteraceae/Compositae）

Artemisia integrifolia L.

识别要点：多年生草本，高 50 ~ 120 cm。叶面无毛，叶背密被灰白色蛛丝状茸毛；茎下部叶倒披针形或倒披针状线形，长 8 ~ 13 cm，全缘或上半部有疏齿；中部叶线形或线状披针形，长 5 ~ 10 cm，叶缘反卷；无叶柄。头状花序多数，排成总状窄圆锥花序。花果期 8 ~ 10 月。

分布与生境：产于黑龙江、吉林、内蒙古、河北及山西，生于低海拔至中海拔林缘、路旁、河边草地、草甸、森林草原、灌丛或沼泽地边缘。朝鲜半岛、蒙古和俄罗斯东部有分布。

食用部位与食用方法：嫩茎叶或嫩苗洗净，经沸水焯，换清水漂洗去除苦味后，可炒食、蘸酱或做汤、做馅。

食疗保健与药用功能：味苦，性寒，有清热解毒之功效，适用于肺炎、扁桃体炎、丹毒等病症。

199. 蒌蒿 水蒿 （菊科 Asteraceae/Compositae）

Artemisia selengensis Turcz. ex Bess.

识别要点：多年生草本，植株具清香气味，高 60 ～ 150 cm。茎无毛。叶面无毛或近无毛，叶背密被灰白色蛛丝状平贴绵毛；茎下部叶宽卵形或卵形，长 8 ～ 12 cm，掌状或指状深裂，裂片线形或线状披针形，长 5 ～ 8 cm；中部叶掌状或指状深裂，裂片长椭圆形、椭圆状披针形或线状披针形，长 3 ～ 5 cm，叶缘有锯齿。头状花序多数，直径 2 ～ 2.5 mm，排成密穗状花序，在茎上再组成圆锥花序。花期 7 ～ 10 月。

分布与生境：产于黑龙江、吉林、辽宁、陕西、甘肃、内蒙古、河北、河南、山西、山东、江苏、安徽、浙江、江西、湖北、湖南、广东、贵州、四川及云南，生于海拔 2 500 m 以下荒地、河边、沼泽地、湿润疏林或山坡。朝鲜半岛、蒙古和俄罗斯东部有分布。

食用部位与食用方法：采嫩茎叶或嫩苗洗净，经沸水焯，换清水漂洗后可炒食、凉拌、做汤、掺入米粉或面粉蒸食，味鲜美，有特殊香味。

食疗保健与药用功能：味苦、辛，性平，有清热解毒、利胆退黄、滋阴润燥、利隔开胃、解毒消炎、补中益气、化痰、止血之功效，适用于食欲不振、五脏邪气、风寒湿痹等病症。

200. 茵陈蒿 （菊科 Asteraceae/Compositae）

Artemisia capillaris Thunb.

识别要点：亚灌木状草本，植株有浓香，高 30 ～ 100 cm，全株被柔毛。叶宽卵形、卵形、卵状椭圆形，长 2 ～ 5 cm，1 ～ 3 回羽状全裂，小裂片线形或丝线形，细直，长 5 ～ 12 mm。头状花序多数，直径 1.5 ～ 2 mm，排成复总状花序，在茎上再组成圆锥花序。花期 7 ～ 10 月。

分布与生境：产于吉林、辽宁、陕西、内蒙古、河北、河南、山西、山东、江苏、安徽、浙江、福建、台湾、江西、湖北、湖南、广东、广西、贵州、四川及云南，生于海拔 2 700 m 以下河岸、海岸沙地、路旁或低山坡。日本、朝鲜半岛、俄罗斯东部、尼泊尔、印度、越南、柬埔寨、马来西亚、菲律宾和印度尼西亚有分布。

食用部位与食用方法：采嫩茎叶或嫩苗洗净，经沸水焯，换清水漂洗后可炒食、凉拌、做汤、做馅、与面粉一起蒸食或做蒸糕。

食疗保健与药用功能：味苦、辛，性凉，有清热、利湿、退黄之功效，适用于湿热黄疸、肝炎、高热高寒、小便不通、风湿病、风痒、疮疥等病症。

201. 猪毛蒿（菊科 Asteraceae/Compositae）

Artemisia scoparia Waldst. & Kit.

识别要点：草本，植株有浓香，高 40～100 cm，全株被柔毛。叶近圆形、长卵形或椭圆形，长 1.5～3.5 cm，2～3 回羽状全裂，小裂片线形、丝线形或毛发状，细直，长 3～8 mm。头状花序多数，直径 1～1.5 mm，排成复总状或复穗状花序，在茎上再组成开展圆锥花序。花期 7～10 月。

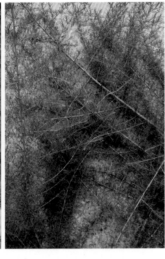

分布与生境：除台湾和海南外，全国其他省区均产，生于低海拔至 3 800 m 山坡、林缘、草原、黄土高原或荒漠边缘。日本、朝鲜半岛、俄罗斯、阿富汗、巴基斯坦、印度、泰国、亚洲中部和西南部，以及欧洲有分布。

食用部位与食用方法：采嫩茎叶或嫩苗洗净，经沸水焯，换清水漂洗后可炒食或凉拌。

食疗保健与药用功能：性微寒，味辛、苦，有清热利湿、利胆退黄之功效，可治肝、胆疾病。

202. 牡蒿（菊科 Asteraceae/Compositae）

Artemisia japonica Thunb.

识别要点：多年生草本，高 50～130 cm。茎、枝被微柔毛；叶两面无毛或被微柔毛。基生叶、茎下部叶倒卵形或宽匙形，长 4～7 cm，羽状深裂或半裂，具短柄；中部叶匙形，长 2.5～4.5 cm，有 3～5 片裂片，无柄；上部叶不裂或 3 个浅裂。头状花序多数，直径 1.5～2.5 mm，排成穗状或总状花序，在茎上再组成开展圆锥花序。花期 7～10 月。

分布与生境：除新疆、青海及内蒙古干旱地区外，几遍及全国，生于低海拔至 3 300 m 山坡、林缘、草地或路边。日本、朝鲜半岛、俄罗斯、阿富汗、不丹、巴基斯坦、尼泊尔、印度、缅甸、越南、老挝和泰国有分布。

食用部位与食用方法：采嫩茎叶或嫩苗洗净，经沸水焯，换清水漂洗后可炒食、凉拌、和面粉蒸食、腌咸菜、制干菜。

食疗保健与药用功能：性凉，味苦，归肺、胃二经，有清热解毒、消暑、祛湿、消炎之功效，适用于夏季感冒、发热无汗、阴虚发热、肺结核潮热、咯血、小儿疳热、衄血、黄疸型肝炎等病症。

203. 拟鼠麴草 清明菜、鼠耳草（菊科 Asteraceae/Compositae）

Pseudognaphalium affine (D. Don) Anderb.

识别要点：一年生草本，全株被白色厚棉毛。茎直立或斜上分枝，高 10 ~ 40 cm。叶匙状倒披针形或倒卵状匙形，长 5 ~ 7 cm，无叶柄。头状花序直径 2 ~ 3 mm，在枝顶密集成伞房状，花黄色或淡黄色。花期 1 ~ 4 月。

分布与生境：产于陕西、甘肃、河北、河南、山西、山东、江苏、安徽、浙江、福建、台湾、江西、湖北、湖南、广东、海南、广西、贵州、四川、云南及西藏，生于海拔 2 000 m 以下草地，稻田常见。日本、朝鲜半岛、阿富汗、不丹、巴基斯坦、尼泊尔、缅甸、印度、中南半岛、印度尼西亚、菲律宾和澳大利亚有分布。

食用部位与食用方法：春季采嫩茎叶，经开水烫、清水浸泡后，可凉拌、炒食或做馅，或与糯米混合煮熟，或捣烂做糍粑食用，口感清香味美，风味独特。

食疗保健与药用功能：味甘,性平,有祛风湿、镇咳祛痰、明目、利尿、扩张局部血管之功效,适用于气喘和支气管炎、咳嗽、痰多、高血压、消化道溃疡等病症,可称为"野菜中的降压药"。

204. 鳢肠 墨草（菊科 Asteraceae/Compositae）

Eclipta prostrata (L.) L.

识别要点：一年生草本，揉碎后汁液在手上变黑。茎被糙毛。叶对生，叶片长圆状披针形或披针形，长 3 ~ 10 cm，边缘有细锯齿或波状，两面密被糙毛；无柄或柄极短。头状花序；舌状花白色。花期 6 ~ 9 月。

分布与生境：产于吉林、辽宁、河北、河南、山东、山西、陕西、甘肃、江苏、安徽、浙江、福建、台湾、江西、湖北、湖南、广西、贵州、四川及云南，生于海拔 1 600 m 以下水田边、沟渠边、河边、池塘边等湿润地。热带及亚热带地区广泛分布。

食用部位与食用方法：将嫩叶或嫩茎叶洗净，经沸水焯，清水漂洗后可炒食、凉拌、腌咸菜、制干菜或煮粥。

食疗保健与药用功能：味甘、酸，性寒，有凉血止血、补肝益肾之功效，适于咯血、便血、须发早白、狗咬伤出血等病症。

天南星科 Araceae

205. 假芋（天南星科 Araceae）

Colocasia fallax Schott

识别要点：块茎球形，直径 1 ~ 1.5 cm。具匍匐芽条。叶片薄革质，卵形、近圆形、盾状，长 8 ~ 15 cm；前裂片宽卵形，长 5 ~ 10 cm，先端短骤尖，后裂片圆形，长 2.5 ~ 6.5 cm，2/3 合生，基部弯缺略钝，深 0.8 ~ 2 cm，基脉相交成 20° 角；叶柄细圆柱形，长 8 ~ 30 cm。

分布与生境：产于四川、云南南部及西藏，生于海拔 700 ~ 1 400 m 山谷林下或灌丛中。印度东北部、孟加拉国北部及泰国有分布。

食用部位与食用方法：嫩叶可供蔬食。

浮萍科 Lemnaceae

206. 无根萍　芜萍（浮萍科 Lemnaceae）

Wolffia globosa (Roxb.) Hartog & Plas

识别要点：飘浮水面或悬浮水中草本，细小如沙粒，为世界上最小的种子植物。叶状体卵状半球形，直径约 1 mm，扁平，上面绿色，下面凸起，淡绿色；无叶脉和根。

分布与生境：产于全国各地，生于静水池沼中。全球各地有分布。

食用部位与食用方法：全株富含淀粉、蛋白质等营养物质，可供蔬菜食用。

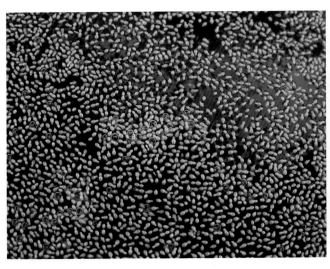
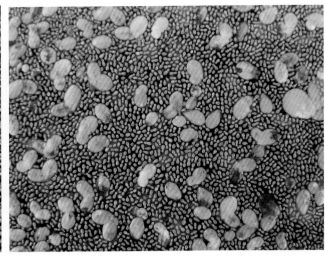

水鳖科 Hydrocharitaceae

207. 龙舌草 水车前（水鳖科 Hydrocharitaceae）

Ottelia alismoides (L.) Pers.

识别要点：沉水草本。具须根。根状茎短。叶基生，膜质；幼叶线形或披针形，成熟叶多宽卵形、卵状椭圆形、近圆形或心形，长约 20 cm，全缘或有细齿；叶柄长短随水体深浅而异，通常长 2 ~ 40 cm，无鞘。花两性；佛焰苞椭圆形或卵形，长 2.5 ~ 4 cm；总花梗长 40 ~ 50 cm。花无梗，单生；花瓣白色、淡紫色或浅蓝色。果圆锥形，长 2 ~ 5 cm。种子多数，长 1 ~ 2 mm。

分布与生境：产于黑龙江、河北、河南、江苏、安徽、浙江、台湾、福建、江西、湖北、湖南、广东、海南、广西、贵州、四川及云南，生于湖泊、沟渠、水塘、水田或积水洼地。广布于亚洲东部、东南部至澳大利亚热带地区及非洲东北部。

食用部位与食用方法：采幼苗或嫩叶，经沸水焯，换清水浸泡后，可炒食、凉拌或做汤。

食疗保健与药用功能：味甘、淡，性微寒，有止咳化痰、清热利尿之功效，适于哮喘、咳嗽、水肿、痈肿等病症。

208. 水鳖 （水鳖科 Hydrocharitaceae）

Hydrocharis dubia (Bl.) Backer

识别要点：浮水草本。须根长达 30 cm。匍匐茎顶端生芽。叶簇生，多漂浮，有时伸出水面；叶心形或圆形，长 4.5 ~ 5 cm，先端圆，基部心形，全缘，远轴面有蜂窝状贮气组织。

分布与生境：产于黑龙江、吉林、辽宁、河北、河南、山东、陕西、江苏、安徽、浙江、台湾、福建、江西、湖北、湖南、广东、海南、广西、四川及云南，生于静水池沼中。亚洲和大洋洲有分布。

食用部位与食用方法：幼嫩叶柄经沸水焯，换凉水漂洗后，可炒食、凉拌或制罐头。

食疗保健与药用功能：味苦，性寒，有清热利湿之功效，适用于湿热带下等病症。

鸭跖草科 Commelinaceae

209. 水竹叶（鸭跖草科 Commelinaceae）

Murdannia triquetra (Wall. ex Clarke) Brückn.

识别要点：多年生草本。根状茎长而横走，具叶鞘，节间长约6 cm。茎肉质，下部匍匐，节生根，上部上升，多分枝，长达40 cm，节间长8 cm，密生1列白色硬毛。叶无柄；叶片竹叶形，平展或稍折叠，长2~6 cm，宽5~8 mm，先端渐钝尖。

分布与生境：产于山东、河南、陕西、江苏、安徽、浙江、台湾、福建、江西、湖北、湖南、广东、海南、广西、贵州、四川及云南，生于海拔1 600 m以下水稻田边或湿地。印度至越南、老挝、柬埔寨有分布。

食用部位与食用方法：植株蛋白质含量颇高，幼嫩茎叶经洗净、沸水焯、清水浸泡去除异味后，可炒食、凉拌或做汤。

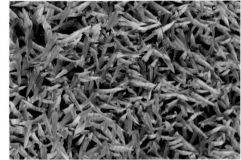

食疗保健与药用功能：全草性寒，味甘，归肺、膀胱二经，有清热解毒、利尿消肿之功效，适用于发炎、咽喉肿痛、肺热咳喘、咳血、热淋、热痢等病症。

210. 鸭跖草（鸭跖草科 Commelinaceae）

Commelina communis L.

识别要点：一年生披散草本。茎匍匐生根，多分枝，节间中空。叶披针形或卵状披针形，长3~9 cm，宽1.5~2 cm，叶鞘明显。花序单生于茎枝的顶端；花蓝色。

分布与生境：产于黑龙江、吉林、辽宁、内蒙古、河北、山东、河南、陕西、宁夏、甘肃、江苏、安徽、浙江、台湾、福建、江西、湖北、湖南、广东、广西、贵州、四川及云南，生于湿地。越南、朝鲜半岛、日本、俄罗斯远东地区及北美洲有分布。

食用部位与食用方法：春季采摘幼嫩茎叶，经洗净，在沸水中焯，换清水浸泡后，可炒食、凉拌、做汤或盐渍。

食疗保健与药用功能：
味甘，性寒，无毒，有清热解毒、行水、凉血之功效，可治感冒、咽喉肿痛、腮腺炎、丹毒、黄疸肝炎、水肿、小便不利、尿血、白带、热痢、疟疾、疔疮、扁桃体炎、宫颈糜烂、腹蛇咬伤等病症。

211. 饭包草（鸭跖草科 Commelinaceae）

Commelina bengalensis L.

识别要点：多年生披散草本。茎大部分匍匐，节部生根，上部及分枝上部上升，节间中空。叶片卵形，长 3 ～ 7 cm，宽 1.5 ～ 3.5 cm；有叶柄。花序单生于主茎或分枝的顶端；花蓝色。

分布与生境：产于河北、山东、河南、陕西、甘肃、江苏、安徽、浙江、台湾、福建、江西、湖北、湖南、广东、海南、广西、贵州、四川及云南，生于海拔 2 300 m 以下的湿地。亚洲和非洲热带和亚热带地区广泛分布。

食用部位与食用方法：春季采摘幼嫩茎叶，经洗净，在沸水中焯，换清水浸泡后，可炒食、凉拌、做汤。

食疗保健与药用功能：性寒，味苦，有清热利尿、解毒消肿之功效。

雨久花科 Pontederiaceae

212. 鸭舌草（雨久花科 Pontederiaceae）

Monochoria vaginalis (N. L. Burm.) Presl. ex Kunth

识别要点：水生草本，全株无毛；具柔软须根。茎直立或斜上，高 12 ～ 25 cm。叶基生和茎生，心状宽卵形、长卵形或披针形，长 2 ～ 7 cm，基部圆形或近心形，全缘，具弧状脉；叶柄长 10 ～ 20 cm，基部扩大成开裂的鞘，鞘长 2 ～ 4 cm。总状花序从叶柄中部抽出，花蓝色。

分布与生境：产于黑龙江、吉林、辽宁、陕西、甘肃、内蒙古、河北、山西、河南、山东、江苏、安徽、浙江、台湾、福建、江西、湖北、湖南、广东、海南、广西、贵州、四川及云南，生于平原至海拔 1 500 m 稻田、沟旁或浅水池塘等湿地。日本、印度、尼泊尔、不丹、马来西亚及菲律宾有分布。

食用部位与食用方法：嫩茎叶经沸水焯，换清水浸泡后，可炒食、凉拌或做汤。

食疗保健与药用功能：味苦，性凉，有清热解毒之功效，适用于痢疾、肠炎、丹毒等病症。

213. 凤眼蓝 凤眼莲、水葫芦、水葫莲（雨久花科 Pontederiaceae）

Eichhornia crassipes (Mart.) Solms

识别要点：浮水草本，高达 60 cm；须根发达，长达 30 cm。茎极短。叶基生，莲座状排列，5 ~ 10 枚，圆形、宽卵形或宽菱形，长 4.5 ~ 14.5 cm，全缘，具弧状脉；叶柄长 8 ~ 110 cm，中部膨大成囊状或纺锤形。穗状花序长 17 ~ 20 cm，花紫蓝色。

分布与生境：原产于巴西，现广泛分布于长江、黄河流域及华南各地，生于平原至海拔 1 500 m 水塘、沟渠或水稻田中。亚洲热带地区也已广泛生长。

食用部位与食用方法：嫩叶经沸水焯后可炒食。

食疗保健与药用功能：味苦，性凉，有清凉解毒、除湿、祛风热之功效，适用于风热、湿气、烦热等病症；外敷可治热疮。

214. 芦荟（百合科 Liliaceae）

Aloe vera (L.) N. L. Burman

识别要点：多年生草本。茎较短。叶近簇生或稍2列，肥厚多汁，线状披针形，长 15 ~ 35 cm，基部宽 4 ~ 5 cm，粉绿色，叶面常有白色斑点，顶端有数个小齿，边缘疏生刺状小齿。花葶高 60 ~ 90 cm，花淡黄色而有红斑或橘红色。

分布与生境：我国南方各省区常见栽培，也有野化。

食用部位与食用方法：嫩叶或成熟叶去皮后，可做凉菜或炒食。

食疗保健与药用功能：味苦，性寒，归肝、胃、大肠三经，有凉血、明目、清肝热、通便、健胃之功效，适用于热结便秘、惊痫抽搐、小儿疳积等病症。

葱属 *Allium* L.

识别要点：多年生草本，常有葱蒜味。根常细长。具鳞茎。叶通常线形、圆柱状或半圆柱状，中空或实心，无叶柄，具闭合叶鞘。伞形花序顶生；花蕾为膜质总苞包被。蒴果室背开裂。种子黑色。

分布与生境：660 种，分布于北温带。我国有 138 种。

食用部位与食用方法：本属绝大多数种类的嫩苗、嫩叶、鳞茎及花葶可食。常见有以下种类。

215. 茖葱（百合科 Liliaceae）

Allium victorialis L.

识别要点：多年生草本。鳞茎单生或聚生，近圆柱状，外皮灰褐色或黑褐色。叶 2 ~ 3 枚，倒卵状披针形或椭圆形，长 8 ~ 20 cm，基部楔形。花葶圆柱状，高 25 ~ 80 cm。伞形花序球状；花白色或带绿色，极稀带红色。花果期 6 ~ 8 月。

分布与生境：产于黑龙江、吉林、辽宁、陕西、甘肃、宁夏、青海、内蒙古、河北、山西、河南、安徽、浙江、湖北、四川及云南，生于海拔 600 ~ 2 500 m 阴湿山坡、林下、草地或沟边。北温带有分布。

食用部位与食用方法：幼苗或嫩叶经洗净后可蘸酱生食，也可炒食、做汤、腌咸菜或做调料。

食疗保健与药用功能：性微温，味辛，归肺经，有止血、散瘀、化痰、止痛之功效。

216. 卵叶山葱 卵叶韭（百合科 Liliaceae）

Allium ovalifolium Hand.-Mazz.

识别要点：多年生草本。鳞茎单生或聚生，近圆柱状，外皮灰褐色或黑褐色。叶2枚，近对生，披针状椭圆形或卵状长圆形，长（60）8～15 cm，基部圆形或心形。花葶圆柱状，高30～60 cm。伞形花序球状；花白色，稀淡红色。花果期7～9月。

分布与生境：产于陕西、甘肃、青海、河南、湖北、湖南、贵州、四川及云南，生于海拔1 500～4 000 m阴湿山坡、林下、林缘或沟边。

食用部位与食用方法：嫩叶可食用。

食疗保健与药用功能：有活血散瘀、滋肾涩精之功效。

217. 太白山葱 太白韭（百合科 Liliaceae）

Allium prattii Wright ex Hemsl.

识别要点：多年生草本。鳞茎单生或聚生，近圆柱状，外皮灰褐色或黑褐色。叶2枚，近对生，线形、线状披针形或椭圆状披针形，短于或近等长于花葶。花葶圆柱状，高10～60 cm。伞形花序半球状；花紫红色或淡红色。花果期6～9月。

分布与生境：产于陕西、甘肃、青海、河南、安徽、湖北西部、四川、云南及西藏，生于海拔2 000～4 900 m阴湿林下、沟边、灌丛或山坡草地。

食用部位与食用方法：嫩叶可食用。

218. 宽叶韭（百合科 Liliaceae）

Allium hookeri Thwaites

识别要点：多年生草本。根长，肉质。鳞茎聚生，圆柱状，外皮膜质，不开裂。叶多枚，线形或宽线形，短于或近长于花葶。花葶侧生，高达 60 cm，无叶鞘。伞形花序球状或半球状；花白色。花果期 7 ～ 10 月。

分布与生境：产于四川、云南及西藏，生于海拔 1 400 ～ 4 200 m 湿润山坡或林下。不丹、印度和斯里兰卡有分布。

食用部位与食用方法：幼苗、嫩叶和花葶可作蔬菜食用。

219. 蒙古韭 蒙古葱、沙葱、野葱、山葱（百合科 Liliaceae）

Allium mongolicum Regel

识别要点：多年生草本，具葱蒜味。鳞茎密集丛生，圆柱状。叶圆柱形或半圆柱形，实心，短于花葶，宽 1 ～ 4 mm。花葶圆柱状，高达 30 cm，被叶鞘。伞形花序半球状或球状；花淡红色、淡紫色或紫红色。花果期 7 ～ 9 月。

分布与生境：产于辽宁、陕西、甘肃、宁夏、青海、新疆、内蒙古及河南，生于海拔 800 ～ 2 800 m 荒漠、沙地或干旱山坡。蒙古和俄罗斯有分布。

食用部位与食用方法：全草可食，叶味辛而不辣，质地脆嫩，无纤维，口感极佳，可凉拌鲜食、做馅、煲营养汤、制泡菜、腌制，或与肉、蛋烹调食用，是西域具有浓郁地方风味的佳肴。

食疗保健与药用功能：味咸、涩，性寒，有祛烦热、益肾、健胃、止泻痢之功效，适用于反胃、吐血、肾虚等病症。

220. 山韭 山葱（百合科 Liliaceae）

Allium senescens L.

识别要点：多年生草本。鳞茎单生或聚生，卵状圆柱形或圆柱形，直径 0.5 ~ 2 cm，具粗壮横生根状茎，鳞茎外皮灰黑色或黑色，不裂。叶线形或宽线形，肥厚，基部近半圆柱状，上部扁平，先端钝圆。花葶圆柱状，常具 2 棱，高达 65 cm。伞形花序顶生，半球状或近球状；花多而密集，淡紫色或紫红色。

分布与生境：产于黑龙江、吉林、辽宁、内蒙古、河北、河南、山西、陕西、甘肃及新疆，生于海拔 1 000 m 以下草原、草甸或山坡。朝鲜、蒙古和俄罗斯有分布。

食用部位与食用方法：嫩叶可炒食或做调料。秋季挖鳞茎，洗净后可炒食、腌制，或蘸酱食用。

221. 薤白 小根菜、小根蒜（百合科 Liliaceae）

Allium macrostemon Bunge

识别要点：多年生草本，具葱蒜味。鳞茎单生，近球状，直径 0.7 ~ 2 cm，基部常有小鳞茎，外皮带黑色，纸质或膜质，不开裂。叶半圆柱状或三棱状半圆柱形，中空，短于花葶，宽 2 ~ 5 mm。花葶圆柱状，高达 70 cm，被叶鞘。伞形花序半球状或球状；花淡紫色或淡红色。花果期 5 ~ 7 月。

分布与生境：产于黑龙江、吉林、辽宁、陕西、甘肃、宁夏、内蒙古、河北、河南、山东、江苏、安徽、浙江、福建、江西、湖北、湖南、广东、广西、贵州、四川、云南及西藏，生于海拔 1 600 m 以下山区或草地。日本、朝鲜、蒙古和俄罗斯有分布。

食用部位与食用方法：嫩株及鳞茎经洗净后，可炒食、做汤、做馅、腌渍、蘸酱、做泡菜，或与其他菜配伍凉拌，或作调味品。

食疗保健与药用功能：味辛、苦，性温，归肺、肾二经，有理胃温中、宽胸、通阳、散结、行气导滞、抑制高血脂患者血液中过氧化酯的升高、防止动脉粥样硬化之功效，适用于胃气滞、胸闷、心绞痛、咳嗽、慢性胃炎、泻痢等病症。

222. 长梗合被韭 (百合科 Liliaceae)

Allium neriniflorum (Herb.) G. Don

识别要点：多年生草本，具葱蒜味。鳞茎单生，卵球状或近球状，直径 1 ~ 2 cm，外皮灰黑色，膜质，不开裂。叶圆柱状或近半圆柱状，中空，等于或比花葶长，宽 1 ~ 3 mm。花葶圆柱状，高达 52 cm，下部被叶鞘。伞形花序疏散，少花；花红色、淡红色或白色。花果期 7 ~ 9 月。

分布与生境：产于黑龙江、吉林、辽宁、内蒙古及河北，生于海拔 2 000 m 以下山坡、湿地、草地或海边沙地。蒙古和俄罗斯远东地区有分布。

食用部位与食用方法：嫩株及鳞茎经洗净后，可炒食、做汤、做馅、腌渍、蘸酱、做泡菜，或与其他菜配伍凉拌，或作调味品。

食疗保健与药用功能：适用于跌打损伤、瘀血疼痛、肿胀、闪伤、扭伤、金刀伤等病症。

223. 玉簪 (百合科 Liliaceae)

Hosta plantaginea (Lam.) Aschers.

识别要点：多年生草本，根状茎粗厚，直径 1.5 ~ 3 cm。叶基生，成簇，叶片卵状心形、卵形或卵圆形，长 14 ~ 24 cm，宽 8 ~ 16 cm，基部心形，全缘，弧形叶脉和纤细横脉；叶柄长 20 ~ 40 cm。花葶高 40 ~ 80 cm，具数至 10 余朵花，花白色。

分布与生境：产于辽宁、河北、陕西、江苏、安徽、浙江、福建、湖北、湖南、广东、贵州、四川及云南，生于海拔 2 200 m 以下林下、草坡或岩石缝中。

食用部位与食用方法：嫩叶可作蔬菜或甜菜食用。

食疗保健与药用功能：全草有拔脓解毒、生肌之功效。

注意事项：花不宜食用，特别是雄蕊不能食用。

224. 红球姜（姜科 Zingiberaceae）

Zingiber zerumbet (L.) Roscoe ex Smith

识别要点：多年生草本，高达 2 m；根状茎块状，内部淡黄色。叶披针形或长圆状披针形，长 15 ~ 40 cm，宽 3 ~ 8 cm，无毛或下面疏被长柔毛；无柄或具短柄。花序梗长 10 ~ 30 cm；穗状花序长 6 ~ 15 cm，直径 3.5 ~ 5 cm；苞片近圆形，长 2 ~ 3.5 cm，初淡绿色，后红色。花期 7 ~ 9 月。

分布与生境：产于台湾、福建、湖南、广东、海南、广西及云南，生于林下阴湿处。亚洲热带地区广泛分布。

食用部位与食用方法：嫩茎叶可作蔬菜。

225. 蘘荷（姜科 Zingiberaceae）

Zingiber mioga (Thunb.) Rosc.

识别要点：多年生草本，高达 1 m；根状茎淡黄色。嫩芽、嫩叶红色，叶披针状椭圆形或线状披针形，长 20 ~ 37 cm，无毛或下面疏被长柔毛；叶柄长 0.5 ~ 1.7 cm 或无柄。花序梗长 1 ~ 17 cm；穗状花序椭球形，长 5 ~ 7 cm；苞片椭圆形，红绿色，具紫脉；唇瓣淡黄色。花期 8 ~ 10 月。

分布与生境：产于河南、江苏、安徽、浙江、福建、江西、湖南、广东、海南、广西、贵州、四川及云南，生于山谷中阴湿处。日本有分布。

食用部位与食用方法：嫩芽、嫩叶、嫩花序可炒食或凉拌食用。

食疗保健与药用功能：味辛，性温，归肺、肝二经，有温中理气、祛风止痛、活血调经、止咳平喘、消肿解毒之功效，适用于胃寒腹痛、月经不调、气虚喘咳、目赤、腰腿酸痛等症状。

226. 阳荷（姜科 Zingiberaceae）

Zingiber striolatum Diels

识别要点：多年生草本，高达 1.5 m；根状茎白色。嫩芽、嫩叶紫红色或红色，叶披针形或椭圆状披针形，长 25 ~ 35 cm，下面被极疏柔毛或无毛；叶柄长 0.8 ~ 1.2 cm。花序梗长 1.5 ~ 12 cm；穗状花序近卵球形；苞片宽卵形或椭圆形，红色，长 3.5 ~ 5 cm；唇瓣淡紫色。花期 7 ~ 9 月。

分布与生境：产于江西、湖北、湖南、广东、海南、广西、贵州、四川及云南，生于海拔 300 ~ 1 900 m 林荫下或溪边。

食用部位与食用方法：嫩芽、嫩叶、嫩花序可炒食或凉拌。

其他种类（在此只列出名称，详情参见野果卷）

水麻 *Debregeasia orientalis* C. J. Chen

山胡椒 *Lindera glauca* (Sieb. & Zucc.) Bl.

青花椒 *Zanthoxylum schinifolium* Sieb. & Zucc.

竹叶花椒 *Zanthoxylum armatum* DC.

野花椒 *Zanthoxylum simulans* Hance

苘麻 *Abutilon theophrasti* Medikus

枸杞 *Lycium chinense* Mill.

荞麦 *Fagopyrum esculentum* Moench.

扁核木 *Prinsepia utilis* Royle

异叶花椒 *Zanthoxylum dimorphophyllum* Hemsl.

花椒 *Zanthoxylum bungeanum* Maxim.

文冠果 *Xanthoceras sorbifolium* Bunge

宁夏枸杞 *Lycium barbarum* L.

朱槿

木樨

牡丹

刺槐

黄花菜

忍冬

（四）花类野菜

　　花是被子植物特有的生殖器官。一朵花从外到内是由花萼、花冠、雄蕊、雌蕊四个部分组成的叫完全花，若缺少其中一至三个部分的花叫不完全花。花在花轴上的排列方式称花序。花类野菜是食用部分为花的一类野菜。

杜鹃

芍药科 Paeoniaceae

1. 牡丹（芍药科 Paeoniaceae）

Paeonia suffruticosa Andr.

识别要点：落叶灌木。分枝短而粗。叶无毛，常为2回3出复叶；叶柄长 5 ~ 11 cm；顶生小叶宽卵形，长 7 ~ 8 cm，3裂至中部，叶面绿色，叶背淡绿色，小叶柄长 1.2 ~ 3 cm；侧生小叶窄卵形或矩圆状卵形，长 4.5 ~ 6.5 cm，近无柄。花单生枝顶，直径 10 ~ 17 cm；花梗长 4 ~ 6 cm；苞片5枚；萼片5枚；花瓣5枚，或为重瓣，玫瑰色、红紫色或粉红色至白色，倒卵形，长 5 ~ 8 cm；雄蕊多数。花期 4 ~ 5 月。

分布与生境：牡丹在我国已有逾 2 000 年的栽培历史，现已广泛栽培，并早已引种国外。野生类型仅见于安徽巢湖和河南嵩县。

食用部位与食用方法：花瓣可做炒菜配料食用，或沏水喝。

食疗保健与药用功能：味苦，性平，有调经活血之功效，适用于月经不调、经行腹痛等病症。

2. 紫斑牡丹（芍药科 Paeoniaceae）

Paeonia rockii (S. G. Haw & L. A. Lauener) T. Hong & J. J. Li

识别要点：落叶灌木。2或3回羽状复叶；叶柄长 10 ~ 15 cm；小叶 17 ~ 33 枚，披针形或卵状披针形，长 2.5 ~ 11 cm，基部圆钝，先端渐尖，多全缘，叶面无毛或主脉上有毛，叶背多少被毛。花单生枝顶，直径达 19 cm；花瓣通常白色，稀淡粉红色，基部内面具一大紫色斑块；雄蕊极多数。花期 4 ~ 5 月。

分布与生境：产于陕西、甘肃、河南及湖北，生于海拔 1 100 ~ 2 800 m 山地林中。

食用部位与食用方法：花瓣可做炒菜配料食用，或沏水喝。

3. 芍药（芍药科 Paeoniaceae）

Paeonia lactiflora Pall.

识别要点：多年生草本。根粗壮，分枝黑褐色。茎高 40 ~ 70 cm，无毛。下部茎生叶为 2 回 3 出复叶，上部茎生叶为 3 出复叶；小叶窄卵形、椭圆形或披针形，边缘具白色骨质细齿，叶面无毛，叶背沿叶脉疏生短柔毛。花数朵，生枝顶或叶腋，直径 8 ~ 11.5 cm；苞片 4 ~ 5 枚；萼片 4 枚；花瓣 9 ~ 13 枚，倒卵形，长 3.5 ~ 6 cm，白色，有时基部具深紫色斑块；雄蕊多数。花期 5 ~ 6 月。

分布与生境：产于黑龙江、吉林、辽宁、内蒙古、河北、山东、山西、陕西、甘肃、宁夏、河南、湖北、江西及四川，分布于海拔 400 ~ 2 300 m 山坡草地及林下，我国许多城市公园有栽培。日本、朝鲜、蒙古及俄罗斯东西伯利亚和远东地区有分布。

食用部位与食用方法：花瓣可做炒菜配料食用，或沏水喝，亦可做糕饼、汤、粥、饮料等。

4. 川赤芍

Paeonia anomala L. subsp. *veitchii* (Lynch) D. Y. Hong & K. Y. Pan

识别要点：多年生草本。根圆柱形，直径 1.5 ~ 2 cm。茎高 30 ~ 80 cm，无毛。叶为 2 回 3 出复叶，叶片宽卵形，长 7.5 ~ 20 cm；小叶羽状分裂，裂片窄披针形或披针形，全缘，叶面沿叶脉疏生短柔毛，叶背无毛。花 2 ~ 4 朵，生茎顶及叶腋，有时仅顶端一朵开放，直径 4.2 ~ 10 cm；苞片 2 ~ 3 枚；萼片 4 枚；花瓣 6 ~ 9 枚，倒卵形，长 2.3 ~ 4 cm，紫红色或粉红色。花期 5 ~ 6 月。

分布与生境：产于山西、陕西、甘肃、青海、四川东部及西藏东部，生于海拔 1 800 ~ 2 800 m 山坡草地及林下。

食用部位与食用方法：花瓣可作炒菜配料，或沏水喝。

木兰科 Magnoliaceae

5. 玉兰 白玉兰（木兰科 Magnoliaceae）

Yulania denudata (Desr.) D. L. Fu

识别要点：落叶乔木；冬芽密生长毛；小枝淡灰褐色，节部具环状痕迹。叶互生，叶片倒卵形至倒卵状矩圆形，长 10 ~ 18 cm，宽 6 ~ 10 cm，全缘。花单生枝顶，先叶开放，芳香，直径 10 ~ 15 cm；花被片9枚，白色，矩圆状倒卵形；雄蕊多数。花期 2 ~ 3 月。

分布与生境：产于陕西、河南、安徽、浙江、江西、湖北、湖南、广东、贵州及四川，生于海拔 500 ~ 1 000 m 林中。现广植于全国各地。

食用部位与食用方法：花瓣经沸水焯后，可煮粥、炒食、和面糊炸食、开蛋汤或肉汤，也可用糖或蜂蜜腌制成酱，做甜食的馅料。

食疗保健与药用功能：味甘，性温，有祛风、通窍、止咳化痰、益肺和气、醒脑安神、美容润肤之功效，适用于外感风寒、头痛鼻塞、咳嗽、头晕胸闷、牙痛、急慢性鼻窦炎、过敏性鼻炎等病症。

6. 含笑花 含笑（木兰科 Magnoliaceae）

Michelia figo (Lour.) Spreng.

识别要点：常绿灌木，高达 3 m。芽、幼枝、叶柄、花梗均密被黄褐色茸毛。叶革质，窄椭圆形或倒卵状椭圆形，长 4 ~ 10 cm，先端钝，具短尖，基部楔形或宽楔形，叶面有光泽；叶柄长 2 ~ 4 mm，托叶痕达叶柄顶端。花淡黄色，边缘有时红色或紫红色，芳香；花被片6枚，肉质，长椭圆形，长 1.2 ~ 2 cm。

分布与生境：产于广东及广西，生于阴坡杂木林中或溪谷沿岸。现广植于全国各地。

食用部位与食用方法：花芳香，可制花茶。

7. 月季花（蔷薇科 Rosaceae）

Rosa chinensis Jacq.

识别要点：灌木。小枝近无毛，有短粗钩状皮刺或无刺。单数羽状复叶，互生，小叶 3 ～ 5 枚，连叶柄长 5 ～ 11 cm；小叶片宽卵形或卵状矩圆形，长 2.5 ～ 6 cm，有锐锯齿，叶面平滑，常有光泽；总叶柄散生皮刺和腺毛；托叶大部贴生叶柄。花重瓣，红色、粉红色或白色，芳香。果实卵球形或梨形，长 1 ～ 2 cm，成熟时红色。

分布与生境：全国各地普遍栽培，湖北、贵州、四川等地有单瓣的野生植株。世界各地都有栽培。

食用部位与食用方法：花蕾及花可食用，采摘洗净后，可煮粥、炖鱼炖肉、裹面糊炸食、做馅，或制饼馅、糕点、月季酒、月季糖浆，或干后泡茶饮用。

食疗保健与药用功能：花味甘，性温，有活血调经、疏肝解郁之功效，适用于气滞血瘀、月经不调、经痛等病症。

注意事项：电影、电视或市场上通常以月季为材料，充当玫瑰（*Rosa rugosa* Thunb.）出现（如送花）或出售。玫瑰的小叶 5 ～ 9 枚，叶面褶皱，果实扁球形，可与月季相区别。

玫瑰

玫瑰

豆科 Fabaceae

8. 合欢（豆科 Fabaceae）

Albizia julibrissin Durazz.

识别要点：落叶乔木。嫩枝、叶轴、花序被毛。2 回羽状复叶，总叶柄近基部及最顶一对羽片着生处各有 1 个腺体；羽片 4 ~ 12 对；小叶 10 ~ 30 对，线形或长圆形，长 0.6 ~ 1.2 cm，向上偏斜，先端有小尖头。头状花序于枝顶排成圆锥花序；花粉红色；花丝长 2 ~ 2.5 cm。荚果带状。花期 6 ~ 7 月。

分布与生境：产于吉林、辽宁、河北、河南、山东、山西、陕西、甘肃、江苏、安徽、浙江、台湾、福建、江西、湖北、湖南、广东、海南、广西、贵州、四川、云南及西藏，常栽培或逸为野生，生于山坡。中亚至东亚及非洲有分布。

食用部位与食用方法：采嫩花序，去杂洗净，经沸水焯，换清水浸泡后，可与大米同煮。

9. 白刺槐 （豆科 Fabaceae）

Sophora davidii (Franch.) Skeels

识别要点：灌木或小乔木。枝直立开展，棕色，无毛，不育枝末端变成刺状。单数羽状复叶，长 4 ~ 6 cm，小叶 11 ~ 21 枚；托叶变成刺状；小叶片椭圆状卵形或倒卵状矩圆形，长 1 ~ 1.5 cm，先端圆或微凹，具芒尖，叶面几无毛，叶背疏生毛。总状花序顶生，有花 6 ~ 12 朵；花萼钟状，蓝紫色，萼齿 5 枚，不等大；花冠白色或淡黄色，有时稍带红紫色。果串珠状。花期 3 ~ 8 月。

分布与生境：产于河北、河南、山西、陕西、甘肃、江苏、安徽、浙江、湖北、湖南、广西、贵州、四川、云南及西藏，多生于海拔 2 500 m 以下干旱河谷山坡灌丛中或河谷沙丘。

食用部位与食用方法：采摘初开的花，去花梗、萼片，洗净，沸水焯后可凉拌或炒食，食味甜脆。

10. 槐 国槐（豆科 Fabaceae）

Sophora japonica L.

识别要点：落叶乔木。芽隐生于叶柄基部。当年生枝绿色。奇数羽状复叶，互生，长 15 ~ 25 cm；小叶 7 ~ 15 枚，卵状长圆形或卵状披针形，长 2.5 ~ 6 cm，背面苍白色；叶柄基部膨大。圆锥花序顶生；花乳白色或黄白色。果串珠状，肉质，不开裂，长 2.5 ~ 5 cm。花期 7 ~ 8 月。

分布与生境：全国各地普遍栽培或逸为野生。日本和朝鲜有分布。

食用部位与食用方法：采槐花或槐蕾（槐米），在沸水中焯后，可蒸食、炒食、面糊炸食、酿酒或制蜜饯。凉拌槐花：采未完全开放的槐花，洗净，沥水，蘸上少许面粉，蒸熟（不要过度，以熟而保持有原形状为佳），晾凉，根据各人口味，加入调味品，即可食用；若采摘较多，或餐饮店等，可将蒸熟晾凉的槐花保存于冰箱内数天。

食疗保健与药用功能：味苦，性微寒，有清热、凉血、止血、清肝降火、降血压之功效，适用于便血、痔血、尿血、崩漏、赤白痢、目赤、银屑病等病症。

注意事项：有小毒，不宜多食，不能生食。

11. 紫藤（豆科 Fabaceae）

Wisteria sinensis (Sims) Sweet

识别要点：落叶木质大藤本。茎左旋；嫩枝、嫩叶被毛。奇数羽状复叶，互生，长 15 ~ 25 cm；小叶 9 ~ 13 枚，卵状椭圆形或卵状披针形，长 5 ~ 8 cm；小托叶刺毛状。总状花序生于去年短枝的叶腋或顶芽，长 15 ~ 30 cm，直径 8 ~ 10 cm，先叶开放；花萼密被细毛；花冠紫色或蓝紫色。果密被茸毛。花期 4 ~ 5 月。

分布与生境：产于陕西、河北、河南、山西、山东、江苏、安徽、浙江、福建、江西、湖北、湖南及广西，其余省区常有栽培。世界各地广为栽培。

食用部位与食用方法：春季采集花朵，经洗净，在沸水中焯后，可凉拌、炒食、煮粥、做馅；鲜花常少量加入糕点或饼中食用。

食疗保健与药用功能：味甘，性微温，有利尿、驱虫、止痛、止吐泻之功效，适用于腹痛等病症。

注意事项：花有小毒，食用前要煮熟或煮熟后晒成干菜。豆荚、种子有毒，不能食用。

12. 藤萝（豆科 Fabaceae）

Wisteria villosa Rehd.

识别要点：落叶木质藤本。嫩枝密被毛。奇数羽状复叶，互生，长 15 ~ 32 cm；小叶 9 ~ 11 枚，卵状长圆形或卵状椭圆形，长 5 ~ 10 cm；小托叶刺毛状。总状花序生于枝顶，下垂，长 30 ~ 35 cm，直径 8 ~ 10 cm，与叶同时开放；花萼紫色，被茸毛；花冠堇青色。果密被褐色茸毛。花期 5 月。

分布与生境：产于陕西及河南，生于山坡、灌丛或路边。

食用部位与食用方法：鲜花可加入糕点或饼中食用。

13. 刺槐 洋槐（豆科 Fabaceae）

Robinia pseudoacacia L.

识别要点：落叶乔木；腋芽为叶柄下芽。奇数羽状复叶，互生，长 10 ~ 30 cm；小叶 2 ~ 12 对，常对生，椭圆形至卵形，长 2 ~ 5 cm；托叶刺状。总状花序腋生，下垂，长 10 ~ 25 cm，直径 8 ~ 10 cm；花香，白色。果线状长圆形，扁平。花期 4 ~ 6 月。

分布与生境：原产于美国东部，我国各地广泛栽培或逸为野生。

食用部位与食用方法：鲜花香甜，食法多样：采摘即将开放或未完全开放的鲜花，洗净，可做馅，或加入糕点或饼中食用，或和面食做成菜团子上笼屉蒸熟食用，或做汤菜食用，或拌入鸡蛋中炒食。凉拌刺槐花：采未完全开放的刺槐花，洗净，沥水，蘸上面粉，拌匀，添加少许胡椒粉、花椒粉，蒸熟（约 10 min，不要过度，以熟而保持有原形状为佳），晾凉，根据个人口味，加入调味品，即可食用；若采摘较多，或餐饮店等，可将蒸熟晾凉的刺槐花保存于冰箱内数天。炒食：前期操作与凉拌相同，蒸熟后可与葱姜蒜辣椒等一同炒食。

食疗保健与药用功能：味微甘、苦，性凉，有清热凉血、止血降压、健胃、镇痛之功效，适用于肠道出血、痔疮便血等病症。

注意事项：一定要熟食，生食有小毒。

14. 紫雀花（豆科 Fabaceae）

Parochetus communis Buch.-Ham. ex D. Don

识别要点：多年生匍匐草本。掌状 3 出复叶；托叶长 4 ~ 5 mm；叶柄长 8 ~ 15 cm；小叶倒心形，长 0.8 ~ 2 cm，全缘，或有时具波状浅圆齿，叶面无毛，叶背有贴伏毛。花单生或 2 ~ 3 朵组成花序，生于叶腋；花序梗与叶柄等长；苞片 2 ~ 4 枚。花长约 2 cm；花梗长 0.5 ~ 1 cm，被毛；花萼钟形，具 15 ~ 20 条脉纹；花冠淡蓝色或蓝紫色，稀白色或淡红色。果线形，膨胀，稍压扁，具 8 ~ 12 粒肾形种子。花果期 4 ~ 11 月。

分布与生境：产于贵州、四川、云南及西藏，生于海拔 1 800 ~ 3 000 m 的林缘草地、山坡或路旁荒地。印度、尼泊尔、不丹、缅甸、泰国、斯里兰卡、马来西亚及非洲东部有分布。

食用部位与食用方法：花可食。

食疗保健与药用功能：性温，味甘，全草有补肾、壮阳之功效。

15. 锦鸡儿 洋雀子花、金雀花、黄雀花（豆科 Fabaceae）

Caragana sinica (Buc' hoz) Rehd.

识别要点：灌木，高达 2 m。羽状复叶有小叶 2 对；托叶三角形，长 5 ~ 7 mm，硬化成针刺。叶轴脱落或硬化成针刺而宿存，其针刺长 0.7 ~ 1.5 cm；小叶羽状排列，在短枝上有时为假掌状排列，倒卵形或长圆状倒卵形，长 1 ~ 3.5 cm。花单生；花黄色，常带红色，长 2.5 ~ 3 cm。荚果圆筒形。

分布与生境：产于辽宁、陕西、甘肃、河北、河南、山东、江苏、安徽、浙江、福建、江西、湖北、湖南、广西、贵州、四川及云南，生于海拔 400 ~ 1 800 m 山坡或灌丛中。

食用部位与食用方法：采花蕾，去杂洗净，经沸水焯，换清水浸泡后，可凉拌、炒食或开蛋汤。

食疗保健与药用功能：花性平，味甘、微辛，有滋阴活血、健脾、祛风止咳之功效。

锦葵科 Malvaceae

16. 黄槿（锦葵科 Malvaceae）

Hibiscus tiliaceus L.

识别要点：常绿灌木或小乔木。单叶互生，叶片近圆形或宽卵形，直径 8 ~ 15 cm，基部心形，边缘全缘或具细圆齿，叶面幼时疏被毛，叶背密被毛，基出脉 7 ~ 9 条；叶柄长 2 ~ 8 cm；托叶长约 2 cm，早落。花单生叶腋或数朵花成腋生或顶生总状花序；花梗长 1 ~ 3 cm，基部具 2 枚苞片；小苞片 7 ~ 10 枚；花萼长 1.5 ~ 3 cm；花冠钟形，直径 5 ~ 7 cm，黄色，内面基部暗紫色，花瓣 5 枚，倒卵形，密被黄色柔毛；雄蕊多数。花期 6 ~ 8 月。

分布与生境：产于台湾、福建、广东、海南、广西及四川，生于海拔 300 m 以下海边、溪边、湿地。印度、缅甸、越南、老挝、柬埔寨、印度尼西亚、马来西亚及菲律宾有分布。

食用部位与食用方法：花可作蔬菜食用。

17. 朱槿 扶桑（锦葵科 Malvaceae）

Hibiscus rosa-sinensis L.

识别要点：常绿灌木。小枝疏被星状毛。单叶互生，叶片宽卵形或长卵形，长 4 ~ 9 cm，边缘具粗齿或缺刻，叶背沿脉有疏毛；叶柄长 0.5 ~ 3 cm，被长柔毛；托叶线形，长 0.5 ~ 1.2 cm。花单生于枝上部叶腋，常下垂；花梗长 3 ~ 7 cm，近顶端具关节；小苞片 6 ~ 7 枚；花萼钟状；花冠漏斗状，直径 6 ~ 10 cm，红色、粉红色或淡黄色，花瓣 5 枚，倒卵形，疏被柔毛；雄蕊多数。花期全年。

分布与生境：产于河北、山东、江苏、安徽、浙江、台湾、福建、江西、湖北、湖南、广东、海南、广西、贵州、四川及云南，常栽培供观赏。

食用部位与食用方法：花洗净后，在沸水中略焯一下，可凉拌、做汤或炒食。

食疗保健与药用功能：花味甘，性平，有清热解毒、清肺凉血、利尿、消肿，治痈疽和腮肿之功效。

18. 木芙蓉 （锦葵科 Malvaceae）

Hibiscus mutabilis L.

识别要点：落叶灌木或小乔木。小枝、叶柄、花梗和花萼均密被星状毛与直毛相混的细茸毛。单叶互生，叶片卵状心形，直径 10 ~ 15 cm，常 5 ~ 7 裂，叶面疏被星状毛和细点，叶背密被星状细茸毛，掌状叶脉 5 ~ 11 条；叶柄长 5 ~ 20 cm；托叶披针形，常早落。花单生枝端叶腋；花梗长 5 ~ 8 cm，近顶端具关节；小苞片 8 枚；花萼钟形；花冠初时白色或淡红色，后转深红色，直径约 8 cm，花瓣 5 枚或重瓣，近圆形，基部具毛；雄蕊多数。花期 8 ~ 10 月。

分布与生境：产于辽宁、河北、陕西、河南、山东、江苏、安徽、浙江、台湾、福建、江西、湖北、湖南、广东、广西、贵州、四川及云南，多生于溪边灌丛，常有栽培。

食用部位与食用方法：采摘即将开放的花，经去杂、洗净后可炒食或做汤。

19. 木槿 朝开暮落花（锦葵科 Malvaceae）

Hibiscus syriacus L.

识别要点：落叶灌木。小枝密被黄色星状茸毛。单叶互生，叶片菱形或三角状卵形，长 3 ~ 10 cm，3 裂或不裂，边缘具不整齐缺齿，基部 3 出脉；叶柄长 0.5 ~ 2.5 cm，被星状毛；托叶线形，长约 6 mm。花单生枝端叶腋；花梗长 0.4 ~ 1.4 cm，被星状毛；小苞片 6 ~ 8 枚；花萼钟形，密被星状毛；花冠钟形，淡紫色或粉红色，直径 5 ~ 6 cm，花瓣 5 枚，倒卵形；雄蕊多数。花期 7 ~ 11 月。

分布与生境：产于山西、河南、陕西、甘肃、山东、江苏、安徽、浙江、台湾、福建、江西、湖北、湖南、广东、海南、广西、贵州、四川及云南，常栽培供观赏或作绿篱。

食用部位与食用方法：采摘未开放的花，去除花梗、花托，洗净后可做汤菜（鸡蛋汤、肉汤），亦可将洗净阴干的花，经蘸面后油炸至黄色后食用。

食疗保健与药用功能：味甘、苦，性凉，有清热、凉血、利尿、清肺止咳之功效，可治肠风泄血、痢疾、白带、皮肤病等病症。

木棉科 Bombacaceae

20. 木棉 英雄树（木棉科 Bombacaceae）

Bombax ceiba L.

识别要点：落叶大乔木，分枝平展，常呈轮生状；幼树树干上有圆锥状粗刺。掌状复叶，小叶 5 ~ 7 枚，长圆形或长圆状披针形，长 10 ~ 16 cm，全缘，无毛；叶柄长 10 ~ 20 cm，小叶柄长 1.5 ~ 4 cm。花单生枝顶或叶腋，红色或橙红色，直径约 10 cm；花瓣肉质，长 8 ~ 10 cm。花期 3 ~ 4 月。

分布与生境：产于福建、台湾、江西、广东、海南、广西、贵州、四川及云南，生于海拔 1 700 m 以下干热河谷、稀树草原或沟谷季雨林内。印度、斯里兰卡、中南半岛、马来西亚、印度尼西亚、菲律宾及澳大利亚有分布。

食用部位与食用方法：采集鲜花，去除雄蕊后可食用，常用于煲汤。

食疗保健与药用功能：性凉，味甘、淡，有清热除湿之功效。

21. 迎红杜鹃 金达莱（杜鹃花科 Ericaceae）

Rhododendron mucronulatum Turcz.

识别要点：落叶灌木。小枝细长，疏生鳞片。叶散生，叶片长圆形或卵状披针形，长 3 ~ 6（~ 8）cm，疏被鳞片，边缘稍波状；叶柄长 3 ~ 5 mm。先叶开花，花单生或 2 ~ 5 朵簇生枝顶；花梗长 0.5 ~ 1 cm，被鳞片；花萼小，被鳞片；花冠淡红紫色，宽漏斗状，长 2.4 ~ 3 cm，外面被微毛，花冠裂片边缘呈波状；雄蕊 10 枚，不超过花冠。花期 4 ~ 6 月。

分布与生境：产于黑龙江、吉林、辽宁、内蒙古、河北、山西、陕西、甘肃、河南及山东，生于山地灌丛、林缘或山顶石砾下。朝鲜、日本、蒙古及俄罗斯东西伯利亚东部有分布。

食用部位与食用方法：朝鲜族喜食花卉，采集花朵，去除雄蕊和雌蕊，花冠经沸水焯后，可炒食或凉拌。

22. 杜鹃 映山红（杜鹃花科 Ericaceae）

Rhododendron simsii Planch.

识别要点：落叶灌木。枝条密生褐色糙伏毛。叶片卵形、椭圆形或卵状椭圆形，长 3 ~ 5 cm，全缘，两面被糙伏毛；叶柄长 2 ~ 6 mm。花 2 ~ 6 朵簇生枝顶；花梗长 8 mm；花冠鲜红色或深红色，宽漏斗状，长 3.5 ~ 4 cm，5 裂，裂片上部有深红色斑点；雄蕊 10 枚，与花冠等长。花期 4 ~ 5 月。

分布与生境：产于陕西、河南、山东、江苏、安徽、浙江、福建、台湾、江西、湖北、湖南、广东、广西、贵州、四川及云南，生于海拔 2 700 m 以下灌丛中或林下，为我国南方酸性土指示植物。

食用部位与食用方法：采集花朵，去除雄蕊和雌蕊，花冠经沸水焯后，可炒食、凉拌、做汤、挂面糊用油炸食，也可用糖腌制作果脯。

食疗保健与药用功能：味酸、甘，性温，有和血、调经、祛风湿之功效，适用于月经不调、风湿痛、支气管炎等病症。

木樨科 Oleaceae

23. 宁波木樨 （木樨科 Oleaceae）

Osmanthus cooperi Hemsl.

识别要点：常绿小乔木或灌木。单叶对生，叶片椭圆形或倒卵形，长 5 ~ 10 cm，先端渐尖，稍尾状，基部宽楔形或圆形，边缘全缘，两面有针尖状突起的腺点，中脉在叶面凹下，被柔毛；叶柄长 1 ~ 2 cm。花 4 ~ 12 朵簇生叶腋；苞片长约 2 mm；花梗长 3 ~ 5 mm；花萼长 1.5 mm；花冠白色，长约 4 mm；雄蕊着生于花冠筒下部。花期 9 ~ 10 月。

分布与生境：产于江苏、安徽、浙江、福建及江西，生于海拔 400 ~ 800 m 林中或沟边。

食用部位与食用方法：花可食。

24. 木樨 桂花（木樨科 Oleaceae）

Osmanthus fragrans Lour.

识别要点：常绿乔木或灌木。全株无毛。单叶对生，叶片革质，椭圆形、长圆形或椭圆状披针形，长 7 ~ 15 cm，先端渐尖，基部楔形，全缘或上部有细齿，叶脉在叶面凹下；叶柄长 8 ~ 12 mm。花序簇生叶腋；花极芳香，花冠裂片 4 枚，黄白色、淡黄色、黄色或橘红色。花期 7 ~ 10 月。

分布与生境：贵州、四川及云南有野生，全国各地有栽培。

食用部位与食用方法：花可制浸膏，或作食品、糖果、糕点、酒等食品香料，或作花茶饮用，亦可制干做菜。

食疗保健与药用功能：味辛，性温，有暖胃、平肝、化痰、散瘀之功效，适用于痰多喘咳、肠风血痢、牙痛、口臭等病症。

茜草科 Rubiaceae

25. 栀子（茜草科 Rubiaceae）

Gardenia jasminoides Ellis

识别要点：常绿灌木。单叶对生或轮生，叶片矩圆状披针形、倒卵状矩圆形、倒卵形或椭圆形，长 3 ~ 25 cm，宽 1.5 ~ 8 cm，先端渐尖或短尖，两面无毛；叶柄长 0.2 ~ 1 cm；托叶膜质，基部合生成鞘。花芳香，单朵生于枝顶；花梗长 3 ~ 5 mm；萼筒长 0.8 ~ 2.5 cm，有纵棱，萼裂片长 1 ~ 3 cm；花冠白色或乳黄色，高脚碟状，花冠筒长 3 ~ 5 cm，花冠裂片长 1.5 ~ 4 cm。果实黄色或橙红色，有翅状纵棱。花期 3 ~ 7 月。

分布与生境：产于河北、河南、山东、安徽、江苏、浙江、台湾、福建、江西、湖北、湖南、广东、海南、广西、贵州、四川及云南，生于海拔 1 500 m 以下旷野、丘陵、山谷或山坡。亚洲东部至东南部有分布。

食用部位与食用方法：将花洗净后，可炒食、炖肉、烧鱼或作汤料等，也可糖渍、蜜渍食用。

食疗保健与药用功能：味苦，性寒，有清肺凉血之功效，可治肺热咳嗽、鼻出血等病症。

桔梗科 Campanulaceae

26. 紫斑风铃草（桔梗科 Campanulaceae）

Campanula punctata Lam.

识别要点：多年生草本，被刚毛。茎直立，高达 1 m，常在上部分枝。基生叶具长柄；茎生叶下部的有带翅的长柄，上部的无柄，叶片三角状卵形或披针形，边缘具不整齐钝齿。花生于主茎及分枝顶端，下垂；花萼裂片间有一个卵形至卵状披针形而反折的附属物，边缘有芒状长刺毛；花冠白色，带紫斑，花冠筒状钟形，长 3 ~ 6.5 cm。花期 6 ~ 9 月。

分布与生境：产于黑龙江、吉林、辽宁、陕西、甘肃、内蒙古、山西、河北、河南、湖北及四川，生于海拔 2 300 m 以下山地林中、灌丛或草地中。朝鲜半岛、日本及俄罗斯远东地区有分布。

食用部位与食用方法：花可食。

忍冬科 Caprifoliaceae

27. 忍冬 金银花（忍冬科 Caprifoliaceae）

Lonicera japonica Thunb.

识别要点：半常绿缠绕木质藤本。幼枝密被毛。单叶对生，叶片通常卵形或长圆状卵形，长 3 ~ 5（~ 9）cm，基部圆形或近心形，有缘毛，小枝上部叶两面均密被毛，下部叶常无毛；叶柄长 4 ~ 8 mm，密被毛；无托叶。花成对生于腋生总花梗顶端；花梗密被柔毛，兼有腺毛；合瓣花，花冠白色，后转黄色，唇形，长 3 ~ 5 cm。花期 4 ~ 6 月。

分布与生境：产于吉林、辽宁、陕西、甘肃、内蒙古、河北、河南、山西、山东、江苏、安徽、浙江、福建、台湾、江西、湖北、湖南、广东、广西、贵州、四川及云南，生于海拔 1 500 m 以下山坡灌丛或疏林中、乱石堆及村边。日本和朝鲜半岛有分布。

食用部位与食用方法：花可食用，经沸水焯后可凉拌、炒菜、炖粥、做汤、炖肉；或将花朵晒干后，制作清凉饮料或泡茶。

食疗保健与药用功能：味甘，性寒，有清热解毒、疏散风热、消炎退肿之功效，适用于痈肿疔疮、喉痹、丹毒、热毒血痢、风热感冒、温病发热等病症。

28. 大花忍冬（忍冬科 Caprifoliaceae）

Lonicera macrantha (D. Don) Spreng.

识别要点：半常绿藤本。幼枝、叶柄和总花梗均被黄白色或金黄色糙毛，并散生腺毛。单叶对生，叶片近革质或厚纸质，卵形、卵状矩圆形、矩圆状披针形或披针形，长 5 ~ 10（~ 14）cm，基部圆或微心形，边缘有毛，叶面中脉和叶背脉上有毛；叶柄长 0.3 ~ 1 cm。花微香，双花腋生，密集成伞房状花序；总花梗长 1 ~ 5（~ 8）mm；萼筒长约 2 mm；花冠白色至黄色，长（3.5 ~）4.5 ~ 7（~ 9）cm，外被糙毛和小腺毛，唇形，花冠筒长为唇瓣的 2 ~ 2.5 倍，内面有密柔毛，下唇裂片反卷。花期 4 ~ 5 月。

分布与生境：产于安徽、浙江、福建、台湾、江西、湖北、湖南、广东、海南、广西、贵州、四川、云南及西藏，生于海拔 300 ~ 1 800 m 山谷、山坡林中或灌丛中。尼泊尔、不丹、印度北部、缅甸及越南有分布。

食用部位与食用方法：花可食，同金银花。

29. 细毡毛忍冬（忍冬科 Caprifoliaceae）

Lonicera similis Hemsl.

识别要点：落叶灌木。幼枝、叶柄和总花梗均被黄褐色毛，并疏生腺毛。单叶对生，叶片卵形、卵状长圆形或卵状披针形，长 3 ~ 13 cm；叶柄长 3 ~ 12 mm；无托叶。双花生于叶腋，或少数集生枝顶成总状花序；总花梗长达 4 cm；合瓣花，花冠白色，后转黄色，唇形，长 4 ~ 6 cm。花期 5 ~ 6 月。

分布与生境：产于陕西、甘肃、山西、安徽、浙江、福建、湖北、湖南、广西、贵州、四川及云南，生于海拔 400 ~ 1 600 m 山谷溪边或阳坡灌丛或林中。缅甸有分布。

食用部位与食用方法：花蕾可泡茶。

食疗保健与药用功能：为西南地区"金银花"中药材的主要来源，有清热解毒之功效。

30. 水忍冬 华南忍冬（忍冬科 Caprifoliaceae）

Lonicera confusa DC.

识别要点：木质缠绕藤本。幼枝、叶柄和总花梗被灰色短柔毛或无毛。单叶对生，叶片卵形或卵状长圆形，长 3 ~ 7 cm，叶背无毛或被短柔毛；叶柄长 5 ~ 10 mm；无托叶。双花腋生，或生于小枝或侧生短枝顶部而集成具 2 ~ 4 节的短总状花序，芳香；总花梗长 2 ~ 8 mm；合瓣花，花冠白色，后转黄色，唇形，长 3.2 ~ 5 cm。花期 4 ~ 5 月。

分布与生境：产于广东、海南、广西、贵州及云南，生于海拔 300 ~ 800 m 丘陵山坡、杂木林和灌丛中、平原旷野路旁或河边。越南北部有分布。

食用部位与食用方法：花可食用，焯后凉拌，或炒菜或炖粥；花蕾可泡茶。

食疗保健与药用功能：为华南地区"金银花"中药材的主要种类，有清热解毒之功效。

31. 盘叶忍冬（忍冬科 Caprifoliaceae）

Lonicera tragophylla Hemsl.

识别要点：落叶灌木。幼枝无毛。单叶对生，叶片长圆形或卵状长圆形，长 4 ~ 12 cm，花序下方 1 ~ 2 对叶连合成近圆形或圆卵形的盘；无托叶。由 3 朵花组成花序，再密集成头状花序生于小枝顶端，有 6 ~ 9（~ 18）朵花；合瓣花，花冠黄色或橙黄色，上部外面略红色，唇形，长 5 ~ 9 cm。花期 6 ~ 7 月。

分布与生境：产于陕西、甘肃、宁夏、山西、河北、河南、安徽、浙江、湖北、湖南、贵州及四川，生于海拔 700 ~ 2 000 m 山地林下、灌丛中或河滩旁岩石缝中。

食用部位与食用方法：花蕾可泡茶。

食疗保健与药用功能：有清热解毒之功效。

菊科 Asteraceae/Compositae

32. 水母雪兔子 水母雪莲花（菊科 Asteraceae/Compositae）

Saussurea medusa Maxim.

识别要点：多年生草本。茎密被白色绵毛。叶密集，茎下部叶倒卵形、扇形、圆形、长圆形或菱形，连叶柄长达 10 cm，上半部边缘有 8 ~ 12 枚粗齿；上部叶卵形或卵状披针形；最上部叶线形或线状披针形，边缘有细齿；叶两面灰绿色，被白色长棉毛。头状花序在茎端密集成半球形总花序，为被绵毛的苞片所包围或半包围；总苞直径 5 ~ 7 mm，总苞片 3 层。小花蓝紫色。花果期 7 ~ 9 月。

分布与生境：产于甘肃、青海、新疆南部、四川、云南及西藏，生于海拔 3 000 ~ 5 600 m 多砾石山坡或高山流石滩。克什米尔地区及尼泊尔有分布。

食用部位与食用方法：花可食。

食疗保健与药用功能：花入药，主治风湿性关节炎、高山不适、月经不调等病症。

33. 绵头雪兔子 绵头雪莲花（菊科 Asteraceae/Compositae）

Saussurea laniceps Hand.-Mazz.

识别要点：多年生一次性结实草本，茎上部密被白色或淡褐色绵毛。叶极密集，倒披针形、窄匙形或长椭圆形，长 8 ~ 15 cm，全缘、浅波状或疏齿，叶面被蛛丝状绵毛，叶背密被褐色茸毛；叶柄长达 8 cm。头状花序无梗，多数，在茎端密集成圆锥状穗状花序；总苞直径 1.5 cm，总苞片 3 ~ 4 层。小花白色。花期 8 ~ 10 月。

分布与生境：产于四川、云南及西藏，生于海拔 3 200 ~ 5 500 m 高山流石滩。印度和缅甸有分布。

食用部位与食用方法：花可食。

34. 甘菊（菊科 Asteraceae/Compositae）

Chrysanthemum lavandulifolium (Fisch. ex Trautv.) Makino

识别要点：多年生草本。茎密被柔毛。基生叶及中部茎生叶菱形、扇形或近肾形，长 0.5 ~ 2.5 cm，2 回掌状或掌式羽状分裂，1 ~ 2 回全裂；最上部及接花序下部的叶羽裂或 3 裂，小裂片线形或宽线形，宽 0.5 ~ 2 mm。头状花序直径 2 ~ 4 cm，单生茎顶，稀茎生 2 ~ 3 个头状花序；总苞片 4 层；舌状花黄色，舌片先端具 3 枚齿或微凹。花果期 6 ~ 8 月。

分布与生境：产于吉林、辽宁、内蒙古、河北、河南、山西、陕西、宁夏、甘肃、青海、新疆、山东、江苏、安徽、浙江、台湾、江西、湖北、湖南、贵州、四川及云南，生于海拔 600 ~ 3 000 m 山坡、河谷、江岸、湿地或草甸。日本、朝鲜半岛、俄罗斯东部及印度有分布。

食用部位与食用方法：花可炒、烩或做汤。

食疗保健与药用功能：味甘，性凉，有疏风清热、明目、解毒之功效，可治头痛、眩晕、目赤、心胸烦热、疔疮肿毒等病症。

百合科 Liliaceae

35. 黄花菜 金针菜（百合科 Liliaceae）

Hemerocallis citrina Baroni

识别要点：多年生草本，植株较高大。叶 7～20 枚，基生，2 列，带状，长 0.5～1.3 m，宽 0.6～2.5 cm。花葶生于叶丛中央，一般稍长于叶，有分枝。总状花序或圆锥花序顶生，花疏散，淡黄色；花蕾直径约 1 cm；花被管长 3～5 cm，花被裂片长 7～12 cm，外轮花被裂片宽不及 1 cm；花梗长不及 1 cm。蒴果三棱状椭球形，长 3～5 cm。花果期 5～9 月。

分布与生境：产于陕西、甘肃、内蒙古、河北、河南、山西、山东、江苏、安徽、浙江、江西、湖北、湖南、贵州及四川，生于海拔 2 000 m 以下山坡、山谷、荒地或林缘。日本和朝鲜有分布。

食用部位与食用方法：花未张开前采摘花蕾，经蒸熟后晒干备用，可炒肉丝、做汤、做馅、做粥；或将鲜材经蒸熟或煮熟后凉拌、炒食或做汤。

食疗保健与药用功能：味甘，性平，有补虚下奶、平肝利尿、凉血止血、健胃安神之功效，适用于便血、小便不畅、肺结核等病症。

注意事项：① 黄花菜不能鲜食或生食，因鲜花含有毒物质秋水仙碱，鲜食会引起中毒。② 与黄花菜外形相似的萱草 [*Hemerocallis fulva* (L.) L.] 全株有毒，秋水仙碱等有毒物质含量大，食用将引起中毒，表现为头晕、恶心、呕吐、腹痛、腹泻、四肢无力等症，严重时可导致瞳孔扩大、呼吸抑制，甚至失明或死亡。萱草花蕾直径 1.5～3 cm，外轮花被片宽 2～3.5 cm，花被片橙红色或橙黄色，常有深色彩斑。

萱草

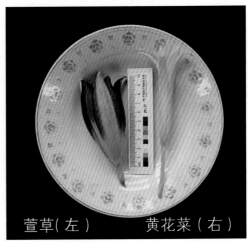

萱草（左）　　黄花菜（右）

36. 北黄花菜（百合科 Liliaceae）

Hemerocallis lilioasphodelus L.

识别要点：多年生草本。叶基生，2列，带状，长 20 ~ 80 cm，宽 0.3 ~ 1.2 cm。花葶生于叶丛中央，长于或稍短于叶，有分枝。总状或圆锥花序顶生，具 4 朵至多朵花，疏生，淡黄色；花蕾直径约 1 cm；花被管长 1.5 ~ 2.5 cm，花被裂片长 5 ~ 7 cm，外轮花被裂片宽不及 1 cm；花梗长 1 ~ 2 cm。蒴果椭球形，长约 2 cm。花果期 6 ~ 9 月。

分布与生境：产于黑龙江、吉林、辽宁、内蒙古、陕西、甘肃、河北、河南、山西、山东、江苏及江西，生于海拔 100 ~ 2 300 m 草甸、湿草地、荒山坡或灌丛下。日本、朝鲜半岛、蒙古、俄罗斯及欧洲有分布。

食用部位与食用方法：同黄花菜，但味不及黄花菜佳。

注意事项：同黄花菜。

姜科 Zingiberaceae

37. 舞花姜（姜科 Zingiberaceae）

Globba racemosa Smith.

识别要点：多年生草本，高达 1 m。叶长圆形或卵状披针形，长 12 ~ 20 cm，先端尾尖，基部楔形，两面脉上疏被柔毛或无毛；无柄或具短柄，叶舌及叶鞘口具缘毛。圆锥花序顶生，长 15 ~ 20 cm；苞片早落；小苞片长约 2 mm；花黄色，各部均具橙色腺点；花萼管长 4 ~ 5 mm，顶端具 3 枚齿；花冠管长约 1 cm，裂片反折；侧生退化雄蕊披针形，与花冠裂片等长；唇瓣长约 7 mm，先端 2 裂，反折。花期 6 ~ 7 月。

分布与生境：产于福建、江西、湖北、湖南、广东、广西、贵州、四川、云南及西藏，生于海拔 400 ~ 1 300 m 林下阴湿处。印度有分布。

食用部位与食用方法：花序可炒食或烤食。

38. 姜黄（姜科 Zingiberaceae）

Curcuma longa L.

识别要点：多年生草本，高达 1.5 m；根状茎发达，内部橙黄色，极香；根末端呈块状。叶 5 ~ 7 枚，长圆形或椭圆形，长 30 ~ 45（~ 90）cm，先端短渐尖，基部渐窄，无毛；叶柄长 20 ~ 45 cm。花葶由顶部叶鞘内抽出，花序梗长 12 ~ 20 cm；穗状花序圆柱形，长 12 ~ 18 cm；苞片卵形或长圆形，长 3 ~ 5 cm，先端钝；花萼长 0.8 ~ 1.2 cm，白色；花冠淡黄色，花冠管长达 3 cm，上部膨大，花冠裂片三角形，长 1 ~ 1.5 cm，后方的 1 枚较大，具细尖头；唇瓣倒卵形，长 1.2 ~ 2 cm，淡黄色，中部深黄色。花期 8 月。

分布与生境：产于福建、广东、海南、广西、贵州、四川、云南及西藏，喜生于向阳地。

食用部位与食用方法：花可食。

39. 姜花 白草果（姜科 Zingiberaceae）

Hedychium coronarium Koen.

识别要点：草本，高达 2 m。叶长圆状披针形或披针形，长 20 ~ 40 cm，先端长渐尖，基部尖，上面光滑，下面被柔毛；无柄；叶舌薄膜质，长 2 ~ 3 cm。穗状花序顶生，长 10 ~ 20 cm；苞片排列紧密，卵圆形，长 4.5 ~ 5 cm，每苞片有 2 ~ 3 朵花；花白色；花萼管长约 4 cm，顶端一侧开裂；花冠管纤细，长 8 cm，花冠裂片披针形，长约 5 cm，后方 1 枚兜状；侧生退化雄蕊长圆状披针形，长约 5 cm；唇瓣倒心形，长和宽约 6 cm，白色，先端 2 裂。花期 8 ~ 12 月。

分布与生境：产于台湾、福建、湖南、广东、海南、广西、四川及云南，生于林中。印度、越南、马来西亚至澳大利亚有分布。

食用部位与食用方法：花可食，可做汤、凉拌。

其他种类（在此只列出名称，详情参见野果卷）

构树 *Broussonetia papyrifera* (L.) L'Hért. ex Vent.

泡核桃 *Juglans sigillata* Dode

山核桃 *Carya cathayensis* Sarg.

文冠果 *Xanthoceras sorbifolium* Bunge

水椰 *Nypa fruticans* Wurmb.

胡桃 *Juglans regia* L.

胡桃楸 *Juglans mandshurica* Maxim.

玫瑰 *Rosa rugosa* Thunb.

火烧花 *Mayodendron igneum* (Kurz) Kurz

中文名称索引

中国野菜野果的识别与利用·野菜卷

拉丁学名索引

F

Fagopyrum dibotrys (D. Don) H. Hara /261

Fallopia multiflora (Thunb.) Haralds. /102

Fistulina hepatica Fr. /66

Flammulina velutipes (Curt. ex Fr.) Sing. /78

Fritillaria anhuiensis S. C. Chen & S. F. Yin /218

Fritillaria cirrhosa D. Don. /213

Fritillaria delavayi Franch. /218

Fritillaria maximowiczii Freyn /219

Fritillaria monantha Migo /214

Fritillaria pallidiflora Schrenk ex Fischer & C. A. Meyer /212

Fritillaria przewalskii Maxim. /217

Fritillaria taipaiensis P. Y. Li /213

Fritillaria thunbergii Miq. /215

Fritillaria unibracteata P. K. Hsiao & K. C. Hsia /217

Fritillaria ussuriensis Maxim. /216

Fritillaria verticillata Willd. /215

Fritillaria walujewii Regel /214

G

Galeobdolon chinense (Benth.) C. Y. Wu /115

Galeobdolon tuberiferum (Makino) C. Y. Wu /115

Ganoderma lucidum (Leyss. ex Fr.) Karst. /65

Gardenia jasminoides Ellis /397

Gastrodia elata Bl. /249

Gelidium amansii (Lamouroux) Lamouroux /40

Glechoma longituba (Nakai) Kupr. /337

Gleditsia japonica Miq. /301

Glehnia littoralis Fr. Schmidt ex Miq. /112

Globba racemosa Smith. /403

Gloiopeltis furcata (Postels & Ruprecht) J. Agardh /41

Gloiosiphonia capillaris (Hudson) Carmichael /41

Glycyrrhiza aspera Pall. /109

Glycyrrhiza inflata Batal. /108

Glycyrrhiza uralensis Fisch. ex DC. /108

Gomphidius viscidus (L.) Fr. /69

Gonostegia hirta (Bl. ex Hassk.) Miq. /257

Gracilaria eucheumatoides Harvey /46

Gracilaria lvermiculophylla (Ohmi) Papenfuss /46

Gracilariopsis lemaneiformis (Bory de Saint-Vincent) E. Y. Dawson, Acleto & Foldvik /45

Grateloupia filicina (Lamouroux) C. Agardh /42

Grateloupia livida (Harvey) Yamada /42

Gymnadenia conopsea (L.) R. Br. /246

Gymnadenia crassinervis Finet. /247

Gymnadenia orchidis Lindl. /246

Gynandropsis gynandra (L.) Briquet /277

Gynostemma pentaphyllum (Thunb.) Makino /345

Gynura bicolor (Roxb. ex Willd.) DC. /360

H

Habenaria davidii Franch. /248

Habenaria dentata (Swatz) Schlechter /248

Habenaria petelotii Gagnep. /247

Hedychium coronarium Koen. /404

Hedychium flavum Roxb. /244

Hedychium forrestii Diels /245

Helianthus tuberosus L. /150

Helminthostachys zeylanica (L.) Hook. /86

Hemerocallis citrina Baroni /402

Hemerocallis lilioasphodelus L. /403

Hemisteptia lyrata (Bunge) Fischer & C. A. Meyer /349

Hericium erinaceus (Bull. ex Fr.) Pers. /66

Herminium monorchis (L.) R. Br. /245

Heterosmilax japonica Kunth /211

Hibiscus mutabilis L. /393

Hibiscus rosa-sinensis L. /393

Hibiscus syriacus L. /394

Hibiscus tiliaceus L. /392

Hibiscus trionum L. /313

Hosta plantaginea (Lam.) Aschers. /379

Houttuynia cordata Thunb. /134

Hydrocharis dubia (Bl.) Backer /370

Hydrocotyle sibthorpioides Lam. /323

Hymenopellis radicata (Reihan) R. H. Petersen /73

Hypnea japonica Tanaka /44

Monochoria vaginalis (N. L. Burm.) Presl. ex Kunth /372

Monostromani tedium Wittr. /35

Morchella angusticepes Peck /59

Morchella deliciosa Fr. /57

Morchella esculenta (L.) Pers. /58

Murdannia triquetra (Wall. ex Clarke) Brückn. /371

Myosoton aquaticum (L.) Moench /275

N

Nasturtium officinale R. Br. /291

Nelumbo nucifera Gaertn. /136

Nemalion vermiculare Suringar /39

Nepeta cataria L. /336

Nephrolepis cordifolia (L.) C. Presl /99

Nostoc commune Vaucher ex Bornet & Flahault /34

Nuphar pumila (Timm.) DC. /137

Nymphaea nouchali N. L. Burm. /138

Nymphaea tetragona Georgi /137

Nymphoides peltata (Gmel.) Kuntze /333

O

Oenanthe javanica (Bl.) DC. /326

Ophiocordyceps sinensis （Berk.）Sacc /56

Ophiopogon japonicus (L. f.) Ker Gawl. /131

Orobanche coerulescens Steph. /147

Orychophragmus violaceus (L.) O. E. Schulz /278

Osmanthus cooperi Hemsl. /396

Osmanthus fragrans Lour. /396

Osmunda japonica Thunb. /88

Ostericum grosseserratum (Maxim.) Kitag. /329

Ostericum viridiflorum (Turcz.) Kitag. /328

Ottelia alismoides (L.) Pers. /370

Oxalis corniculata L. /307

P

Paeonia anomala L. subsp. *veitchii* (Lynch) D. Y. Hong & K. Y. Pan /385

Paeonia lactiflora Pall. /385

Paeonia rockii (S. G. Haw & L. A. Lauener) T. Hong & J. J. Li /384

Paeonia suffruticosa Andr. /384

Panax ginseng C. A. Mey. /110

Panax japonicus （T. Nees）C. A. Mey. /109

Panax notoginseng (Burkill) F. H. Chen ex C. Chow & W. G. Huang /110

Parochetus communis Buch.-Ham. ex D. Don /391

Patrinia monandra C. B. Clarke /347

Patrinia scabiosifolia Link /348

Patrinia villosa (Thunb.) Dufresne /348

Pentarhizidium orientale (Hook.) Hayata /96

Penthorum chinense Pursh. /295

Perilla frutescens (L.) Britt. /341

Petalonia binghamiae (J. Agardh) K. L. Vinogradova /49

Petasites japonicus (Sieb. & Zucc.) Maxim. /358

Phedimus aizoon (L.) Hart /293

Phoenix roebelenii O'Brien /200

Phragmites australis (Cav.) Trin. ex Steud. /194

Phyllostachys arcana McClure /176

Phyllostachys aurea Carr. ex A. & C. Riv. /175

Phyllostachys dulcis McClure /187

Phyllostachys edulis (Carr.) J. Houzeau /183

Phyllostachys elegans McClure / 190

Phyllostachys flexuosa (Carr.) A. & C. Riv. /179

Phyllostachys glauca McClure /177

Phyllostachys heteroclada Oliv. /192

Phyllostachys incarnata T. H. Wen /186

Phyllostachys iridescens C. Y. Yao & S. Y. Chen /180

Phyllostachys kwangsiensis W. Y. Hsiung, Q. H. Dai & J. K. Liu /184

Phyllostachys meyeri McClure /174

Phyllostachys nidularia Munro /191

Phyllostachys nigra (Lodd. ex Lindl.) Munro /185

Phyllostachys platyglossa Z. P. Wang & Z. H. Yu /188

Phyllostachys propinqua McClure /178

Phyllostachys reticulata (Rupr.) K. Koch /189

Phyllostachys sulphurea (Carr.) A. & C. Riv. /173

参考文献

[1] Flora of China，Vol. 1–25[M], Beijing: Science Press & St. Louis: Missouri Botanical Garden Press, 1989–2013.

[2]《全国中草药汇编》编写组. 全国中草药汇编（第二版）[M]. 北京：人民卫生出版社，1996.

[3] 上海市卫生局. 上海市中药材标准[M]. 上海：上海市卫生局出版社，1994.

[4] 上海农业科学院食用菌研究所. 中国食用菌志[M]. 北京：中国林业出版社，1991.

[5] 山东省食品药品监督管理局. 山东省中药材标准[M]. 济南：山东科学技术出版社，2012.

[6] 中国高等植物，1–14卷[M]. 青岛：青岛出版社，1999–2012.

[7] 中国高等植物图鉴，1–5卷[M]. 北京：科学出版社，1972–1976.

[8] 中国植物志，1–80卷[M]. 北京：科学出版社，1959–2004.

[9] 尤立辉. 中国航天员救生训练[M]. 北京：国防工业出版社，2013.

[10] 车晋滇. 二百种野菜鉴别与食用手册[M]. 北京：化学工业出版社，2011.

[11] 车晋滇. 野菜鉴别与食用保健[M]. 北京：中国农业出版社，1998.

[12] 冉先德. 中华药海[M]. 哈尔滨：哈尔滨出版社，1993.

[13] 四川省食品药品监督管理局. 四川省中药材标准[M]. 成都：四川科学技术出版社，2010.

[14] 田关森，王嫩仙，陈煜初，等. 中国森林蔬菜[M]. 北京：中国林业出版社，2009.

[15] 关佩聪，刘厚诚，罗冠英. 中国野生蔬菜资源[M]. 广州：广东科技出版社，2013.

[16] 刘正才. 四季野菜[M]. 成都：四川科学技术出版社，1998.

[17] 刘孟军. 中国野生果树[M]. 北京：中国农业出版社，1998.

[18] 吉林省中医中药研究所. 长白山植物药志[M]. 吉林：吉林人民出版社，1982.

[19] 朱立新. 中国野菜开发与利用[M]. 北京：金盾出版社，1996.

[20] 朱兆云等主编. 大理中药资源志[M]. 昆明：云南民族出版社，1991.

[21] 朱国福. 中药学[M]. 北京：清华大学出版社，2012.

[22] 江苏植物研究所. 新华本草纲要（第一册）[M]. 上海：上海科学技术出版社，1988.

[23] 吴修仁. 中国药用植物简编[M]. 广州：广东高等教育出版社，1994.

[24] 应建浙，赵继鼎，卯晓岚，等. 食用蘑菇[M]. 北京：科学出版社，1982.

[25] 张汝霖. 贵州高原野生食用蔬菜[M]. 贵阳：贵州教育出版社，1999.

[26] 张哲普. 野菜的食用及药用[M]. 北京：金盾出版社，1997.

[27] 杨毅，傅运生，王万贤. 野菜资源及其开发利用[M]. 武汉：武汉大学出版社，2000.

[28] 陈建国. 野菜的识别与食用方法[M]. 天津：天津科技翻译出版公司，2010.

[29] 陈杭. 中国传统蔬菜图谱[M]. 杭州：浙江科学技术出版社，1996.

[30] 陈冀胜，郑硕. 中国有毒植物[M]. 北京：科学出版社，1987.

[31] 周云龙，马绍斌. 常见野生蘑菇识别手册[M]. 北京：化学工业出版社，2013.

[32] 周自恒. 中国的野菜[M]. 海口：南海出版社，2008.

[33] 国家中药管理局编委会 . 中华本草 [M]. 上海：上海科学技术出版社，1999.

[34] 国家药典委员会 . 中华人民共和国药典（第一部）[M]. 北京：中国医药科技出版社，2015.

[35] 苟光前 . 野菜图谱 [M]. 贵阳：贵州科技出版社，2009.

[36] 陕西省食品药品监督管理局 . 陕西省药材标准 [M]. 西安：陕西科学技术出版社，2015.

[37] 南京中医药大学 . 中药大辞典 [M]. 上海：上海科学技术出版社，2006.

[38] 黄年来 . 中国食用菌百科 [M]. 北京：农业出版社，1993.

[39] 湖南省食品药品监督管理局 . 湖南省中药材标准 [M]. 长沙：湖南科学技术出版社，2009.

[40] 董淑炎 . 400 种野菜采摘图鉴 [M]. 北京：化学工业出版社，2013.

[41] 董淑炎 . 营养保健野菜 [M]. 北京：科学技术文献出版社，1996.

编者及工作单位

安明态
邮政编码：550025，贵州省，贵阳市，贵州大学

毕海燕
邮政编码：100050，北京市，天桥，北京自然博物馆

陈作红
邮政编码：410006，湖南省，长沙市，湖南师范大学

陈玉秀[2]　李林岚[2]　李雨嫣[2]　林　云[1]　郑慧芝[2]
邮政编码：410208，湖南省，长沙市，1.湖南省医药技工学校，2.湖南食品药品职业学院

段林东
邮政编码：422004，湖南省，邵阳市，湖南邵阳学院

黄程前
邮政编码：410116，湖南省，长沙市，湖南省森林植物园

雷　涛
邮政编码：410016，湖南省，长沙市，湖南省人民医院

李明红
邮政编码：421900，湖南省，南岳区，湖南南岳衡山国家级自然保护区管理局

林　祁　杨志荣
邮政编码：100093，北京市，香山，中国科学院植物研究所

孙忠民
邮政编码：266071，山东省，青岛市，中国科学院青岛海洋研究所

杨成华
邮政编码：550011，贵州省，贵阳市，贵州省林业科学研究院

姚一建

邮政编码：100101，北京市，北辰西路，中国科学院微生物研究所

吴 轩 尤立辉 张贵平 赵 阳 周晓艳

邮政编码：100094，北京市，北清路，中国航天员科研训练中心

周重建

邮政编码：438400，湖北省，红安县，湖北闺真园中草药有限公司

本书承蒙以下项目的大力支持

"湖南食品药品职业学院校园植物网的构建和学生社团建设"，中国大学校园植物网的构建与示范 Ⅱ，科技部国家科技基础条件平台国家标本资源共享平台（NSII）2018—2019 年专项课题（2005DKA21400）

"药用植物学及中药采药课程的信息化建设"，湖南食品药品职业学院教科研项目

"中国野菜野果的识别与利用之编研"（KT201401），湖南食品药品职业学院教科研项目

"贵州德江（楠杆）自然保护区森林野菜多样性考察"，贵州德江（楠杆）自然保护区大型综合科学考察、总体规划与拟建申报工作项目

"湖南食品药品职业学院中药标本馆（HUFD）植物标本数字化与共享"（2005DKA21401：2015），国家标本资源共享平台（NSII）项目之植物子平台专题

"中国科学院植物研究所国家植物标本馆（PE）植物标本数字化与共享"（2005DKA21401：2014—2018），国家标本资源共享平台（NSII）项目之专题

"中国科学院植物研究所国家植物标本馆（PE）模式标本数据库建设"（2005DKA21401：2014—2018），国家标本资源共享平台（NSII）项目之专题